振孔高喷防渗加固技术研究与实践

中水东北勘测设计研究有限责任公司 组编

中国水利水电出版社
www.waterpub.com.cn

内 容 提 要

结合水利部科技推广计划项目"摆动振孔高喷工艺与设备的推广应用"（项目编号：TG1416），本书在介绍射流一般知识和高压喷射灌浆技术的同时，对振孔高喷技术的原理特点、工艺方法、专用设备、工程设计、质量控制与检测、施工组织、规程规范、安全管理、典型工程等进行了比较系统的总结和阐述，是学习和利用振孔高喷技术的第一部专业著作。

本书可供水利、土木工程专业技术人员参考使用。

图书在版编目（ＣＩＰ）数据

振孔高喷防渗加固技术研究与实践 ／ 中水东北勘测
设计研究有限责任公司组编. -- 北京 ： 中国水利水电出
版社，2015.12
ISBN 978-7-5170-3978-5

Ⅰ. ①振… Ⅱ. ①中… Ⅲ. ①高压喷射灌浆－灌浆加
固 Ⅳ. ①TU755.6

中国版本图书馆CIP数据核字(2015)第321325号

书 名	**振孔高喷防渗加固技术研究与实践**
作 者	中水东北勘测设计研究有限责任公司 组编
出版发行	中国水利水电出版社
	（北京市海淀区玉渊潭南路１号Ｄ座 100038）
	网址：www. waterpub. com. cn
	E - mail：sales@waterpub. com. cn
	电话：（010）68367658（发行部）
经 售	北京科水图书销售中心（零售）
	电话：（010）88383994、63202643、68545874
	全国各地新华书店和相关出版物销售网点
排 版	中国水利水电出版社微机排版中心
印 刷	三河市鑫金马印装有限公司
规 格	184mm×260mm 16 开本 14.25 印张 338 千字
版 次	2015 年 12 月第 1 版 2015 年 12 月第 1 次印刷
定 价	**50.00 元**

编　委　会

前　言

　　岩土工程领域利用高压水射流切割、搅拌地层，同时注入水泥浆液进行地基加固或建造地下防渗墙，在我国已有40余年历史，工程实例不胜枚举。"振孔高喷"是近30年发展起来的一项高效利用高压水（水泥浆）射流进行岩土工程治理的优秀新工艺，在近百项工程中（包括酒泉卫星发射中心、大亚湾岭澳核电站、长江三峡工程等一批国家重大项目）得到成功应用，获得多项国家专利，其中"摆动振孔高喷工艺与设备"获得发明专利并获得大禹水利科学技术二等奖，"摆动振孔高喷工艺与设备的推广应用"立项为2014年度水利部科技推广计划项目。

　　结合水利部科技推广计划项目"摆动振孔高喷工艺与设备的推广应用"（项目编号：TG1416），本书在介绍射流一般知识和高压喷射灌浆技术的同时，对振孔高喷技术的原理特点、工艺方法、专用设备、工程设计、质量控制与检测、施工组织、规程规范、安全管理、典型工程等进行了比较系统的总结和阐述，是学习和利用振孔高喷技术的第一部专业著作。

　　本书分基础理论、研究设计、施工技术、应用发展4个部分共14章。第1、3、4、9、11、13章由孙灵会编写，第2章由才运涛编写，第5章由姜笑阳编写，第6章由刘靖编写，第7章由杜金良编写，第8、12章由刘权富编写，第10章由张宝军编写，第14章由孙灵会、杨海亮编写。本书大部分内容由田野、孙灵会进行校审，全书由金正浩、孙灵会主持编著并统稿。

　　在本书付梓之际，由衷感谢本书所有参考、借鉴或引用成果的原著者和编译者。特别感谢李绍基对振孔高喷技术研发与推广应用所作出的杰出贡献。

　　本书编著过程中得到苏加林、王槟等很好的建议或指导，在此一并致谢。

　　限于作者的技术水平与施工经验，对射流理论和高喷灌浆技术的认知深度和广度都显不足，本书成文难免存在缺陷或谬误，敬请读者指教。

编者

2015年8月　于长春

目　录

第1章 概 论

1.1 高速水射流理论基础

1.1.1 水射流基础知识

1. 水射流概念

以水为介质，利用泵将其加压并改变流通管路截面，变成一束从小径（如直径 d 小于 5mm）直孔的喷嘴中以近于射线方向高速喷出的水流，即"射流"。通常的射流多指水射流。

岩土工程中高压喷射灌浆所利用的射流主要为水射流和水泥浆射流。

2. 水射流分类

一般将水射流分为连续射流、脉冲射流、空化射流（在射流中制造或裹入气泡）。

连续射流应用最为普遍，根据其性质可细分为液体射流、液体-固体射流、液体-气体-固体射流；按其压力可分为低压射流（工作压力小于 10MPa）、高压射流（工作压力为 10～100MPa）、超高压射流（工作压力不小于 100MPa），工程界习惯以工作压力不小于 200MPa 的为超高压射流；还可根据包裹射流的环境介质分为淹没射流（在水或其他液体中喷射的射流）和非淹没射流（如在空气中喷射的射流）。

3. 水射流的一般应用

水射流是能量转变的一种最简便形式。随着专业化装备的迅速发展，高压射流技术几乎已经在各个领域得到应用，成为一项通用新技术。

水枪灭火、刷车、金属除锈、机场跑道除胶、水刀手术、切割材料、高压喷射灌浆、人造喷泉等都是利用射流能量做功的最常见射流作业，而利用高压或超高压射流切割岩石或钢材，则是以柔克刚的典例。

1.1.2 水射流的流体力学特性

1. 水的主要物理性质

（1）密度。单位体积水所具有的质量。标准状态下，纯水的密度为 998kg/m³。

（2）黏性。它指流体内部抗拒变形、阻碍运动的特性。衡量流体黏性大小的物理量是动力黏度 $\eta(N \cdot s/m^2$ 或 $Pa \cdot s)$ 和运动黏度 $\upsilon(m^2/s)$，二者关系为 $\upsilon = \eta/\rho$。标准状态下水的动力黏度为 $1.005 \times 10^{-3} N \cdot s/m^2$。

（3）压缩性。它指在一定温度下，水的体积随压强升高而减小的特性。衡量压缩性大小的物理量是压缩率 κ，即

$$\kappa = -\frac{1}{V}\frac{dV}{dp} \tag{1-1}$$

式中 κ——压缩率，m^2/N；

  dV——体积的缩小量，m^3；

  dp——压强的增加量，Pa；

  V——水的原有体积，m^3。

水在不同压力下的压缩率值见表1-1。

表1-1   水在常温（20℃）、不同压力 p 下的压缩率 κ

p/MPa	1~50	100	200	300	400	500
$\kappa/(10^{-9} m^2/N)$	0.485	0.393	0.356	0.313	0.280	0.264

水的压缩率很小，通常可以不予考虑，但在高压尤其是超高压水射流问题中必须高度重视。如当压力为200~300MPa时，按式（1-1）计算水的压缩量为7%~9.4%。

2. 水的射流特性

水是自然界中最常见的流体，也是最理想的射流介质。

设某固体材料弹性波速为 V_b，当速度为 v 的水射流冲击该固体时，冲击所产生的变形为 v/V_b，想要获得更大的变形就必须对其施以更大的冲击速度。工程中采用射流能量的大小取决于所选用泵的性能，如果泵的压力高流量大即输出能量增大，在输送管路和喷嘴直径不变的条件下，射流速度增大并具有更高的能量。但是，对于水射流的加压范围不是无限的。有研究表明，给水加压到约300MPa时喷嘴能够喷出温水，加压到约700MPa时水即变成较高密度的烫手热冰。

连续射流的最大压力 p 和喷射速度 v 的关系可通过式（1-2）计算，即

$$p = \rho v^2/2 \tag{1-2}$$

式中 ρ——射流液体密度。

按式（1-2）计算，采用40MPa的泵压可使水射流的初始速度最高达到280m/s。实践中限于系统总效率，实际初始速度要小得多。有学者给出40MPa压力下射流的初始速度为258m/s。

喷射压力与喷射距离（射流长度）成反比，最大喷射压力 p_{max} 在喷嘴初始速度 v_0 处，并随喷射距离的延长而衰减。

3. 射流结构

水在空气中射流，随着流速增加其流态变化大致过程为：水滴—层流—紊流—喷雾流。

通常使用的水射流本质上大都属于喷雾流或紊流-喷雾流。非淹没射流结构大致可分为3个区段，即起始段、基本段、消散段，射流结构见图1-1。

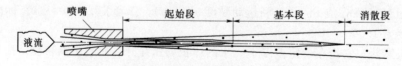

图1-1 非淹没射流结构示意图

（1）起始区段。射流离开喷嘴后随着流体与周围环境介质的质量和动量交换过程的持

2

续，实现射流的传播与扩散，射流扩散开始于射流表面并向轴心逐渐发展，而在距离喷嘴端面的一段长度内保有的锥形等速射流核区，即射流起始段。核区主要特征是水射流不含空气、透明且致密，射流轴向动压力、流速、密度基本保持不变。核区的外部区域均为混合区。

（2）基本区段（迁移区）。自起始段末端向外，射流与环境介质交界处产生更大的速度坡降和与射流轴心垂直向外的扩散力，射流导入环境介质开始分化，动压力下降。该区主要特征是射流仍保持完整，有较紧密的内部结构，并具有较高的能量。

（3）消散区段。基本段以后，射流和环境介质迅速混合，射流速度趋于平均化。在空气环境中则完全雾状化成为水微粒射流。

研究射流各区段的不同性质，对工程应用意义重大。起始区段用来材料切割，基本区段用于打磨除锈、修整加工，消散区段则用来除尘、降尘。

4. 引入气环流的射流结构

与在空气中喷射相比，在水中喷射时（即呈淹没射流状态）射流动压会急剧减小。

工程应用中，由于地下水的存在必将使射流能量迅速衰减，极大降低射流作业效率。日本八寻晖夫等学者设想在水射流喷孔周围同时喷射高速同心圆状空气，利用空气包裹水射流，造成与在空气中喷射的同样环境条件（即将淹没射流强制变成非淹没射流），以期达到防止或尽可能减小射流动压衰减的目的。气液射流结构见图1-2。

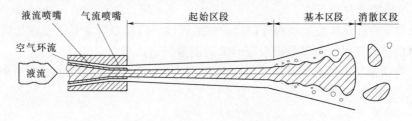

图1-2 气液射流结构示意图

这样引入的空气环流被周围液体挟持着，不到速度十分降低就不会急剧扩散，可以认为空气喷流包裹着水射流，以紧抱的状态运动着，在此区域内射流轴能量维持在起始区段水平，再向前进由于空气和射流的冲突以及供给系统内流体紊乱导致起始段紊流增大，此紊流由于空气和射流液体表面张力关系而无法稳定，当双方压力达到相等（平衡）时便形成气泡，水射流呈紊流状态，其结果是射流和空气开始混合而进入基本区段（迁移区）。射流继续前进，空气和射流与周围液体相混合，射流速度急剧下降进入消散区。整个过程可认为空气和水与周围液体逐步相混合，作为一个非等向的流体而持续运动。

实践证明，空气环流的引入不仅极大地提高了射流作业效率，在高压喷射灌浆中空气所形成的大量气泡还起到了辅助切割、升扬搅拌等特殊作用。

5. 射流基本参数

工程应用中连续水射流的基本参数主要包括射流压力、流速、流量、功率、反冲力等动力学参数和射流起始区段长度、射流边界宽度等结构参数。

（1）理论流速。基于伯努利方程可导出射流流速简化表达式，即

$$v_t = 44.77\sqrt{p} \tag{1-3}$$

式中　v_t——射流流速，m/s；

　　　p——射流压力，MPa。

（2）理论流量。已知射流速度，可由 $q=vA$ 计算出射流流量，即

$$q_t=2.1d^2\sqrt{p} \tag{1-4}$$

式中　q_t——射流流量，L/min；

　　　d——喷嘴出口直径，mm。

采用式（1-3）与式（1-4）得出的是理论值，通过喷嘴的实际流速 v 和流量 q 要比该计算值小。如果把实际流量 q 与理论流量 q_t 的比值定义为流量系数 μ，则有

$$q=\mu q_t \tag{1-5}$$

式中 μ 为常数，可写为

$$\mu=q/q_t=(Av)/(A_t v_t)=\varepsilon\phi \tag{1-6}$$

$$\varepsilon=A/A_t,\phi=v/v_t$$

式中　A——射流出口截面积；

　　　A_t——喷嘴出口截面积；

　　　ε——喷嘴截面收缩系数；

　　　v——射流出口速度；

　　　v_t——射流出口理论流速；

　　　ϕ——喷嘴的速度系数。

收缩系数 ε 表征流体经过喷嘴孔口后的收缩程度，流速系数 ϕ 表征喷嘴孔口局部阻力及流速分布情况，喷嘴流量系数则表征喷嘴的能量传递效率。

（3）射流功率。当射流流量及压力确定后，即可由下列关系式计算射流功率，即

$$P=16.67pq \tag{1-7}$$

式中　P——射流功率，W；

　　　p——射流压力，MPa；

　　　q——射流流量，L/min。

该式表明，喷嘴出口的射流功率是压力和流量的函数。如果将式（1-4）代入式（1-7）可得

$$P=35.1d^2 p^{3/2} \tag{1-8}$$

式中　P——射流功率，W；

　　　d——喷嘴出口直径，mm；

　　　p——射流压力，MPa。

可见，喷嘴出口的射流功率就是产生射流的压力与喷嘴尺寸的函数。式（1-8）还表明，射流功率对喷嘴直径的变化比对压力的变化更为敏感。喷嘴直径增加 1 倍，射流功率则增加 3 倍；而压力增加 1 倍，射流功率则增加 1.8 倍。

（4）射流反冲力。依据动量定理可以推得

$$F=0.745q\sqrt{p} \tag{1-9}$$

式中　F——射流反冲力，N；

　　　q——射流流量，L/min；

p——射流压力，MPa。

由式（1-9）中可见，射流反冲力与射流流量及射流压力的平方根成正比。

将式（1-4）代入式（1-9）可得射流反冲力的另一种表达式，即

$$F = 1.56d^2 p \qquad (1-10)$$

式中　F——射流反冲力，N；

　　　d——喷嘴出口直径，mm；

　　　p——射流压力，MPa。

掌握射流动力学基本参数，可针对工程的不同应用选配相应喷嘴使射流参数匹配更趋合理，即可更加有效地进行射流作业。

（5）射流起始区段长度。苏联学者根据试验数据给出的经验公式，即

$$l_f = (A - BRe)d \qquad (1-11)$$
$$Re = vd/\upsilon \times 10^{-3}$$

式中　l_f——射流起始段长度，mm；

　　　d——喷嘴出口直径，mm；

　　　A——经验系数，取决于喷嘴加工质量，见表1-2；

　　　B——经验系数，主要取决于雷诺数，见表1-2；

　　　Re——射流起始段雷诺数；

　　　v——射流流速，m/s；

　　　υ——运动黏度，m^2/s，对于水为 $1.0 \times 10^{-6} \sim 1.3 \times 10^{-6} m^2/s$。

表 1-2　　　　　　　　　　　　　经验系数 A、B 值

喷 嘴 质 量	A	B
差	84	
中等	96	68×10^{-6}
优	112	

注　本表适用于射流压力 10~60MPa、喷嘴出口直径 1~4mm。

对于射流压力较高、雷诺数 $Re > 0.4 \times 10^6$ 时，射流起始段长度直接取决于射流形成条件，不再和雷诺数有关。此时可按 $l_f = (53 \sim 106)d$ 范围内计算。有学者的试验数据仅为 $50d$。

表 1-3 所列为射流压力从 10MPa 增加到 50MPa、喷嘴出口直径从 1mm 变化到 4mm 时，量纲为 1 的起始段长度 l_f/d 的试验数据。

表 1-3　　　　　　　　　　　　射流起始段长度试验数据

喷嘴出口直径 与加工质量	射流喷射压力 p/MPa	起始段长度 l_f/mm	起始段量纲 为 1 的长度	雷诺数 Re
$d = 0.97$mm， 加工质量中等	10	77.5	80	0.13×10^6
	20.3	74	76	0.19×10^6
	29.9	74	76	0.23×10^6
	38.7	75	77	0.26×10^6
	48.8	75	77	0.30×10^6

续表

喷嘴出口直径 与加工质量	射流喷射压力 p/MPa	起始段长度 l_f/mm	起始段量纲 为 1 的长度	雷诺数 Re
$d=1.5$mm, 加工质量优	10	158	106	0.20×10^6
	21.3	144	94	0.30×10^6
	33.2	135	90	0.37×10^6
	39.4	131	87	0.40×10^6
	50.5	131	87	0.46×10^6
$d=2.87$mm, 加工质量很差	10	200	70	0.99×10^6
	16.4	172	60	0.50×10^6
	33.0	155	54	0.71×10^6
	39.2	155	54	0.77×10^6
	44.3	155	54	0.82×10^6

(6) 射流边界宽度（扩展直径）。根据经验数据可归纳出以下经验公式，即

$$r = k_1 \sqrt{x} \tag{1-12}$$

$$\overline{D} = K \sqrt{X} \tag{1-13}$$

式中　r——射流扩展半径，为 $D/2$；

　　　x——靶距，计算截面至出口截面间距离；

　　　$\overline{D}$——量纲为 1 的射流扩展直径，为 D/d；

　　　X——量纲为 1 的靶距，为 x/d；

　　　D——射流扩展直径；

　　　d——喷嘴出口直径；

　K，k_1——与喷嘴结构有关的试验系数。

(7) 射流动压力。轴向动压力是由于射流轴向冲击物体使其速度在被冲击物体上滞止而产生的。连续射流冲击物体时总是存在一个作用范围，在这一作用中心区域打击压力（即轴心动压 p_m）等于滞止压力。一些学者总结出较实用的两个经验公式，即

$$\frac{p_m}{p} = \left(\frac{l_f}{x}\right)^{a+b\left(\frac{x}{l_f}\right)^2} \tag{1-14}$$

式中　a——试验常数，取 0.27，适用于基本段；

　　　b——试验常数，取 7.5×10^{-3}，适用于基本段。

在射流起始段内，$p_m = p$，即 $a + b(x/l_f)^2 = 0$。

在射流起始段混合区及基本段全部区域内，流动相似。任意截面上的轴向动压表达式为

$$\frac{p}{p_m} = e^{-\varphi(r/b)^n} \tag{1-15}$$

$$\phi = 0.009(x/d) + 1.3$$

式中　n——指数，正态分布取 4，其他分布函数取 1.5～7。

(8) 材料失效机理与意义。高压射流作用于物体表面，引起或造成材料的结构破坏，其作用主要如下：

1) 射流的打击力（总打击力与打击压力）作用。

2）水楔作用。

3）射流的脉冲负荷引起的疲劳破坏作用。

4）汽蚀作用。

一些学者对射流作用于岩石、陶瓷等脆性材料的研究揭示了其破坏形式主要为径向裂纹、锥形裂纹和横向裂纹扩展。裂隙形成和交汇后，水射流进入裂隙空间，在水楔作用下，裂隙尖端产生拉应力集中，使裂隙迅速发展扩大致岩石破碎。

在高压射流破坏材料过程中，流体对材料的穿透能力也是影响材料破坏过程的一个主要因素。流体渗入细小通道、微小孔隙及其他缺陷处，降低了材料（如土体、风化岩体）强度，有效地参与材料的失效过程。同时，液体穿透进入微观裂隙，在其内部造成瞬时的强大压力，其结果是在拉应力作用下，使颗粒从母体或块体材料上破裂出来。

射流强大的破坏力会直接击碎或击穿低强度、疏松结构材料（如土体、砂土类地层）。

射流理论以及射流利用的实践还在不断完善和深化，为准确、有效地利用射流技术还需做出不懈努力。

1.1.3 水射流发生系统基本结构与设备

1. 生产生活中水射流发生系统的基本结构

液体（水或浆液）—泵（或密闭加压容器，含安全阀）—管路（含压力表、流量计、阀门）—喷头（喷嘴）—射流。

2. 产生高压射流的设备与元件

高压浆泵（或高压水泵）为高压喷射灌浆施工的射流原发关键设备，其性能指标及操作规程参见第5章。

喷嘴作为射流发生与实现能量转换的核心元件，其结构与性能决定着射流性状和效能。

（1）喷嘴的射流功率计算实例。高压泵配套电机概率 $P=90\text{kW}$，额定压力 $p=40\text{MPa}$，流量 $q=80\text{L/min}$；配套管路内径19mm，长度50m；双喷嘴，喷孔直径1.5mm；若钻孔直径15cm，桩径80cm，则喷射切割距离（靶距）32.5cm。设定射流要剥除宽度为3cm、深度2cm的土石材料，喷嘴的相对移动速度（按40r/min）为167.5cm/s。

1）每秒钟的作业剥除量 V 为

$$V=2\text{cm}\times3\text{cm}\times167.5\text{cm/s}=1005\text{cm}^3/\text{s}$$

比能 E 即初始能量值为

$$E=P/V=90/1005=89.6(\text{J/cm}^3)$$

事实上，受到电机的机械效率（约90%）限制，泵的输入功率仅为82kW。

2）泵出口的水功率为

$$P=qp/60=(80\text{L/min}\times40\text{MPa})/60\text{s/min}=53.33\text{kW}$$

可见80L/min的流量并没有消耗掉所配套的实际功率。如果流量按120L/min计算，则 $P=80\text{kW}$，为最理想性能状态。

3）管路压力损失，即

$$\Delta p = \frac{59.7 q^2}{D^5 Re^{0.25}}$$

式中　q——体积流量，这里取 80L/min；

　　　D——软管内径，这里取 19mm；

　　　Re——雷诺数，对水取 $11165q/D$。

计算管路压力损失为 0.01MPa/m。

4）喷嘴射流压力。喷嘴处压力损失：如单喷嘴压力损失按 1~1.2MPa，双喷嘴可按 2MPa 计，喷嘴流阻系数估算为 1。若输送距离 50m，高压液体自离开泵到喷嘴排出口的全程压力损失至少为 2.5MPa，即高压泵在 40MPa 压力下工作时喷嘴处射流的最大压力为 37.5MPa。

5）射流打击力。如果靶距为 325mm，则相当于喷嘴直径的 217 倍。正常射流靶距为喷嘴直径的 150~200 倍。因此这将偏离最大打击力的射流有效靶距。

经验给出了射流打击力随靶距的衰减曲线方程，即

$$P_{im} = 389 e^{-0.0165s}$$

式中　P_{im}——射流打击力，MPa；

　　　s——喷嘴到工件表面的靶距，cm。

由此，上例中在工件表面上的打击力为 25.1MPa。

以上计算表明，高压浆泵和喷嘴性能是整个射流喷射系统效能的关键环节。

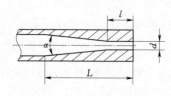

图 1-3　圆锥收敛型喷嘴
结构参数

（2）高压喷嘴结构型式。通常喷嘴的出口直径 d 取决于射流的流量与压力，是设计喷嘴的原始数据。需要优选的主要几何参数有收敛角 α、喷嘴出口直圆管段的长度 l 与直径 d 的比值、喷嘴长度 L、内壁表面粗糙度及过渡倒角等。

按射流打击力损失 25% 的合理靶距进行试验，收敛型结构喷嘴的合理参数为收敛角 $\alpha = 13° \sim 15°$、出口圆管段的长径比 $l/d = 2 \sim 4$，见图 1-3。

（3）喷嘴直径设计。

1）喷嘴直径计算，有

$$d = 0.69 \sqrt{\frac{q}{n \mu \phi \sqrt{\frac{p}{\rho}}}}$$

式中　d——喷嘴出口截面直径，mm；

　　　q——射流体积流量，L/min；

　　　n——喷嘴数量；

　　　μ——喷嘴流量系数，圆锥形喷嘴取 0.95；

　　　ϕ——流速系数，圆锥形喷嘴取 0.97；

　　　p——射流压力，MPa；

　　　ρ——喷射液体密度，g/cm³。

如不计沿程压力损失，则泵的额定压力就等于射流压力。

喷嘴的计算值与圆整后的实际加工值总是有差别的，而且这种差别有时候还很大，设计者应该给予高度重视。从上式可见，喷嘴直径的很小变化反映到泵压力上就有非常明显的大变化，压力与喷嘴直径的 4 次方成反比关系，即喷嘴直径增大 1 倍，压力则要下降约 15 倍。

2）喷嘴性能图表（表 1-4）。

表 1-4　　　　　　　德国 URACA 公司圆柱形喷嘴性能表（摘录）

直径/mm	1.30	1.40	1.50	1.60	1.70	1.80	1.90	2.00	2.10	2.20	2.30	2.40	2.60	2.80	3.00	3.30
射流压力/MPa	流量/(L/min)															
28	16.8	20.6	24.3	28.1	29.9	33.7	37.4	41.2	44.9	52.4	56.1	59.9	67.3	74.8	93.5	112
30	17.4	21.3	25.2	29.0	31.0	34.9	38.7	42.8	48.5	54.2	58.1	62.0	69.7	77.5	96.6	116
35	18.8	23.0	27.2	31.4	33.5	37.6	41.8	48.0	50.2	58.6	62.7	66.9	75.3	83.7	105	125
40	20.1	24.6	29.1	33.5	35.8	40.2	44.7	49.2	53.7	62.6	67.1	71.6	80.5	89.4	112	134
45	21.3	26.1	30.8	35.6	37.9	42.7	47.4	52.2	56.9	66.4	71.2	75.9	85.4	94.9	119	142
50	22.5	27.5	32.5	37.5	40.0	45.0	50.0	55.0	60.0	70.0	75.0	80.0	90.0	100	125	150

1.2　高压喷射灌浆技术简介

高压喷射灌浆（简称高喷灌浆或高喷）是一种采用高压水或高压浆液形成高速喷射流束，冲击、切割、破碎地层土体，并以水泥基质浆液充填、掺混其中，形成桩柱或板墙状凝结体，用来提高地基防渗或承载能力的施工技术（图 1-4）。

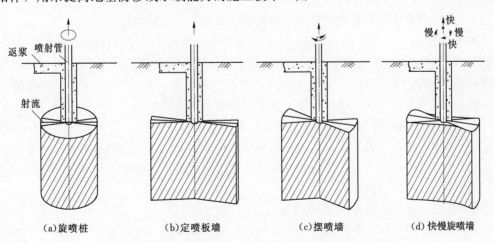

（a）旋喷桩　　　　（b）定喷板墙　　　　（c）摆喷墙　　　　（d）快慢旋喷墙

图 1-4　高喷灌浆基本作业形式及固结体形状示意图

高喷灌浆是基于高压水射流技术在岩土工程地基处理中的有效利用和拓展，该技术于 20 世纪 70 年代引进我国，相继在水利水电、公铁交通等地基防渗与加固处理工程中被大量采用。在消化吸收和运用高喷灌浆技术的同时，工艺和设备不断开发创新，取得了丰硕成果。

1.2.1 高喷灌浆分类

（1）高喷灌浆在我国按其钻进成孔方式不同，分为钻孔高喷和振孔高喷两类。最初引进十几年采用的大都是钻孔高喷。

1）钻孔高喷。利用地质钻机（或动力头钻机）以回转、逐根接入钻杆的方式钻进，并以泥浆护壁成孔，再利用高喷机在钻孔中下入喷射管（喷射管底部设置喷头与喷嘴），进行高喷灌浆作业。

2）振孔高喷。利用振动锤以垂直振动（或加回转）一整根钻杆（即喷射管）的方式钻进，干法成孔（不需要泥浆冲洗和护壁而一次性成孔）并直接进行高喷灌浆作业。

（2）高喷按其作业基本方式分为定喷、摆喷、旋喷（含快慢旋），见图 1-4。

1）定喷。使喷嘴向某一或两个确定方位定向喷射射流介质，同时提升喷头，在地层中建成一板状薄墙的高喷灌浆作业方式。

2）摆喷。使喷嘴喷射射流介质并做一定角度的摆动和提升运动，在地层中建成一扇形或纺锤形断面墙体的高喷灌浆作业方式。

3）旋喷。使喷嘴喷射射流介质并做连续回转和提升运动，在地层中建成一圆柱状桩体的高喷灌浆作业方式。

4）快慢旋喷。这是一种"以旋替摆"的新工艺。在喷射管每一转的旋转过程中，按"快—慢—快—慢"的顺序交替改变其转动速度，实现在需要摆喷成墙的方向上喷嘴慢速通过以便射流进行有效喷射切割，而在幕墙两侧不需要喷射的方向角度内使喷嘴快速转过，以期达到摆喷成墙的效果。快慢旋的技术优势：一是使旋喷与摆喷的设备和工艺一体化变得十分简捷；二是改善了摆喷固结体形状，使钻孔处薄弱固结体的厚度得到补强（使摆喷固结体形状由纺锤形变成近于椭圆形）。

（3）高喷灌浆按喷射管数量可分为单管法、双管法、三管法。

1）单管法。喷射管为单一管路，喷射介质通常为水泥基浆液的高喷灌浆方法。

2）双管法（亦称两管法）。喷射管为双重管（两根喷射管轴线重合结构）或两列管（两根喷射管轴线平行结构），喷射介质为水泥基质浆液和压缩空气（或水和水泥基质浆液）的高喷灌浆方法。双管法已成为一种主流高喷灌浆方法。

3）三管法。喷射管为三重管（三根喷射管轴线重合结构）或三列（至少两根喷射管轴线平行结构）管，喷射介质为水、水泥基质浆液和压缩空气的高喷灌浆方法。在复杂地层（如涌水、空洞）处理时三管法十分有效，喷射介质为水泥基质浆液和压缩空气，第三管输送惰性材料或速凝剂等。

（4）高喷灌浆按射流介质不同可分为水射流、水泥浆射流、混合浆液射流、气水射流、气浆射流。其中以气水射流（气环射水法）和气浆射流（气环射浆法）最为常用（图1-2）。

（5）高喷按固结体基本连接形式分为旋喷套接、旋喷＋摆喷（或定喷）对接、摆喷对接（或折接）、定喷折接（图 1-5）。

1.2.2 振孔高喷技术简介

利用高频振动锤以垂直振动（或加回转）方式将一整根振管（钻杆与喷射管的复合

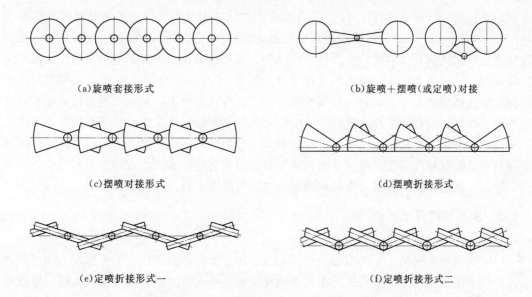

(a)旋喷套接形式   (b)旋喷＋摆喷(或定喷)对接

(c)摆喷对接形式   (d)摆喷折接形式

(e)定喷折接形式一   (f)定喷折接形式二

图1-5 高喷固结体基本连接形式

体）干法钻进地层形成钻孔（不需要泥浆冲洗和护壁而一次性成孔），振管底部设置特制喷头（为钻头与高喷头的复合体），在其向上提升过程中供给高喷介质（风、浆、高压水或高压浆）进行高压喷射灌浆作业，喷头体提至地面即完成一次造孔与高喷灌浆全过程。这种把振动钻孔与高喷灌浆两种工艺耦合为"钻喷一体化"的新工艺，被称为振孔高压喷射灌浆工艺（简称振孔高喷）。工艺过程参见图1-6。振孔高喷工艺也同样包括旋喷、摆喷（即摆动振孔高喷）、定喷3种基本形式，其中尤以摆喷应用最为广泛。

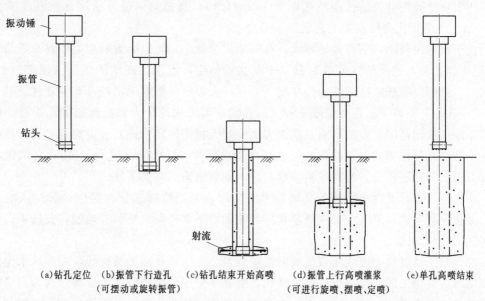

(a)钻孔定位   (b)振管下行造孔   (c)钻孔结束开始高喷   (d)振管上行高喷灌浆   (e)单孔高喷结束
         （可摆动或旋转振管）   （可进行旋喷、摆喷、定喷）

图1-6 振孔高喷工艺原理示意图

振孔高喷率先将钻进成孔和高压喷射灌浆两大工序整合为"钻喷一体化"。采用振动

11

方式、整体钻杆(即高喷管)、干法强力钻进,实现快速成孔(比回转钻孔速度提高数十倍),结合较小孔距以充分利用高压射流的前锋高能区(即射流起始段)高效切割地层实现快速提升(比钻孔高喷提升速度高1～2倍)、邻孔连续施工射流多重切割搅拌地层实现连续成墙,从根本上保证高喷灌浆工程质量。历经30年不断研发完善和近百项工程成功检验,振孔高喷技术工艺成熟、设备性能可靠、综合效益突出,被纳入国家行业标准《水电水利工程高压喷射灌浆技术规范》(DL/T 5200—2004),并入选水利部水利先进实用技术重点推广项目,振孔高喷技术市场应用前景十分广阔。振孔高喷工艺与设备获得多项国家专利和省部级科技奖项。经过不断创新发展的振孔高喷技术广泛适用于水利、电力、交通、航运、城建、核电、航天等领域的地基加固与防渗工程。

1.2.3　振孔高喷技术优势

1. 振孔高喷工艺三大技术优势

(1)强力快速钻进、干法直接成孔、钻喷一体化优势。利用数百千牛激振力和近于地层自振频率的振动锤,将略长于孔深的高强度振管以垂直状态强力高效钻入地层,甩掉泥浆护壁,实现干法(或湿法)一次性直接成孔,且在振管上提过程中进行并完成高喷灌浆作业。在设备上,首先实现了钻机与高喷机一体化;在器具上,高性能振管实现了钻杆与喷射管一体化和钻头与高喷头一体化;在工艺上,实现了钻进成孔与高喷灌浆一体化。

这一系列重大突破把钻孔效率迅速提高了数十倍以上,高喷灌浆效率也得到大幅度提高,使得原本十分复杂的钻孔高喷灌浆工艺变得非常简捷,材料消耗和施工成本得到大幅度降低,固结体质量得到根本性保障,施工环境也得到很大改善。

(2)小孔距、快速提升、复杂地层造墙优势。在成孔效率极高和钻孔成本极低的优势下,为实现小孔距(为钻孔高喷孔距的1/3～1/2)、高提速(提升速度比钻孔高喷提高1～2倍)的最优化高喷灌浆工艺创造了必要条件。

由于孔间距较小,钻孔直径较大,孔间地层厚度小,可以有效利用高压射流近喷嘴处(即射流起始段)的高能区高效切割、重复扰动地层,在保证固结体质量(强度、密度、连续性)的同时实现高喷灌浆的快速提升,从而大幅度降低水泥消耗及其他能耗。

“小孔距”突破了钻孔高喷限于较大的孔间距而无法用于大颗粒地层的局限性,极大拓宽了地层适用范围。大功率垂直激振力加上超大扭矩回转钻进对各类地层均有极强的穿透能力,在大颗粒的卵石、砾石地层也可高速成孔并建成优质高喷墙(桩);对风化岩层也具有很强的钻进能力,为高喷桩(墙)嵌入基岩创造了必要条件。

小孔距、提升速度快的技术优势,可用来配合采用特殊三管(其中一管注入水泥砂浆、早强速凝等特种浆液)处理帷幕集中渗漏和地下水径流、空洞类地层,突破了高喷灌浆工艺的应用禁区。

(3)施工速度快、连续建造优质防渗墙优势。由于单孔施工速度快,在前孔水泥浆尚未凝结时后孔施工即已经结束,可以实现高喷孔不分序依次施工连续成墙,这为高喷防渗墙体的连续性提供了有效保障。振孔高喷这一优势往往成为防渗抢险工程的首选工艺。

小孔距加快速提升成为高效建造优质防渗墙的根本保障。实践中的多孔串浆现象即可直观分析判断墙体施工质量。振孔高喷不存在坍孔和护壁泥浆造成的“假灌”弊病,能够从根本上确保高喷固结体质量。

2. 振孔高喷工艺主要特点简述（详见第 2 章）

（1）工序简单，干法成孔。

（2）施工速度快，造孔效率极高。

（3）墙体连续，固结体质量好。

（4）广泛适用于除永久冻土、超大漂石、完整基岩的各类地层。

（5）节省材料，无环境污染。

3. 高喷灌浆工艺主要特点对比

振孔高喷与常规钻孔高喷工艺特点对比见表 1-5。

表 1-5　　　　　　　　　　　振孔高喷与常规钻孔高喷工艺主要特点对比

项目	振 孔 高 喷	常 规 钻 孔 高 喷
施工程序	不分序，各孔依次进行施工	需要分二序、三序进行
造孔方式	大功率高频振动（或加回转）造孔，一整根振管（钻杆）直接干法成孔	钻机回转钻孔，多根钻杆逐根连接钻进，泥浆护壁成孔
钻杆结构	把钻杆和高喷管整合一体化振管，按设计孔深将振管整体装配，通常不必逐根连接	地质钻杆，多根钻杆逐根连接
高喷管结构		二重管、三重管，高喷管逐根连接
钻头与喷头	合二为一，整体结构	造孔用钻头，高喷用喷头
施工参数	孔距 0.6~1m（是钻孔高喷的 1/2~1/3），提升速度较钻孔高喷高 1~2 倍	孔距 1.2~2m，常用提升速度为 8~20cm/min
造孔速度	砂层孔深 20m，只需 5~10min	砂层孔深 20m，需要 5~24h
施工效率	成墙 180~280m²/（台·日）	成墙 50~120m²/（台·日）
质量控制	多钻孔依次施工连续作业，墙体连续无接头。无泥浆护壁亦无坍孔、"假灌"现象，墙体连续性好，固结体质量容易控制	多钻孔独立施工，孔间分序作业，故障率高，墙体有接头，连续性难以保证。泥浆护壁有坍孔、沉渣及"假灌"现象，固结体质量不易控制
漏失处理	地层严重漏浆，可以采用特殊三管或向孔内填砂，快速封堵漏浆段，节省水泥	地层严重漏浆，无法向孔内填砂，处理漏浆段会浪费大量水泥
环境影响	与钻孔高喷比较，由于提升速度快并以孔内流出的水泥浆相对较少为控制标准，用水泥量少，对环境保护有利	由于提升速度慢，从孔内流出的水泥浆多。水泥的生产会消耗大量矿石、水、电等资源，并造成大气污染，对环境保护不利

钻孔高喷是近年发展并趋成熟的钻喷一体化工艺，在质量、效率、地层实用性等方面均有所提高。

第 2 章　振孔高喷技术发展历程与现状

2.1　振孔高喷技术起源

高压喷射灌浆法是在静压灌浆法基础上发展起来的，主要使用高压射流冲击土体，使浆液与土颗粒强制搅拌混合并最终形成具有一定强度和抗渗性能的固结体，简称高喷灌浆法。振孔高喷技术在 20 世纪 90 年代初期开发成功，经过初期近 10 年的工程实践，历经几次较大技术改进，技术日臻成熟，使高喷灌浆工艺的适用范围、工程质量、施工工效等大幅度提高，工程造价不断降低，现已成为目前应用较为广泛的建造地下连续防渗墙和旋喷桩的施工新技术，目前振孔高喷工艺仍在不断深入研究和开发。同时，根据具体工程实际需要，在振孔高喷技术基础上，相继开发出振动切槽成墙工艺、振孔切喷工艺等系列防渗墙施工新工艺，与振孔高喷工艺共同组成了系列防渗墙施工专利技术。针对不同地质条件和防渗墙技术要求，可灵活选用不同的振孔高喷灌浆系列施工工艺，极大地拓展和改善常规高喷灌浆工艺适用范围和防渗墙性能。

2.1.1　高喷灌浆技术发展历程与现状

高压喷射灌浆法最早创始于日本。在 20 世纪 60 年代末，日本 N.I.T 公司在日本大阪地铁开挖工程施工时，起初采用冻结法固结土体，后因冻冰融化改用静压灌浆法，因地层条件的复杂性，浆液从土层交界面大量流失，导致施工进展困难。中西涉先生创造性将水利采煤技术与静压灌浆技术相结合，以高压水泥浆射流冲击土体，使水泥浆与冲碎的土颗粒混合，在地层中形成一圆柱状固结体，这种全新的施工方法被称为高压喷射灌浆法，也称为高压喷射注浆法。当时定名为 CCP 工法，我国现称单管法。经过高压喷射灌浆处理后，地基加固效果明显。虽然最初的高压喷射灌浆技术理论还很粗浅，但标志着一种新的施工工法的诞生，意义重大。

传统高压喷射灌浆方法就是利用造孔设备造孔达到预定孔深，用高压发生设备（高压泵）通过装置在高压喷射管底部的两个高压喷射嘴，产生高压固化浆液喷射流冲切搅混地层土体，同时通过旋转和提升装置按某种速度旋转、提升高压喷射管，在高压喷射流作用下，地层的土体结构被破坏，并将土体颗粒和固化浆液搅拌混合，混合浆液固化后形成具有某种性质与形状的固结体，从而改善地基承载力及抗渗等性能。

我国引进高压喷射灌浆技术到目前已有 40 年历史，1975 年铁道部门率先进行了单管法高压喷射试验和应用，1977 年冶金部门在宝钢工程建设中进行了三重管法高压喷射灌浆获得成功，随后我国冶金、水电、煤炭、建工等部门和部分高等院校也相继进行了试验和施工，40 年来，各相关单位对高压喷射灌浆机理及其影响因素，高压喷射灌浆施工工艺、施工设备、施工机具，高压喷射灌浆材料等进行了大量、系统的试验研究工作，积累了大量宝贵的经验和试验资料，高压喷射灌浆技术得到了长足发展。至今，高压喷射灌浆法已成功应用于已建工程和新建工程的地基处理、深基坑地下工程的支挡和护底、建造地下防渗墙、防止砂土液化等方方面面。

意大利、法国、德国、美国、瑞典、俄罗斯等国家，多起步于20世纪80年代，发展较快，机具设备的效率较高。新加坡、泰国等国家，约在20世纪80年代后期开始有一定应用。

经过多年实践和发展，高压喷射灌浆法已成为我国常用的一种施工方法，并制定了国家标准和行业标准，如国家标准有《地基与基础工程施工及验收规范》（GBJ 202—2002），行业标准有《建筑地基处理技术规范》（JGJ 79—2002），《水电水利工程高压喷射灌浆技术规范》（DL/T 5200—2004）。

目前国内的应用较广泛的是二重管法和三重管法。在大量的基础防渗、加固和补强工程中，基本可以满足设计要求。高压喷射灌浆技术在最近几年发展迅速，新工艺、新方法多种多样，主要有多重管法、MJS工法、RJP工法、卡斯姆工法、超级喷射法、交叉喷射法、喷射搅拌、低变位喷射搅拌法、扩幅式喷射搅拌法、喷射干粉法及喷射冷沥青技术等。现简要介绍如下：

（1）多重管法。国内目前采用的高压喷射灌浆，基本属于半置换方式，固结体中水泥含量低，水泥随冒浆流失较多，造成材料极大浪费。多重管法主要利用事先钻好的导孔，置入多重管，用旋转的超高压水射流（一般大于40MPa）冲切破坏四周土体，并逐渐向下运动。被冲切搅混在一起的砂石和土浆用真空泵抽出，这样便在地层中形成一个可控的较大空间，通过安装在喷嘴处的超声波传感器，对空洞进行监测并反馈到地面操作台，测出空间大小和形状，按设计要求控制施工。符合要求后便可进行材料填充，填充材料可以是砂浆，也可以是混凝土或其他材料。通过多重管法施工，能在地层中形成较大体积的全置换固结体。这种方法也称为SSS-MAN工法。主要特点是固结体材料全置换，质量可控。

（2）MJS工法。此工法可实现全方位高压喷射灌浆，如在水平、垂直、倾斜方向均可完成高压喷射作业。MJS工法采用了真空泵抽取泥浆，因此，施工深度大大增加，垂直深度可达80m以上，水平深度也可达50m以上。另外，MJS工法针对水平及倾斜方向高压喷射灌浆造成的孔内压力过大，可能引起的地面隆起情况，特别安装了压力传感器，监测孔内压力，防止地面隆起，同时还有地下增压装置，可在孔内侧压力过大时，用于平衡侧压力，保证施工。MJS工法喷射压力一般都在40MPa以上，这样固结体直径大。MJS工法一般还配有一些辅助装置，如泥浆处理装置，可把泥浆分离制成泥饼和水，泥饼运出场外，水可重复利用，现场可保持良好的施工环境。MJS工法设备复杂，占用场地多，搬运不方便。

（3）RJP工法。此工法是在三重管法高压喷射灌浆基础上发展改进形成的。主要特点是进行两次冲切破坏。高压喷射管下部设计有两个喷嘴，两个喷嘴上下有一定间距，高压喷射管下入孔底后高压喷射作业开始，高压喷射管开始提升。上边的喷嘴喷射高压水气流完成第一次冲切土体，紧接着下边的喷嘴喷射超高压浆液气流完成第二次冲切，形成的固结体直径大大提高。

（4）卡斯姆（M. F. Khassme）工法。此工法与 RJP 工法类似，区别是在上下两个喷嘴之间增加一个低压水流，这样极大地增加了排出土体的量，增加喷射直径，提高搅拌效果和提高固结体水泥含量。

（5）超级喷射法。其主要特点是高压大流量，即高压浆射流大于 30MPa，流量高达 600L/min 以上，采用超级喷射法施工，桩径可达 5m 以上。

（6）交叉喷射法。此工法主要特点在于两组喷嘴喷射方向交叉成一定角度，使射流的冲切破碎效果更好，搅拌更均匀，弃浆量较小，成桩直径可达 2m 以上。

（7）喷射搅拌法。此工法是将交叉喷射法、深层搅拌法两种基础处理方法结合产生的新工法，其主要特点是除了在底部设有出浆口外，另将高压喷嘴布置在搅拌叶片端部，在机械搅拌的同时进行交叉高压喷射作业。此工法可获得大断面桩体，桩体质量均匀，施工效率高。

（8）低变位喷射搅拌法。此工法也是高压喷射灌浆与深层搅拌法相结合的一种新工法，与喷射搅拌法不同的是不再使用交叉喷射法。

（9）扩幅式喷射搅拌法。与低变位喷射搅拌法类似，不同之处在于本工法的搅拌叶片是可以在高压喷射管任何位置工作，并先行将孔径扩大，再经高压喷射射流喷射后，可得到较大的桩径。

（10）喷射干粉法。直接喷射水泥干粉，增加固结体水泥含量，一般用于含水量较高的淤泥质地层，也可用于基岩裂隙的充填。

（11）喷射冷沥青技术。此技术由苏联开发，以沥青乳剂为胶凝材料，施工过程与高压喷射类似。形成的固结体有较高的弹性和防水性。

2.1.2 振孔高喷技术起源与发展

高喷灌浆法引入我国后最初主要应用于软土地基的加固，以提高软土地基承载力为主，随着我国经济建设的飞速发展，高压喷射灌浆方法已经在各行业的建设工程基础处理领域得到广泛的应用，应用范围不断扩大，高喷机理和高喷设备得到了快速发展。在水利系统高压喷射灌浆方法被大量应用于基础防渗处理，在我国已建和在建水利水电工程的防渗加固工程中发挥了重要作用。到了 20 世纪 90 年代初，高喷灌浆已能够在各种水利水电工程复杂地基条件下修建地下防渗墙，特别是在大漂（孤）卵砾层中已经能够用高压喷射灌浆方法修建地下防渗墙。但在大颗粒地层，如含有卵漂石地层中钻孔难度极大，传统钻孔方法施工效率很低，质量控制难度较大，同时，从现有的应用中可以发现，常规钻孔高压喷射灌浆方法仍存在着一些不足，具体有以下几个方面：

（1）钻孔高喷方法受钻孔和高喷作业两道工序的相互制约，必须分序施工，然而即便分序施工也无法避免出现钻孔的"塌孔"现象，进而导致高喷管不能到达孔底预定深度而必须反复扫孔、反复起下高喷管。这种弊端会产生施工效率低、成本高、质量控制难度大等问题。造成塌孔的原因包括护壁不好、相邻孔施工窜浆窜风，或者在高喷作业时出现喷嘴堵塞等孔内事故时，在提出高喷管处理事故过程中发生钻孔坍塌。

（2）钻孔过程中使用泥浆进行护壁使传统高喷灌浆工艺工序复杂化，环保条件恶化。

需要增加备料（优质黏土或膨润土）、现场堆放、预水化处理、制浆供浆、泥浆净化、弃浆处理等施工过程，加大高喷灌浆施工成本。同时，由于护壁泥浆实质上已对需要处理的渗漏地层进行了灌浆堵漏，高压喷射作业时注入的水泥浆无法完全置换出已灌注的黏土浆液，产生假灌现象。而产生假灌的高喷墙体寿命低、耐久性极差，在高水头的作用下极易被击穿，严重影响高喷质量。

（3）由于钻孔的分序施工，往往在一序孔高喷作业完成，高喷固结体已经达到初凝甚至已达到一定强度后，二序孔才能进行高喷作业，这样，在一序孔和二序孔之间的高喷墙接触部位存在接缝，导致防渗墙体形成难以避免的渗漏隐患。

（4）高喷孔距的大小既制约工程造价又制约工程质量。为了追求高效率、低成本，钻孔高喷的孔距设计往往偏大，进而无法更有效地利用高压射流近喷嘴高能区的强力破坏作用。在局部地层条件发生不利变化，又不能及时发现时，由于高压射流喷射半径变小，会导致出现墙体空洞，影响施工质量。

为了更有效利用高压射流近喷嘴高能区的强力破坏作用，提高地层变化时的适应性、安全性，增加防渗墙体的连续和防渗性能，选择小孔距是必要的。但对钻孔高喷工艺却意味着工程造价的大幅提高和施工效率的大幅降低，使得高喷灌浆工艺的使用条件和优势大打折扣。

综上所述，由于钻孔高喷存在的不足，严重制约了高喷灌浆工艺的发展，近十几年来，我国高喷相关单位和技术人员先后研发了钻喷一体化高喷设备和工艺，使钻孔、高喷一次性完成，避免反复起下高喷管，简化施工工序，使高喷灌浆适应性大为提高，质量控制更加简单、可靠。

鉴于钻孔高喷的种种弊端，中水东北勘测设计研究有限责任公司（原水利部东北勘测设计研究院）东北岩土工程公司组织以总工程师李绍基为首的相关专业技术人员组成课题组，开始研发振孔高压喷射灌浆工艺技术。

振孔高压喷射灌浆工艺率先实现了钻喷一体化高喷灌浆工艺，具有自身独有的工艺特点和优势。

20世纪90年代初期，振孔高喷工艺及相关设备研制和试验成功，于1993年初次用于莲花电站隧洞出口围堰防渗工程。该工程围堰堰体由当地土石料堆填而成，块径极不均匀，河床中块径大于0.6m的孤石、漂石分布为5%~10%，采用常规防渗处理手段很难完成。使用振孔高压定喷工艺，仅20d即完成任务。共处理段长350延米，造孔446个，成墙面积3000m²，平均台效达到180m²/台日。经围井试验和工程开挖验证，成墙质量高、抗渗效果好（$K<10^{-6}$cm/s），完全满足设计要求。该项目是振孔高喷工艺及专用设备第一次工程实例应用，并取得巨大成功，极大地拓宽了高喷灌浆技术的应用领域，为地基与基础处理工程提供了一种高效施工新方法。

随后又在酒泉卫星发射基地五一水库防渗加固等工程中进行振孔定喷的施工，取得了成功，标志着振孔高喷工艺及设备日趋成熟。

在振孔定喷技术的基础上，振孔高喷技术进入快速发展期，先后实现二管法摆喷、旋喷和三管法的摆喷、旋喷工艺，并在工程实例中得到验证。

振孔摆喷工艺和设备首次应用于广东岭澳核电站联合泵站防渗工程，取得了成功。该工程于 1996 年 5 月 27 日开工，1996 年 7 月 1 日竣工。共完成高喷孔 476 个，造孔深度 4033.66m，防渗墙面积 2108.22m²。该工程设计基坑入渗量为 70m³/h，基坑开挖时入渗量只有 11.2m³/h，完全满足了设计要求。该工程完成后，摆动振孔高喷工艺获得了国家发明专利权，并在第六届中国专利技术博览会上获得银奖。还获得水利部科技进步三等奖，获得松辽水利委员会科技进步一等奖。

振孔旋喷工艺和设备首次应用于老松江水电站导流涵管旋喷桩工程。该工程施工部位上部 2~5m 厚的强透水砂卵砾石层，下部为厚 20~30m 透水性较强的含泥砂卵砾石层，下伏基岩为安山岩。砂卵砾石层中卵石含量约占 60%，并且有漂石分布于该层中。含水层厚 23~25m，地下水埋深 1~3m，该地区砂卵砾石不均匀系数 C_u=91，缺少中间粒径，微弱胶结，相对较密实。共成桩 60 根，桩深度为 9m 和 12m，施工过程中最高施工速度每天单机可完成 12 根旋喷桩，极大地提高了工程施工进度，提前完成了施工任务，对 50% 的桩体进行了开挖质量检查，桩径均大于 80cm，桩体表面强度不低于 7.5MPa，其指标完全满足设计要求。

之后，对在工程实践中发现的一些技术缺陷进行了分析和总结，并进行系统的改进，特别是摆动装置和旋转装置，先后进行了多次改进，结构更加紧凑、合理，检修简单、方便，运转顺畅、可靠，施工过程中的事故率大幅减少。到 2000 年，振孔高喷已经可以实现单管法、双管法和三管法 3 种高喷类型，进行定喷、摆喷、旋喷 3 种基本高喷形式的施工，实现了高喷灌浆类型和喷射形式的全覆盖。该工艺目前已广泛应用于水库、堤防、水利水电围堰坝基等防渗与加固工程以及港口、码头、地铁、交通等地基基础处理工程中，成功案例百余项。

摆动振孔高喷工艺取得发明专利证书，摆动振孔高喷工艺（技术）被水利部认定为水利先进实用技术，并列入《2011 年度水利先进实用技术重点推广指导目录》，2012 年 10 月，摆动振孔高喷工艺研发与推广应用获"大禹水利科学技术"二等奖。

在振孔高喷灌浆工艺及设备研制和工程应用过程中，根据具体工程的需要，中水东北公司又相继开发出振动切槽成墙工艺、振孔切喷工艺等一系列防渗墙施工新工艺，与振孔高喷工艺共同组成了系列防渗墙施工专利技术。在 1998 年特大洪水后，长江、黄河等大江大河堤防急需除险加固，公司抓住机遇，依靠振孔高喷工艺、振动切槽成墙工艺、振孔切喷工艺等系列专利技术优势，依靠进度快、质量好、造价低的特点迅速占领市场。先后承揽完成了长江、黄河、松花江干堤除险加固工程数十项，均取得了骄人的成绩，在防洪、供水、基础设施建设过程中，做出了突出的贡献。

其中振动切槽技术已于 2000 年 4 月通过水利部组织的鉴定，一致认为该技术为国内首创达到国际先进水平。振动切槽成墙工艺及其专用设备获得了国家发明专利（专利号为 ZL99223653.3），并在第九届中国专利新技术新产品博览会上获得特别金奖。振动切槽成墙工艺是采用大功率高频振动锤带动切头切挤地层成槽，在切入的同时，向槽内注入成墙材料形成墙体，相邻槽段保持一定量的重复段，并靠切头上的测斜和纠偏装置，保证墙体的连续和垂直。振动切槽是直接挤压成形，没有废渣和废浆，环境污染小，适合在土壤、砂、砂砾等松散地层中应用，成墙材料可采用砂浆、塑性混凝土、普通混凝土或其他成墙材料。

振动切槽成墙工艺首次应用于长江干流永安堤堤基加固整治工程。该工程位于长江南岸九江市永安乡境内，距九江市区约 2km，为江西省长江干流加固整治的 Ⅱ 期工程，按设计要求 26＋000～27＋900 堤段采用振动切槽成墙技术建造防渗墙。工程于 2000 年 2 月 18 日开工，2000 年 4 月 8 日竣工。完成防渗轴线长 2012.4m，成墙面积 38831.22m²。质量检查结果表明，墙体质量好，切槽墙体连续完整、厚度均一，墙体坚实、光滑平整；施工效率极高，单机最高效率达 860m²/d，平均施工效率达 420m²/d；成本低，在施工过程中，没有水泥浆的过多浪费；污染小，由于是挤压成槽，不存在排渣、排浆等污染环境的施工工序，槽内土体被强力挤压至槽壁两侧，使周边介质具有明显的挤密加固效果。振动切槽成墙工艺在长江大堤、黄河大堤、松花江大堤、上海老港城市固体废弃物填埋场四期场地建设工程等十多个工程中，已建造薄防渗墙 20 余万 m²，工程质量均达到优良等级，综合效益极好。

　　振动切喷成墙工艺是在振动切槽成墙工艺基础上发展起来的一种成墙新工艺，振孔切喷成墙工艺既有振孔高喷的工艺特点，又保留了振动切槽成墙工艺的一些工艺特点，主要是为了扩展振动切槽成墙工艺地层适应性。振动切喷成墙工艺原理是利用大功率高频振动设备将振管和切喷头振入地层一定深度，直接挤压形成一定长度的槽段，同时高压浆（水）喷射流切割地层保证墙体的连续性和减少切割地层的阻力。浆泵通过切喷体上的浆孔把水泥浆液灌入地层，边冲切边充填。切完第一槽段连续切第二槽段，主切刀上设有副切刀，重复第一槽段切过的部位，保证槽段内有重复搭接段，在重复搭接段和高压射流的双重保证下，形成一道连续完整的防渗墙体。

　　振动切喷成墙工艺首次应用于长江干流梁公堤振孔切喷除险加固工程。江西省长江干流梁公堤位于瑞昌市码头镇以北，距九江市约 60km。堤长 5605m，堤高 8m，堤顶宽 7～10m，为堆石护坡土堤，主要以防洪为主。1998 年洪水期间，梁公堤曾出现 6 处堤基严重渗漏的险情，严重威胁着附近九江市人民生命和财产的安全。1999 年水利部将梁公堤段列为首批加固处理的病险堤之一。设计采用振孔切喷工艺进行施工。工程于 1999 年 2 月 4 日开工，1999 年 5 月 20 日竣工。该工程防渗轴线总长 2391m，共完成切喷孔 2997 个，累计进尺 47342m，成墙面积 37800m²。工程完成后，对墙体进行 12 处开挖检查，开挖深度 1.5～11m，检查结果是墙体厚 19.5～25cm，墙体连续、均匀、完整，墙壁坚实、平整，水泥浆结石良好，满足设计要求。

　　振动切喷成墙工艺先后完成了江西鄱阳湖区二期防洪工程廿四联圩除险加固工程、江西鄱阳湖区二期防洪工程赣西联圩新出险项目除险加固工程、江西省长江干流济益公堤除险加固工程等多项工程，建造防渗墙 10 余万 m²，工程质量均达到优良等级。

2.2　振孔高喷技术原理与特点

2.2.1　振孔高喷技术原理

　　振孔高压喷射灌浆工艺是利用大功率高频振动锤将设有喷嘴钻头的一整根高压喷射管（称振管，即钻杆与高压喷射管复合体）直接振入地层至设计深度成孔（使造孔和下置高喷管一次完成），在振管上提过程中将高压喷射介质调整到设计参数进行高压喷射灌浆作业的高压喷射灌浆新工艺。

振孔高压喷射灌浆工艺实质是充分利用了振动力造孔成孔效率极高的优势，能实现小孔距（如 0.6～0.8m）高压喷射灌浆施工。由于孔距较小，可以充分有效地利用高压喷射流在近喷嘴处的高能区强力冲击切割、重复扰动地层，既可以保证墙体连续，又能实现快速提升；振动成孔施工速度快、不接钻杆、不使用冲洗液的优势，可以实现高压喷射孔不用分序，依次施工连续成墙；根治了塌孔及假灌弊病，确保了墙体质量。

2.2.2　振孔高喷技术特点

1. 优点

（1）工序简单。一根振管使钻杆和高压喷射管实现一体，振动强力成孔（不需要泥浆护壁），使成孔过程和高压喷射灌浆孔内一次完成，实现了钻孔不用分序，可依次进行高压喷射灌浆施工。从技术上彻底解决了常规钻孔高压喷射灌浆繁琐的施工工序，即先用钻机钻孔（一般要采用泥浆护壁）—移开钻机—高压喷射机就位—安装高压喷射管—进行高压喷射作业，并且从根本上避免了常规钻孔的"塌孔"现象导致的高压喷射管经常不能一次到达孔底预定深度而进行反复扫孔反复起下高压喷射管等弊端。

（2）造孔效率极高、施工速度较快。采用大功率高频振动锤（60～90kW）可直接将高压喷射振管（厚壁优质钢管）振入地层，一般在砂砾石地层中 15～20m 深孔只需10min 左右。这就可以充分利用快速成孔的优势，实现"小孔距（0.6～1m）、高提速（15～50cm/min）"的高压喷射成墙工艺。

极高的振动造孔速度以及较快的高压喷射提升速度，使得振孔高压喷射灌浆工艺具有了较高的施工速度，一般单机工效约为钻孔高压喷射的 2 倍以上。

（3）墙体质量好。由于采用"小孔距"成孔，充分利用了高压喷射流近喷嘴处的高能区强力冲击、切割地层，效率更高，效果更好，成孔不分序依次连续施工，高压喷射时对前一高压喷射孔可重复喷射效果，从而有效保证了墙体的连续性。采用了高压水泥浆射流的振孔摆喷或振孔旋喷工艺，即使在较大粒径的卵砾石地层中也可能振动成孔，从而建成优质防渗墙。

取消泥浆护壁，以及在淤泥质等易缩径地层中，可完全避免常规钻机造孔无法回避的缩径、塌孔和粗颗粒沉淀造成的"假灌"现象。高压喷射振管直接振到设计深度，高压喷射灌入孔内的都是水泥浆，从根本上确保了成墙深度和质量。

（4）对地层适应性强。由于采用强力振动成孔，因此振孔高压喷射灌浆工艺更广泛地适用于各类第四系松散—密实地层。在厚度不大的淤泥质地层以及强风化岩层也适用。

（5）节省材料减少污染。振孔高压喷射灌浆工艺因小孔距施工，喷射效率的提升可以实现较快的提升速度，提升速度是钻孔高压喷射提升速度的 1.5～3 倍，这样，弃浆量较小，废浆污染随之大幅度减少。

2. 局限性

振孔高喷工艺相对传统钻孔高喷灌浆工艺有很多优点，但也存在某些局限性，现对这些局限性进行分析，并就振孔高喷灌浆工艺相对的发展方向论述如下：

（1）振孔深度受限。目前，振孔高喷工艺可以施工的最大深度约为27m，主要受两大因素决定，一是高喷机主立柱的高度限制，二是振动锤击振力的限制。

1）高喷机主立柱的高度限制。主要是出于安全因素和整机体积不能过大而失去对场地条件适应性的考虑，目前振孔高喷工艺还是使用一根振管直接到达孔底，中途不接管的设计方案。高喷机主立柱最大高度设计为32m，去除振动锤高度和必要的安全距离，最大可实现振孔深度27m。

2）振动锤激振力的限制。振孔高喷工艺最主要的优点是成孔速度快，可不分序连续施工，但成孔效率随着孔深的增加，受到的影响会越来越大。因为主要的成孔动力设备是振动锤，在振动锤带动下，振管进入地层，随着造孔深度的增加，振管长度相应增加，这样不可避免地出现以下两种情况：首先振动锤产生的振动力通过振管传递到孔底时能量损失会增大，同时对振管的刚度和抗稳定性也有更高的要求；其次振管与地层土体的摩擦力随孔深增加而增大，这主要和振管的直径和地层土体条件有关。

（2）受地质条件的限制。振孔高压喷射灌浆工艺由于采用了强力振动成孔，可以广泛地适用于各类第四系松散—密实地层，也可在厚度不大的淤泥质地层中应用。有一定的入岩能力，主要在全、强风化岩层中可以适用。但是振孔最大深度和成孔效率却会受不同的地层条件的限制，如在遇到特别密实的砂卵砾石层时，成孔效率很低，孔深受限，综合性价比不高。

（3）引入其他高效造孔工艺和器具。如振管底部装置高压液动或风动冲击器等钻具，以适应卵砾石、孤石、基岩等地层。

本 章 参 考 文 献

［1］ 王明森，王洪恩. 高压喷射灌浆防渗加固技术［M］. 北京：中国水利水电出版社，2010.

［2］ 李绍基. 振孔高喷灌浆的原理与应用［J］. 西部探矿工程，2000（1）.

［3］ ［日］八寻晖夫，等. 地下工程高压喷射技术［M］. 徐殿祥，译. 北京：水利电力出版社，1988.

［4］ 薛胜雄，等. 高压水射流技术与应用［M］. 北京：机械工业出版社，1998.

第3章　振孔高喷工程基础工作

3.1　场地与地基勘察

3.1.1　场地地基勘察意义

场地是工程建设所直接占有并使用的有限面积的土地，工程建筑场地不仅代表所划定的土地范围，还涉及建（构）筑物所处的工程地质、水文地质环境与岩土体的稳定等问题。

地基是指承受建筑物荷载的全部土层（一般包括持力层和下卧层）或岩层。埋置建筑物基础并直接承受建筑物荷载的土层称为持力层，在地基范围内持力层以下的土层称为下卧层。通常把地基分为天然地基、软弱地基和人工地基。

工程建（构）筑物都是营造在一定场地和地基之上，所有工程建设方式、规模和类型都会受到建筑物场地工程地质和水文地质条件的制约。地基质量直接影响建（构）筑物的经济性、安全性和工程运行质量。因此，在进行每一项工程设计之前，都必须进行场地与地基的岩土工程勘察，充分了解建（构）筑物场地与地基的工程地质和水文地质条件，论证和评价场地与地基的稳定性和适宜性，以便进行不良地质现象、软弱地基处理与加固等岩土工程技术决策并确立实施方案。实践表明，重视和规范进行场地岩土工程的勘察，设计、施工就能够顺利进行，工程安全运行就有保障；相反，忽视岩土工程的勘察，会给工程带来损失甚至灾害。

场地与地基勘察对于振孔高喷施工的意义在于振孔高喷工艺对工程的适宜性和场地、地基对作业人员与施工设备的安全性。

3.1.2　场地岩土工程勘察成果分析与利用

振孔高喷对场地岩土工程勘察成果分析与利用主要有以下内容：

（1）工程场地环境对振孔高喷施工有无构成人身、设备安全的危险源，如山体崩塌、滑坡、泥石流、地面塌陷（含岩溶塌陷和矿山采空塌陷）、洪水等。

（2）场地有无地下或架空线、缆、管网及其状态。

（3）场地地质条件是否适宜采用振孔高喷工艺处理。

（4）施工平台地质条件和规模尺寸是否满足振孔高喷设备安装和运行安全（土坝、沙堤、软土地基）。

（5）水文地质条件是否适宜采用振孔高喷工艺进行处理（地下水化学性质、流向、流速、承压、管涌）。

（6）生产和生活用水水源、道路交通条件。

（7）本区和上游区域气象、水文条件调查（如汛期、冰凌、雷雨、风暴等）。

对于场地岩土工程勘察报告中所涵盖的相关内容，应做认真核查，正确判断，审慎采用；勘察报告没有涉及的内容，需做必要的补充勘察或调查工作。

3.2 防渗加固方案优化与选择

随着我国经济建设的迅猛发展，土地有限性问题日益凸显，地基防渗与加固处理已经成为工程建设中的技术经济关键问题。如何选用符合"技术先进、经济合理、安全适用"要求的防渗加固方案，成为设计和施工都必须严肃面对的重要课题。

在土坝、堤防、围堰和深基坑防渗加固工程中，建造垂直防渗幕墙往往是设计师首选方案。近20年来，我国垂直防渗加固技术发展很快，一批优秀新工艺在1998年洪水后脱颖而出，这为设计师们提供了非常丰富的选项（表3-1）。

表3-1　　　　　　　　　　　　常用垂直防渗加固技术工艺对比

名称	适 用 条 件	墙体厚度/cm	施工效率/[m²/(台·日)]	成本倍值	综 合 述 评
薄壁抓斗	（1）土层、砂层。 （2）砾石、卵石层。 （3）"两钻一抓"可嵌入全风化岩表层。 （4）建大面积连续墙	30～50	150～200	2.5～4	（1）地层适应性强。 （2）墙体质量好。 （3）施工效率较高。 （4）施工成本高。 （5）工序复杂、资源投入量大
振孔高喷	（1）土层、砂层。 （2）砾石、卵石层、第四系复杂地层。 （3）风化岩层。 （4）可建大面积或小规模连续墙（或桩）	10～30	280～180	1.5～2.5	（1）地层适应性极强。 （2）墙体质量好。 （3）施工效率高。 （4）施工成本较低。 （5）工序简单、资源投入量较小
锯槽成墙	（1）土层、砂层。 （2）砂砾石层。 （3）墙体不能嵌入岩层。 （4）建大面积连续墙	20～30	100～180	2～3	（1）地层适应性弱。 （2）墙体质量好。 （3）施工效率较低。 （4）施工成本较高。 （5）工序复杂、资源投入量大
深层搅拌	（1）土层、砂层。 （2）薄砂砾石层。 （3）墙体不能嵌入岩层。 （4）可建大面积或小规模连续墙（或桩）	30	120～180	1	（1）地层适应性弱。 （2）墙体质量较好。 （3）施工效率较高。 （4）施工成本低。 （5）工序简单、资源投入量小

续表

名称	适用条件	墙体厚度/cm	施工效率/[m²/(台·日)]	成本倍值	综合述评
射水成墙	(1) 土层、砂层。 (2) 薄砂砾石层。 (3) 墙体不能嵌入岩层。 (4) 较大面积连续墙	20～30	80～150	1.5～2	(1) 地层适应性弱。 (2) 墙体质量较好。 (3) 施工效率较低。 (4) 施工成本较低。 (5) 工序复杂、资源投入量大
振动切槽、沉模	(1) 土层、砂层。 (2) 薄砂砾石层。 (3) 墙体不能嵌入岩层。 (4) 可建大面积或小规模连续墙	10～20	200～300	1	(1) 地层适应性弱。 (2) 墙体质量较好。 (3) 施工效率高。 (4) 墙体薄、施工成本低。 (5) 工序简单、资源投入量小

第4章 振孔高喷技术研究与设计

高压喷射灌浆是利用置于地层内的高压高速液体射流，通过冲击、劈裂、剪切、挤压、充填、渗变、搅拌、升扬、置换、固化等综合作用，强制性破坏原地层，将地层颗粒在一定范围内重新排列组合，在其周边形成反滤层并控制浆液在有限的范围内扩散。同时射流代入的固化剂（水泥浆液）与地层颗粒就地掺入搅拌，形成所需性能和形状的固结体，达到提高地层工程性质的目的。

建筑物对地基与基础的基本要求包括具有足够的强度、足够的整体性和均一性、足够的耐久性，水工建筑物还要求同时要有足够的抗渗性。了解和掌握高喷灌浆的特点特征、固结体性质、加固机理及适用条件，对地基防渗与加固设计和工程施工都十分必要。

4.1 高喷灌浆特征与固结体性质

4.1.1 高喷灌浆主要特征

利用高压高速射流直接冲击、切割破坏土体，并使水泥浆液与地层颗粒搅拌、混合、固化的高压喷射灌浆工艺，从施工方法、加固质量到适用范围，不仅与静压灌浆法有所不同，而且较其他地基处理方法更有许多独到之处。其主要特征表现为以下几点。

1. 适用范围广

高喷灌浆广泛适用于岩土工程土质地基的强化加固处理。

高喷灌浆不像静压灌浆那样，以调整浆液材料配合比和灌浆工艺去适应不同地层结构，而以高压射流直接破坏并使地层颗粒重新排列组合、以单一配合比的水泥浆掺入并经固化而加固土体，使地层性质显著提高，适用范围扩大。高喷灌浆既可以用于工程兴建之前，也可用于工程建设之中，特别是用于工程落成之后，显示出不影响建（构）筑物运行使用和不损坏其上部结构的特殊优势。

2. 施工简便

普通岩心钻机和动力头钻机都可以用来进行常规高喷的钻孔设备，只要在地层中钻成一个直径为 $56\sim130mm$ 的钻孔，就可以进行高喷灌浆作业并喷射成直径为 $0.5\sim2m$ 的旋喷桩或其他形状的固结体。高喷对地下防渗墙或深基坑止水帷幕补强处理极为简便。

3. 固结体形状可按需控制

高喷固结体具有可以灵活成型的特性。既可以在钻孔中全孔形成桩柱形、扇形、纺锤形固结体，也可以在其中一段或数段形成任意要求形状的固结体。

为满足工程需要，可在高喷作业过程中，调整喷射参数（如转速、摆动速度、提升速度、喷射压力、射流流量）或改变喷嘴直径、数量，使高喷固结体成为满足设计要求的形状。

4. 固结体性质可调控

根据地质条件，采用不同种类浆液和配方，即可获得满足工程需要的固结体强度、渗透性等技术指标。如当采用水泥浆液，黏土类地层中固结体强度最高可达 $5\sim10\mathrm{MPa}$，而在砂层和砂砾石地层固结体强度最高可达 $10\sim20\mathrm{MPa}$。由于双管高喷可以采用性能确定的水泥浆，其固结体性质具有很好的可调控性。

5. 效果稳定、持久耐用

在软弱地基中加固处理，高喷灌浆工艺与其他工艺相比，因其加固结构和适用范围不同，加固处理效果显然不能一概而论，就从其使用的浆液性质、浆液与地层颗粒凝结状态和固结体的特殊结构看，可以预期得到稳定的加固效果和持久的耐用性。

6. 料源广、价格低

高喷灌浆的浆液多以水泥浆为主，以化学材料为辅。除在要求速凝、超早强时使用少量化学材料以外，许多地基工程采用料源广阔、价格相对低廉的强度等级为 $32.5\mathrm{MPa}$ 的普通硅酸盐水泥。遇地下水流速快或含有腐蚀性元素、土层含水率高或固结强度要求高的情况，可在水泥中掺入适量的外加剂以达到速凝、早强、抗冻、耐蚀、稳定等效果。此外，还可在水泥中掺入一定量的粉煤灰、黏土或砂，既解决了工程问题，又降低了材料成本。

7. 设备简单、管理方便

高喷灌浆所采用的机械设备均为国内定型产品或自行研发专门设计制造。钻喷一体化设备结构科学、机动性强、工艺简单；常规高喷的钻孔机械和高喷机设备结构紧凑、通用性强，可在狭小场地施工。

高喷施工管理与钻探生产管理极为类似。施工现场管理也很简便，通过对泵压、流量、返浆量、浆液配合比检测和控制，保持或及时调整高喷参数或改变工艺，即可保证高喷施工质量和固结质量。

高喷灌浆既可进行单机组施工，又可实现多机组协同作业。施工组织管理可以十分灵活。

8. 生产安全

高喷射流压力一般为 $30\sim40\mathrm{MPa}$。地面试喷时射流所表现出的汹涌冲击力，会让人们陡然感到其强大的威力，甚至会误认为整个射流发生系统都存在着巨大的危险性。其实整个射流发生系统都是在科学条件下，经过严格设计制造的完全可以安全使用的机械设备。

首先，高压泵作为高喷系统压力源，其耐压力至少为 $200\mathrm{MPa}$，而且必须配置性能可靠的安全阀和压力表，当系统压力高于 $40\mathrm{MPa}$ 时安全阀会自动开启泄压。万一安全阀失效，电动机过载保护系统也会在压力不至过高时自动断电，使高压泵停止工作。而压力表可以认为是系统过载的第三道防线，超过额定压力时操作人员即可以拉闸断电或手动泄压。就算以上三道防线都完全失效，唯一可能发生的就是管路破裂。

其次，管路中的高压胶管为 3 层钢丝编织（或缠绕）优质高耐压胶管，通常工作压力为 $40\mathrm{MPa}$ 的高压胶管其爆破压力不低于 $110\mathrm{MPa}$。只要按规定使用和维护是不会破裂损坏的，即使万一发生管路破裂，由于浆液是非压缩性物质，在管路破裂瞬间即可降至常压，也不会出现如爆炸或碎片飞散致伤事故。

综上可见，只要按规范施工、按操作规程使用设备器材，就完全能够保证高喷灌浆施工安全。

9. 无公害

高喷灌浆所使用的钻孔设备（振动设备、工程钻机）、电动高压泵和空压机、搅拌机等均符合国家标准，振幅小、噪声低，不会对周围建筑物产生震动破坏和噪声污染。灌浆所用浆材为水泥浆，不存在污染水域、毒害水源问题。

高喷灌浆是一种振动小、噪声低、无污染、符合现代环保要求的地基加固处理技术。

4.1.2 固结体基本性质

各类土层（黏性土、淤泥质土、粉质土、砂类土、砾石土、杂填土），各类砂层（粉砂、细砂、中砂、粗砂、砾石），经过高喷灌浆处理以后均可得到有效固化。工程设计者熟知高喷固结体的本质特性（渗透系数小、抗压强度较高、抗折强度低），并加以扬长避短、科学利用，就会收到最佳效果。高喷固结体（亦称结石体）基本性质包括以下几个。

1. 体型较大

旋喷桩固结体直径的大小取决于射流能量和旋转与提升速度，并与地层类别和密实度、钻孔深度密切相关。在相同地质条件和喷射参数条件下，单管法旋喷桩直径一般为 $0.4 \sim 0.8m$，三管法旋喷桩直径可达 $0.8 \sim 2m$，双管法旋喷桩直径介于单管法和三管法之间。

事实上，高喷灌浆时浆液在局部高压和浆柱静压的作用下，在各类地层中均有程度不同的扩散和渗透，使得高喷固结体的实际有效直径增大了许多。这种渗透作用对于地下防渗与复合承载都是十分有利的，但往往因为不易测量或出于安全考虑，被人们在进行固结体直径（或厚度）的测绘和取值时予以舍弃。

2. 形状异化

在均质地层中，高喷固结体形状一般较规则、匀称。在非均质地层或裂隙土中，固结体形状不匀称，还会伴有翼片和异形凸出。由于受到机械提升、旋转或摆动与射流脉动以及地层结构和颗粒大小等影响，固结体外表的粗糙和凸凹现象十分正常。在深度较大和地层结构差异较大的条件下，如果全孔采用同一套高喷参数施工，则会出现固结体形态"上大下小"或"大小不一"的状况。

3. 质量较轻

由于固结体内部的土颗粒较少，并含有大量气泡气囊。因此，固结体的密度较小，轻于或接近于原状土的天然密度。固结体内部土块的大小和数量与地层结构尤其是提升速度直接相关，如果提速过快，被高喷射流冲切下来的土块尚未得到充分破碎时便与水泥浆搅拌混合并被包裹，势必造成固结体内部裹土的块大量多的状况。

4. 透水性差

固结体自身结构的最大特点是内核疏松而密闭、外壳致密而坚实。高喷固结体内虽有大量空隙，但这些空隙相对密闭并不贯通，固结体外层结构致密坚硬。固结体具有一定强度，并具有一定的防渗性能，其渗透系数达 $K = 10^{-6} \sim 10^{-7} \, \text{cm/s}$，可满足各类地基的防渗要求。

5. 强度差异性

固结体的强度差异很大。其无侧限抗压强度可达 $10 \sim 20 \text{MPa}$，完全能够满足一般建（构）筑物对地基沉陷和稳定的要求，但其抗折强度较低，约为抗压强度的 $1/10 \sim 1/5$。实践中，为改变固结体强度指标，也可通过改变浆材成分和配合比来实现。

6. 特殊固结体

用普通硅酸盐水泥高喷灌浆的固结体，抗冻、抗蚀、抗干燥的性能较差，在有冻结、腐蚀和干燥的特殊条件高喷时，应针对不同情况掺入合适的外加剂，以改善固结体性能，满足工程的特殊需要。

4.2 高喷灌浆适用条件与机理

4.2.1 双管高喷技术优势

常规三管高喷依靠钻孔充填级配料、增大喷射角度、缩小孔距、降低提升速度、采用速凝浆液等一系列技术措施，能够在大颗粒地层中建成高喷桩或墙。但同时也不难发现其存在的诸多缺陷：单独的高压水定量泵所提供的喷射动能对于大颗粒地层所必需的能量明显不够，造成喷射范围较小，而只能依靠缩小孔距、降低提升速度来弥补，使得高喷工作量加大，工作效率大幅度降低；对于大粒径大空隙率地层要求灌入的浆液具有较好的稳定性和较高的结石率，由于高压水对浆液的稀释作用使得浆液浓度大为降低，在地层细颗粒较少的情况下，水泥浆液极易流失，同时结石率也较低，墙体防渗性能下降。加上设计和施工不当，容易产生质量事故。双管高喷工艺能够很好地解决以上问题。

随着高压水泥浆泵技术性能的不断提高和成熟稳定，高喷灌浆已由三管法逐步朝着双管法方向发展。双管法高喷工艺是直接用气环保护水泥浆射流作为能量载体直接喷射地层，保证了射流所作用的范围内水泥成分扩散均匀；浆液以高压射流方式进入地层，避免或减小了浆液被稀释的程度，有利于提高和保证浆液结石率，减少水泥的浪费和污染。双管法是大颗粒地层中高喷灌浆的首选工艺。

双管法所具有的独特的技术优势如下。

1. 设备优势

与三管高喷比较，双管高喷的设备优势非常明显。利用高压浆泵直接进行供浆喷射，可以取消原供给泥浆的泥浆泵，直接减少设备投入。不仅可以减少一根注浆管，还可在不改变高喷管外径的情况下，使管路的过流面积得到有效增大，也可在保证管路有效截面积不变的情况下，使高喷管外径减小一个级别，这不仅降低了材料使用和消耗，还可变双列管为双重管，从而可以取消螺栓连接实现高喷管的机械化扭卸。

2. 工艺优势

双管高喷用水泥浆射流取代了水射流直接切割、搅拌地层，取消了水的介入，有效简化了高喷灌浆工艺，比三管高喷操作更为简单。

3. 质量优势

双管高喷取消了水的介入，不仅有效简化了高喷灌浆工艺，还使高喷灌浆固结体质量得到有效保障，并使高喷灌浆质量变得可控。

鉴于双管法的多种优势，振孔高喷通常会优先采用双管法工艺。

4.2.2 高喷灌浆适用条件

1. 适用地质条件

高喷灌浆工艺广泛适用于处理淤泥、淤泥质土、黏性土、黄土、砂土、人工填土和碎石土等地基。但当地层中有较多的大粒径块石、坚硬黏性土体、大量植物根茎或过多有机质时，钻孔高喷处理效果往往很差，而振孔高喷对于这些地层具有很好的处理效果。

通常，钻孔高喷对有地下水径流或大孔隙地层难以处理。采用振孔高喷特殊三管法（其中一管可灌注特种浆液）能够很好地处理地下水径流和大孔隙地层。

振孔高喷对漂石层、风化岩层有一定的适用性。

三管法高喷灌浆对永久冻土地层、深厚淤泥地层的适用性较差。

2. 应用范围

高喷灌浆技术应用领域涉及国民经济各大行业，如水利水电、公铁交通、港口码头、航空航天、矿产冶金、电力电信、工业与民用建筑等。高喷灌浆主要应用范围包括以下几方面：

（1）已有建筑物和新建建筑物的地基加固处理，提高地基强度，减少或整治建筑物的沉降或不均匀沉降。

（2）深基坑侧壁挡土或挡水，以保护地下工程建设或邻近建筑物安全。

（3）基坑底部加固，防止管涌或隆起。

（4）水库坝体加固、地下防渗帷幕建造或帷幕补强处理。

（5）边坡加固。

（6）隧道顶部或侧壁加固。

4.2.3 高喷灌浆机理

高压喷射灌浆利用高压水或高压浆液形成高速喷射流束，冲击、切割、破碎地层土体，并以水泥基质浆液充填、掺混其中，形成桩柱或板墙状凝结体，用来提高地基防渗或承载能力。

1. 高压射流对地层的破坏机理

对于土层、砂土类等低强度、疏松结构地层，高压水或高压浆液形成的高速喷射流束，直接冲击、切割、破碎地层土体，高速高压射流的劈裂、剪切、挤压作用造成土体的击碎或击穿等强制性结构破坏。同时，液体在射流动压和浆柱压力作用下渗入细小通道、微小孔隙及其他缺陷处，降低了土体强度，有效地参与地层原有结构的失效过程。

对于砾石、风化岩层等块体强度高、结构致密地层，高压高速喷射流的打击力作用、脉冲负荷导致的疲劳破坏作用、水楔作用、气蚀作用等引起或造成地层的结构破坏。射流作用于岩石破坏形式主要为径向裂纹、锥形裂纹和横向裂纹扩展，裂隙形成和交汇后，水射流进入裂隙空间，在水楔作用下，裂隙尖端产生拉应力集中，使裂隙迅速发展扩大致岩石破碎。同时，液体在射流动压作用下穿透进入微观裂隙，在其内部造成瞬时的强大压力，其结果是在拉应力作用下，使颗粒从母体或块体上破裂下来。

2. 高喷工艺对地层的灌浆机理

高喷浆液灌注压力包括射流局部瞬时压力和浆柱静压力两部分，其作用结果都是使得浆液在有限范围内扩散。

高喷工艺对可灌性较好地层的浆液灌注机理与一般水泥灌浆机理基本相同。不同的是高喷灌浆利用高速高压射流强制性切割破坏原地层结构同时灌入浆液，各类不可灌地层都能够被浆液有效掺入并最终固结。浆液在射流动压作用下与地层发生充填、渗变、搅拌、升扬、置换等综合作用，浆液与地层颗粒在一定范围内重新排列组合，在其周边形成反滤层，并控制浆液在有限的范围内扩散，经固化形成所需性能和形状的固结体，达到提高地层工程性质的目的。

4.2.4 高喷灌浆主要特点

与其他地基处理工艺相比，高喷灌浆有许多更为显著的特点，对高喷灌浆技术特点的深入了解，将有助于深刻认识并在地基防渗与加固处理工程中恰当选用。

高喷灌浆工艺的主要特点如下：

（1）可灌性好。高喷灌浆是以强制性切割破坏原地层结构同时灌入浆液，不存在一般灌浆工艺的可灌性问题。只要高压射流能够破坏的地层（如粉细砂、黏性土），不管其实际可灌性如何差，均可进行高喷灌浆处理。尤其是针对夹杂于复杂地层中的可灌性极差土层，高喷灌浆与一般灌浆的实际效果差别更为明显。

（2）可控性好。对于砂砾石、卵石等大孔隙地层，高喷射流的灌浆机理更为适用。不同于一般灌浆机理的是，高喷灌浆对地层的浆液灌注压力作用具有瞬时性，对地层的灌入量极为有限，即浆液灌入度具有可控性。

（3）连接可靠。高喷墙体自身及其与周边构筑物在上下、左右、前后三维间的连接（亦有称之为柔性连接）十分可靠。高喷灌浆固结体连接可靠性主要表现在以下几个方面：

1）通过大量的开挖检查现场可以发现，单孔高喷板墙射流有效喷射长度（喷射半径）与孔距间的安全系数一般可达1.5～2。

2）新建高喷板墙与已建板墙或地下各种构筑物连接时，新喷射流能够将其表面洗刷一新，并与其凝结为一体，而且具有相当高的连接强度。

3）对于强度高、韧性较大的地下构筑物，射流冲击动压力只能将其冲洗干净，通常是不会对其造成破坏的。即便真的产生某种损坏，新产生的固结体也可将其修复完整。

（4）机动灵活。主要表现在以下几个方面：

1）钻孔深度内的任意高度上、不同方向、不同喷射形式，都可以按要求喷射成设计形状（如扩底桩形、扇面形、纺锤形、圆台或半圆台形等）。

2）可通过坝体、涵洞、渠道等建筑物对其下卧深度较大的砂砾石等渗漏地层或其他隐患部位进行处理。

3）可在水上对水下隐患部位进行有效处理；还可在山坡上对地下隧道进行可靠处理。

4）高喷固结体性能可以通过改变浆液性能予以调整。

（5）适应地层广泛，包括复杂地层等几乎所有第四系地层都可以建造高喷墙（桩）。

（6）处理深度较大。由于钻孔精度得到有效保证，高压泵的性能也有了大幅度提高，高喷灌浆深度也在向更大深度发展。钻孔高喷深度逾 60m。振孔高喷钻孔精度更高，随着振管连接问题的技术突破，钻孔深度也在向着 50m 深度发展。这样的深度是许多其他工艺难以达到的。

（7）相对多种成槽法建造地下连续墙工艺，高喷灌浆无需庞大的护壁泥浆系统和大量的泥浆消耗。振孔高喷不需要护壁泥浆，工艺更加简单。

（8）高喷固结体除连成一体做防渗外，还可用于软基加固或松散体（包括堆石体）的整体固化。

4.3 大颗粒地层高喷灌浆技术研究与认识

高喷灌浆所谓大颗粒地层属于岩土工程定义的碎石土类。人们通常所说的"大颗粒或大粒径"泛指碎石土类地层中颗粒直径大于 50mm 的块体部分，因为所有砾石、卵石和漂石地层中的大块体的含量和性状对高喷灌浆工艺的适用性和固结体（即结石体）质量更具有直接意义。

振孔高喷所谓大颗粒一般指碎石土颗粒直径大于 100mm 的块体，因为较小的粒径对于振孔高喷的施工质量几乎不具影响力。

4.3.1 射流强度和比能

射流作用于土体并形成有效作用范围必须具备两个条件，即射流出口压力和射流作用于土体的总能量。前者保证射流克服摩阻力和土体自身结构强度，后者满足土体结构破坏和有效射程所需要的能量。为此引入射流强度和比能两个概念。

1. 射流强度

射流强度定义为射流某一点处的压力，用 P_x 表示，表达式为

$$P_x = \eta p \tag{4-1}$$

式中　η——射流衰减系数；

p——射流压力，MPa。

射流在地下喷射时，其强度随被作用土体距离的不同而变化，出口射流压力的一部分用来克服土体抗力（地应力和土体结构强度），另一部分消耗于地下介质的摩阻力及平衡浆柱压力。当射流强度与土体抗力持平，土体结构行将破坏时的射流强度，称为临界射流强度。土体的部位与性质不同，其临界射流强度也不相同。当射流压力超过临界值，被喷射土体开始破坏，伴随射流长度增长就有越多的压力份额被用以克服摩阻力，最后达到临界值，其喷射长度不再增大。可以看出，射流强度越高即对土体的破坏力越大，射流的有效距离也越大。所以，只有保证较高的出口射流压力，才能使射流对较远处的土体有破坏能力。对大粒径地层而言，射流除受到正常的摩阻力外，射流的反射碰撞造成很大的能量损失。因此，要达到相同的喷射长度，其所需射流强度相对于细颗粒地层要大得多。

高喷作业时，喷射是自下而上进行，后喷射的土体一部分处于半凌空状态，地应力较

小，射流所要克服的主要是土体自身的结构强度，与土体的固结程度和颗粒组合方式有关。在同样的喷射压力下，一般上部的有效长度较下部要大些。

试验和生产实践都表明，射流在地下喷射时，射流的摩阻力较在水中喷射大为增加，在大颗粒地层更是如此。

2. 射流比能

比能定义为单位长度喷射段射流所释放的能量。用 E 表示，其表达式为

$$E = 100 pQ/v \tag{4-2}$$

式中　E——比能，MJ/m；

　　　Q——射流流量，L/min；

　　　v——提升速度，cm/min；

　　　p——出口射流压力，0.1MPa。

射流首先作用距离最近的土体，当土体受到足以使其结构破坏的能量后，射流向前延伸喷射较远处土体，土体的破坏过程就是能量的消耗过程。由于土体类型及结构不同，需要的破坏能量也不同，在相同比能下不同地层中形成的喷射长度各不相同。在一定喷射压力和流量下，能量（即比能）越大喷射半径也就越大，即一定量的比能，对同一种土层对应一定的有效喷射长度。

从式（4-2）可以看出，改变比能有 3 种方法，即改变射流出口的压力、流量、提升速度。当确定了某种地层中达到一定喷射直径所需要的比能后，可以通过适当调整三者的大小而保持比能不变，使施工处于最经济合理的工作状态。

实际情况是，喷射过程中射流在不断改变方向和深度，或随旋摆而改变喷射方向，或随提升而改变喷射位置，所以形成的喷射长度往往小于射流压力衰减至临界值时应该达到的有效长度。

4.3.2　大颗粒地层结构类型与成墙机理

当携带巨大能量的水气浆射流冲击大粒径地层时，根据射入部位不同可分为两种作用方式。一种是在射流作用下地层结构遭到破坏，即直接射入大粒径间空隙的射流，或者仍有较大切割能量的反射流可对大颗粒间的充填物直接冲切破坏，其作用机理符合细颗粒地层的射流作用机理。另一种是使地层组成成分发生变化，射向大颗粒体上的射流受到大颗粒阻挡，一方面其冲击能量使大颗粒背后的充填物因射流方向旋转、摆动和提升的交替承受挤压、张拉作用而松动或产生缝隙（图 4-1）；另一方面由于射流的反射作用，在喷头周围形成一个强紊流区，紊流相互碰撞造成流体势能增大，即形成一个环境高压区，处于高能状态下的水气浆混合流沿着大颗粒之间的空隙向周围低压区迅速扩散，并对大粒径体背后的充填物起二次切割冲刷作用。同时随着射流方向旋转或摆动形成较强的脉动压力，使空隙间相当数量的细颗粒被推移到较远范围，或者被回流带离原来位置，在水气浆射流的综合作用下，大颗粒间的空隙被浆液所充填取代，水泥浆液的进入在一定范围内形成互相贯通的浆液体脉网络，改变了原地层的组成成分，最后与大颗粒块体凝成一体，起到了改良地基的作用。

射流作用于大粒径地层，呈多方向分散后的水射流与大流量压缩空气共同作用大颗粒

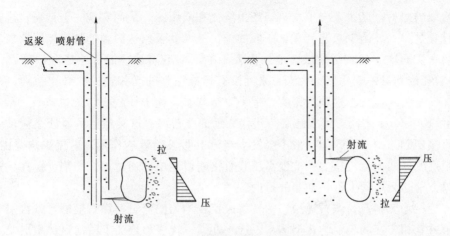

图 4-1　射流对大颗粒作用原理

间的空隙，缝隙间的充填物质不同程度地被置换出孔外，或被液流冲至较远的位置，在一定范围内形成互相贯通的浆流网络。这种作用方式可以概括为：地层在强大射流按一定方向规律作用下，对软弱结构（主要指大颗粒缝隙间的充填物）造成破坏，并以浆液进行充填、置换，形成以地层中大颗粒块体为骨架、灌浆材料为主要充填物的复合地层。

压缩空气的作用除保护高压射流、升扬、搅拌、置换以外，还有更重要的胀裂、汽蚀作用。压缩空气对大粒径地层实现有效喷灌的提速、增效等强化作用无可替代。

综上，射流对大粒径地层的主要作用形式为切割、绕射、压力扩散、压力渗透。

根据大颗粒地层射流作用机理分析可知，在此类地层中进行高喷灌浆时，射流压力、流量和施工参数确定的条件下，确保高喷灌浆质量的必要条件就是最大限度地缩小钻孔间距。

4.3.3　大颗粒地层浆液可灌性与成墙机理探讨

由于大粒径卵石、砾石的强度通常很高，在射流强度有限的情况下射流对大颗粒不可能切割破碎。实际上高喷灌浆之所以能够对大颗粒地层进行防渗处理，主要是因为针对不同的地层射流能够以一种综合的作用方式置换搅拌大颗粒间的充填物，使固结材料能够进入到空隙中去，实现对大颗粒的袱裹并固结，这种袱裹机理与细颗粒地层中偶遇的大颗粒的包袱裹机理有所不同，呈现多样化，与地层颗粒组成、结构特点密切相关。可以说，大颗粒地层的颗粒组成及其充填物的充填性质（充填物的性质及其强度、渗透性等）决定了射流的喷射范围和高喷射流加固地层的作用机理。

可以将大粒径地层按颗粒组成、结构特性分为 4 种类型，以便分析射流作用、浆液可灌性和成墙机理。

（1）松散充填、有架空地层。地层由大、中、小不同粒径混合组成（砂卵石、砂砾石），各粒径组均具一定比例，大颗粒（直径大于 5mm）之间没有形成互相连接的骨架结构，充填物以黏土、砂砾为主，且结构较为疏松，有架空现象，代表地层为洪积形成的洪积层和人工杂填土层等。对这类地层可灌性好，高压射流对砾间充填物可以实现直接切割、搅拌，并使得一些大颗粒处于半临空状态，对个别大粒径经过喷射后位置没有变化时，其后面的喷射盲区由于充填物疏松产生绕流和低压区，从而实现完全袄裹。这类地层只要设计参数得当、施工工艺合理，一般的施工技术就可以达到预期防渗加固效果。

（2）密实充填、半胶结地层。地层由大、中、小不同粒径混合组成（砂砾石、砂卵石），各粒径组均具一定比例，大颗粒之间没有形成完整的互相连接的骨架结构，充填物以黏土、砂砾为主，且结构较为密实，呈半胶结状态，透水性较小，渗透系数一般在 $n \times 10^{-2} \sim n \times 10^{-3}$ cm/s 之间，代表地层为年代久远的覆盖层。这类地层可灌性往往较差，射流可以直接切割原始地层，但一般不会发生绕流及明显的渗透作用，射流影响范围较小。对这种地层要靠加大射流压力，或以高压浆直接喷射地层，通过加大切割、搅拌、置换等作用效果方可达到加固大颗粒地层的目的。

（3）粒径均匀卵石、漂石地层。颗粒组成比较均匀的卵石、漂石地层，颗粒间充填物较少，形成互相连接的稳定的骨架体系，透水性强，代表地层为上游河道冲积层及人工堆石体等。这种地层射流的能量消耗较大，射流影响范围较小，其特点是，射流被大颗粒分散成许多细小的间接射流，在颗粒间形成强烈的紊流，喷嘴周围形成一个因射流造成的高能区；由于地层透水性强，处于高能区位状态下的紊流迅速向周围扩散，以实现能量的消散取得压力平衡。在这一过程中，射流主要通过射流扩散、渗透等方式形成自己的作用范围，冲切、搅拌作用很小，射流对地层主要通过高能紊流比较均匀地向周围低压区渗透进行扩散和充填。这种地层可灌性极强，采用高压喷浆，直接强制浆液绕过大颗粒进入空隙，会有效地加长喷射距离，但必须结合预充填级配料、改善浆液性能等措施，使地层形成有利的储浆条件和浆材凝结条件，并对其渗流方向和渗流量进行有效控制，方能收到良好的加固效果。

（4）含孤石、漂石大颗粒地层。含有一定数量孤石、漂石的大颗粒地层，这里的"孤石、漂石"指块径大于 50cm、被包裹在相对较细颗粒中的大颗粒。这类地层可灌性往往较好，地层中较小块径的颗粒，在射流作用下，浆液沿大颗粒（较小粒径的孤石）周围产生绕流，通过反复喷射扩大绕流范围，使大颗粒（小直径孤石）包裹在浆液内；对于大孤石、漂石的情况，施工相邻喷射孔时，在靠近孤石块体的部位采取特殊处理措施，增大喷射直径或缩小钻孔距离，可以使石块与两个或多个包裹体连成一体，形成焊接式固结体，最后形成连接牢靠的连续墙体。实际上就是靠射流的切割、反射、置换多重作用的反复处理，最终收到将孤石与喷射浆体连为一体并固化成墙的效果。

4.3.4　GIN 灌浆法与高喷灌浆

1. GIN 灌浆法

对地层实施灌浆使其加密固结必定消耗能量。GIN（Grouting Intensity Number）灌浆法即"灌浆强度值法"，是由瑞士著名灌浆专家隆巴蒂博士（G. Lombardi）于 1993 年首先提出，目前已在国际上广泛应用。GIN 的灌浆强度值用灌浆压力 P（MPa）和单位浆液灌入量 V（L/m）的乘积表示，即 $GIN = PV$（MPa·L/m），其含义为单位长度灌浆段内消耗的能量。其理论核心是在一个灌浆段的全部灌浆过程中基本保持 GIN 值为一常数，即灌浆过程中尽管每个灌浆段的浆液注入率可能差异较大，都要使 PV 值保持为一个常数，这样就可以对可灌性较好的宽大孔隙进行限量灌注，而对可灌性较差的细小孔隙提高灌浆压力，以期实现各个灌浆段都有一个大致相当的浆液扩散半径。只要做到帷幕灌浆孔的各灌浆段的 GIN 值保持一致，就可建成一道均匀连续的灌浆帷幕。

如果将体现 GIN 值的灌浆压力 P 与相应单位长度累计灌入量 V 绘制成图，即可得到 GIN 值双曲线。为了避免不必要的能量和材料浪费，必须控制过大的灌浆压力和过多的浆液灌入量，所以规定一个允许的最大灌浆压力（p_{max}）和一个允许的最大单位长度累计灌入量（V_{max}），这样就形成了 GIN 值包络线图。GIN 灌浆法的倡导者建议了 5 种 GIN 值和相应的包络线，主张一个灌浆段只采用一种配比的稳定浆液，并认为岩体灌浆大多数情况下应采用中等强度值（150MPa·L/m）。

很显然，GIN 灌浆法使灌浆施工更具可控性和科学性。

2. GIN 灌浆法对高喷灌浆的指导意义

GIN 灌浆法虽然主要侧重于帷幕灌浆，但其理论显然对灌浆类工程具有很好的实用性和十分重要的指导意义。

振孔高喷与常规钻孔高喷的根本区别在于振孔高喷最大限度地减小了高喷孔距，使得高喷过程中不必为了获得足够大的切割半径而空耗上提时间，可有效避免过低的上提速度所导致的过大的水泥消耗。

如果在高喷灌浆中引入 GIN 理念，则可在确定的高喷压力和射流有效半径（即射流切割半径）的情况下，依据孔口返出浆液流量，合理确定并动态控制高喷灌浆的提升速度，在保证高喷固结体质量的同时，最大限度地节省灌浆材料。进而可以引入计算机控制，实现科学化的高喷灌浆施工。

3. 高喷灌浆引入 GIN 理念的探讨

现行规范只是按不同地层给定提升速度，而对浆液置换率及地层孔隙率等直接相关要素并未给予充分考虑，这显然是不合适的。通过表 4-1 显而易见，对于小孔距定喷或摆喷灌浆的提升速度仍有很大的提升空间。事实上，不同地层射流浆液对地层置换率差异很大。实践表明，对于 0.8m 孔距的振孔高喷，其提升速度至少还可提高 30%～50%。

表 4-1　摆喷灌浆帷幕提升速度对比

孔距 /m	固结体长度 /m	固结体厚度 /m	40%置换率体积/dm³	对应最大提速/(cm/min)	钻孔高喷规范提速/(cm/min)	振孔高喷规范提速/(cm/min)
0.8	0.8	0.2	64	109	按地层 5～25	按地层 10～50
1.2	1.2	0.2	96	73		
1.6	1.6	0.2	128	55		

注　1. 浆泵流量按 70L/min 计算。
　　2. 随孔距增大对应提升速度应相应减小。

对于双管法，高喷浆液压力和流量主要取决于高压浆泵的性能和浆液性能。目前高压浆泵的技术性能已能够满足高喷灌浆工艺需要（高压泵压力可以稳定在 40MPa，流量稳定在 100L/min 以上），这为高喷灌浆质量控制提供了有力保障。喷嘴和浆液性能是可以依据地质条件进行人为设定的。进入地层的水泥浆射流切割扰动地层的同时与地层颗粒混合形成稳定浆液，该浆液最终形成固结体。

经过多年探索，高喷灌浆由三管逐渐回归到双管，射流介质也从水射流向水泥浆射流靠拢。这种单一配合比浆液恰好符合 GIN 灌浆的基础条件。对于水泥浆射流，无论射流动压有多高，其能量只是在孔内对地层切割破坏中起决定性作用，对地层的浆液灌注过程在其冲击地层直至压缩空气保护射流最后阶段到逸出时即终止，地层吃浆（即对地层灌浆）过程也即同时结束，此时向孔内灌入再多的水泥浆，地层孔隙也不再吸收而只能伴随气体逸出的同时流出孔外。之后对地层的灌浆压力（或相当于岩石灌浆的屏浆保压过程）仅仅是孔内浆柱静压力，只要孔内保持浆液流出，则孔内相应的灌浆压力即维持在浆柱静压水平，与返出浆液流量的大小无关。也就是说，孔口返出的浆液越多则水泥的浪费就越大。

　　虽然目前还缺乏足够的试验数据支持，根据多年经验和数十项工程实践以及对 GIN 理论和实践的分析探索，笔者坚持认为：在忽略地下水影响的前提下，依据地质条件、孔口返出的混合浆液质量和流量，确定并动态控制高喷灌浆的提升速度，是客观合理也是更为科学的方法。

4.4　高喷灌浆设计

4.4.1　设计前应取得的资料

　　（1）工程地质条件。了解基岩形态、深度和物理力学特性；各土层土的种类、颗粒组成；土的物理力学性质、标准贯入击数；土中有机质及腐殖质含量等。

　　（2）水文地质条件。了解地下水埋深、各土层的渗透系数及水质成分，附近地沟、暗河的分布和连通情况等。

　　（3）周围环境条件。包括地形、地貌、施工场地的空间大小、地下管道及其他埋设物状态、材料和机具运输道路、水电线路等。

　　（4）土工试验资料。设计前应进行的土工试验项目，见表 4-2。

表 4-2　　　　　　　　高压喷射灌浆土质与水质试验项目

土类	工程重要性	土工试验项目																	
		物理性质											力学性质			化学分析			
		天然重度 γ	土粒相对密度 d_s	孔隙比 e	饱和度 S_r	土的颗粒分析	天然含水量 w	液限 w_L	塑限 w_P	渗透系数 K	压缩系数 α	标准贯入试验	无侧限抗压强度	黏聚力	内摩擦角	酸碱度	土中水溶盐含量	有机质含量	碳酸盐含量
砂土	重要	√	√	√	√	√	√			√		√		√	√	√	√	√	√
	一般	√		√								√					√		√
黏性土	重要	√	√	√	√	√	√	√	√	√	√	√	√	√	√	√	√	√	√
	一般	√		√	√	√	√	√	√		√						√		√
黄土	重要	√		√	√	√		√	√	√							√		√
	一般	√		√				√	√								√		√

　　注　1. √为必做试验项目。
　　　　2. 黄土需考虑其渗透系数的各向异性。

（5）水质分析检测资料。水泥浆搅拌用水检测项目主要包括 pH 值、不溶物、可溶物、氯化物、硫酸盐及硫化物含量。

4.4.2 高喷灌浆喷射孔距选择与探讨

孔距选择的原则是保证设计深度内防渗墙实现可靠连接。既不能过大，以防止墙体相互间不能有效衔接，又不能太小，以免材料的过度浪费。影响孔距确定的主要因素有两个：孔深和有效喷射长度。钻孔孔斜率是一种固有的偏差（由于钻孔的倾斜和弯曲，会使得深度达到底部的相邻钻孔间的实际距离会变大或变小），设计时应予以充分考虑。有效喷射长度的影响因素很多，不同地质条件（如地层结构、颗粒直径、颗粒级配、密实度等）、射流比能对射流长度产生直接影响。对于大颗粒地层，有效喷射长度应理解为喷射凝结体同与之连接在一起的大颗粒组成联合防渗体的最小长度。对于同一类地层，密实度和喷射能量是影响有效喷射长度的主要因素。

（1）喷射长度与地层密实度的关系。在长期固结的地层中有效喷射长度随深度的变化规律是上大下小，即旋喷固结体经常出现的"胡萝卜"形状。射流强度随地层深度增加受到越来越大的喷射阻力，深度越大地层土的固结强度越高，喷嘴周围的环境压力也越大，需要较高的临界喷射强度和破坏能量。

（2）比能与喷射长度的关系。在喷嘴出口射流压力与流量一定的情况下，比能与喷射提升速度成反比，某一部位喷射时间越长射流有效长度（半径）就越大，最终达到临界喷射强度下的喷射半径。

（3）保持喷射半径大小均一的条件。研究表明，比能与地层密实度呈线性增加的关系。黏性土层固结程度对有效喷射长度影响较大，而非黏性土的影响较小，对于大颗粒间充填有黏性或胶结性质的充填物，应随充填物固结度的提高显著加大喷射强度或能量，以解决缩径问题。由于地层原因引起的有效长度的减小可以用增大比能方法加以弥补。改变比能可以通过改变喷射压力、流量、提升速度的方式解决。对一般非黏性土采用减小提升速度的办法增加比能，而对于结构致密有一定强度的土类地层，采用改变压力和流量的方式提高比能。至于需要多大的比能以保证在密实度不一的地层中形成均匀的有效喷射长度，则需要通过现场试验确定。

（4）孔距、孔深、有效半径关系。在确定某一地层的孔距时，通常首先假定有效喷射长度（这种有效长度的假定通常建立在现有的设备条件、选定的工艺参数和工程经济性等基础上），而后综合孔深、孔斜率、搭接长度、大粒径影响、施工经验等因素确定孔距。孔距表达式为

$$D = \delta\left(L - 1.5 \times \frac{1}{100}h\right) - t \qquad (4-3)$$

式中　D——孔距，m；

　　　　δ——地层影响系数，0.6～1.0；

　　　　L——有效喷射长度，m；

　　　　h——最大孔深，m；

$\dfrac{1}{100}$——规范规定孔斜率；

t——搭接长度，m，一般取值 0.1～0.3。

实践发现，并不是颗粒粒径越大 δ 取值就越小，δ 取值主要取决于大颗粒间充填物的充填和胶结程度。在大颗粒地层中搭接长度 t 可取小值。从式（4-3）中可见，1% 的钻孔孔斜率对于深孔情况的孔距非常不利，所以在深孔情况下的孔距设计应提高孔斜率的要求，如按 0.5% 以内控制。事实上，0.5% 的孔斜率是比较高标准的要求，对于振孔高喷易于达到，但对于钻孔高喷则很难达到。

（5）大颗粒地层孔距参考取值。大粒径地层影响有效喷射长度的因素主要有：大颗粒（10cm 以上）的阻碍及可能产生的漏喷现象；较小颗粒（5～10cm）对射流的散射作用，使能量急剧衰减。大粒径地层因大颗粒的阻碍使喷射距离减小，是不利的一面，同时大颗粒本身又是很好的防渗体，与凝结体联合发挥作用。由射流对大颗粒的作用机理可以看出，控制有效喷射长度最不利的因素是大颗粒粒径和颗粒间充填物的性质。射流对充填物的作用方式为直接喷射或间接喷射及脉动冲刷。根据工程经验总结分析得出表 4-3 所列的经验数据，仅供设计参考。具体孔距设计时，应根据设备状况、地质条件、喷射工艺等进行选定，对大型的或重要工程的高喷孔距应通过现场试验验证后确定。

表 4-3 　　　　　大颗粒地层高喷灌浆孔距经验数据（山东省水利科学研究院）

地层类型	回 填 土			覆 盖 层		
	粒径小于 10cm	粒径大于 10cm	块石堆积体	砂卵石地层	卵漂石地层	大漂石地层
结构型式	旋摆或单旋	单旋或双旋	旋摆或双旋	旋摆或单旋	单旋或双旋	双旋或多旋
单孔有效长度/m	桩 1.4 板 1.6	1.2～1.4	1.2～1.4	1.3～1.6	1.2～1.4	1.1～1.3
设计孔距/m	1.2～1.4	1.0～1.2	0.8～1.0	1.0～1.2	0.8～1.0	1.0

注 表中经验数据取值是基于高压射浆工艺。

4.4.3　加固工程旋喷桩设计

1. 固结体尺寸确定

固结体尺寸可根据现场土质条件、喷射方式参照表 4-4 或由当地工程经验进行估定。对于大型或重要的工程应通过现场喷射试验后开挖或钻孔取样进行确定。

表 4-4 　　　　　　　　　旋喷加固直径参考值　　　　　　　　　　单位：m

地　层	方法 标准贯入击数 N	单 管 法	双 管 法	三 管 法
黏性土	0<N<5	0.5～0.8	0.8～1.2	1.2～1.8
	6<N<10	0.4～0.7	0.7～1.1	1.0～1.6
	11<N<20	0.3～0.5	0.6～0.9	0.7～1.2
砂土	0<N<10	0.6～1.0	1.0～1.4	1.5～2.0
	11<N<20	0.5～0.9	0.9～1.3	1.2～1.8
	21<N<30	0.4～0.8	0.8～1.2	0.9～1.5

注 定喷及摆喷的加固尺寸为旋喷直径的 1.0～1.5 倍。

2. 固结体强度设定

对于大型或重要的工程应通过现场喷射试验后开挖或钻孔取样进行确定固结体强度。

对于一般性工程，若无试验资料，可结合当地工程经验，并参考表 4-5 初步确定。

表 4-5　　　　　　　　固结体抗压强度参考值　　　　　　　单位：MPa

方法\地层	单管法	双管法	三管法
黏性土	1.5～5	1.5～5	1～5
砂土	3～7	4～10	5～15

注　浆液为水泥浆。

3. 单桩竖向承载力

旋喷桩的单桩竖向承载力应由现场载荷试验确定，若无试验资料也可按式（4-4）、式（4-5）计算，并取其中较小值：

$$R = \eta f_{Cn \cdot k} A_p \tag{4-4}$$

$$R = \pi \overline{d} \sum_{i=1}^{n} h_i q_{si} + A_p q_p \tag{4-5}$$

式中　R——单桩竖向承载力标准值，kN；

η——强度折减系数，可取 0.35～0.50；

$f_{Cn \cdot k}$——桩身试块（边长为 70.7mm 的立方体）的无侧限抗压强度平均值，取 28d 强度，kPa；

A_p——桩的平均截面积，m；

$\overline{d}$——桩的平均直径，m；

n——桩长范围内所划分的土层数；

h_i——桩周第 i 层土的厚度，m；

q_{si}——桩周第 i 层土的摩擦力标准值，kPa，可采用钻孔灌注桩桩侧壁摩擦力标准值；

q_p——桩端天然地基土的承载力标准值，kPa，可参照《建筑地基基础设计规范》（GB 50007—2002）的有关规定确定。

4. 旋喷桩复合地基承载力

旋喷桩复合地基承载力标准值应通过现场复合地基载荷试验确定。若无试验条件，也可按式（4-6）计算，且结合当地情况与其土质相似工程的经验确定。

$$f_{sp \cdot k} = \frac{1}{A_e} [R + \beta f_{s \cdot k} (A_e - A_p)] \tag{4-6}$$

式中　$f_{sp \cdot k}$——复合地基承载力标准值，kPa；

A_e——一根桩承担的处理面积，m；

A_p——桩的平均截面积，m；

$f_{s \cdot k}$——桩间天然地基土的承载力标准值，kPa；

β——桩间天然地基土承载力折减系数，可根据试验确定，在无试验资料时可取 0.2～0.6，当不考虑桩间软土的作用时可取 0；

R——单桩竖向承载力标准值，kN。

5. 复合地基变形计算

旋喷桩复合地基的变形包括桩长范围内复合土层变形及下卧层地基变形两部分。其中复合土层的压缩模量可按式（4-7）确定，即

$$E_{sp} = \frac{E_s (A_e - A_p) + E_p A_p}{A_e} \tag{4-7}$$

式中　　E_{sp}——旋喷桩复合土层的压缩模量，kPa；

　　　　E_s——桩间土的压缩模量，MPa，可用天然地基土的压缩模量代替；

　　　　E_p——桩体的压缩模量，kPa。

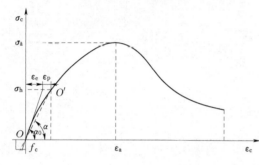

图 4-2　固结体试块应力应变曲线

E_p 的确定方法可采用测定混凝土割线模量的方法，其具体做法是：制作边长为 100mm 的立方体试块，由室内压缩试验得出试块的应力-应变（$\sigma-\varepsilon$）曲线，见图 4-2。图中 σ_a 为破坏强度。在图中取 $\sigma_h = 0.4\sigma_a$，作 ε 轴平行线交曲线于一点 O'，连接 OO'，OO' 与 ε 轴夹角为 α，详见式（4-8）。

$$E_p = \tan\alpha \tag{4-8}$$

6. 孔距及桩孔布置方式

旋喷桩的孔距应根据工程需要经计算确定，在一般情况下可取 $L = (2～3)d$。其中 d 为旋喷桩设计直径。

布孔方式可采用正方形、矩形和三角形，或根据具体情况采用其他的布孔方式。

7. 喷射灌浆材料与配方

（1）对浆液材料的要求。

1）有良好的可喷性。浆液的可喷性差容易导致喷嘴及管路堵塞，同时易磨损高压泵。实验证明，水泥浆的水灰比越大，可喷性越好，但水灰比过大又会影响浆液的稳定性。一般采用 1:1～1.5:1 的水灰比，并可掺入少量外加剂。浆液可喷性的评定可采用流动度或黏度等指标。

2）有足够的稳定性。水泥浆液的稳定性是指浆液在初凝前吸水率小、水泥的沉淀速度慢，分散性好及浆液混合后经高压喷射不改变其物理化学性质。为提高浆液稳定性可采用掺入外加剂，减小水泥颗粒及不断搅拌等方法。

3）气泡少。浆液中含有大量气泡，会使固结体在硬化过程中产生许多气孔，从而降低固结体强度及抗渗透性能。因此，在选用外加剂时必须使用非加气型的外加剂，如 NNO 等。

4）有良好的力学性能及耐久性。

5）结石率高。

（2）常用水泥浆液的类型。

1）普通型。适用于无特殊要求的一般工程。一般采用强度等级为 32.5～42.5MPa 的硅酸盐水泥，不加外加剂，水灰比一般为 1:1～1.5:1。

2）速凝早强型。适用于地下水丰富或要求早期承重的工程，常用的早强剂有氯化钙、水玻璃和三乙醇胺等。

3）高强型。适用于固结体的平均抗压强度在 20MPa 以上的工程。可采用以下措施：①选用高强度水泥（强度等级不低于 42.5MPa）；②在强度等级为 32.5MPa 的普通硅酸盐水泥中添加高效能的扩散剂（如 NNO、三乙醇胺、亚硝酸钠、硝酸钠等）和无机盐。

4）填充剂型。适用于早期强度要求不高的工程。常用的填充剂有粉煤灰、矿渣等。在水泥中加入填充剂可大大降低工程造价，其特点是早期强度较低，而后期强度增长率高、水化热低。

5）抗冻型。适用于防止土体冻胀的工程。一般使用的抗冻剂有沸石粉（加量为水泥的 10%～20%）、NNO（加量为水泥的 0.5%）、三乙醇胺和亚硝酸钠（加量分别为水泥的 0.05% 和 1%）。最好用普通水泥，也可用高强度等级的矿渣水泥，不宜用火山灰质水泥。

6）抗渗型。适用于堵水防渗工程。应采用普通水泥而不宜用矿渣水泥，如无抗冻要求也可采用火山灰质水泥。常用水玻璃作为抗渗外加剂，加量为 2%～4%，模数要求为 2.4～3.4，浓度要求为 30～45 波美度。水玻璃对固结体渗透系数的影响见表 4-6。对以防渗为目的的工程也可在水泥中加入 10%～50% 的膨润土，使固结体具有一定可塑性，并有较好的防渗性。

表 4-6 水玻璃对固结体渗透系数的影响

土样类别	水泥品种	水泥含量/%	水玻璃含量/%	渗透系数/(cm/s)
细砂	强度等级 32.5 硅酸盐水泥	40	0	2.3×10^{-6}
		40	2	8.5×10^{-8}
粗砂	强度等级 32.5 硅酸盐水泥	40	0	1.4×10^{-6}
		40	2	2.1×10^{-8}

注 龄期 28d。

7）抗蚀型。适用于地下水中有大量硫酸盐的工程。采用抗硫酸盐水泥和矿渣大坝水泥。

（3）浆液配方。

1）水灰比。浆液水灰比随喷射方式不同而有差别。对于单管法、双管法应取 1:1～1.5:1；对于三管法水灰比宜取 1:1 或更小。

2）外加剂加量。国内常用的外加剂配方见表 4-7。

表 4 - 7　　　　　　　　　　　　　国内常用外加剂配方

序号	外加剂成分及加量	浆液特征
1	氯化钙，2%～4%	促凝、早强、可喷性好
2	铝酸钠，2%	促凝、强度增长慢、稠度大
3	水玻璃，2%	初凝快、终凝时间长、成本低
4	三乙醇胺，0.03%～0.05%；食盐，1%	早强
5	三乙醇胺，0.03%～0.05%；食盐，1%；氯化钙，2%～3%	促凝、早强、可喷性好
6	氯化钙（或水玻璃），2%；NNO，0.5%	促凝、早强、强度高、浆液稳定性好
7	食盐，1%；亚硝酸钠，0.5%；三乙醇胺，0.03%～0.05%	防腐蚀、早强、后期强度高
8	粉煤灰，25%	调节强度、节约水泥
9	粉煤灰，25%；氯化钙，2%	促凝、节约水泥
10	粉煤灰，25%；硫酸钠，1%；三乙醇胺，0.03%	促凝、早强、节约水泥
11	木质素磺酸钙，0.5%～2%	缓凝、后期强度高
12	矿渣，25%	提高强度、节约水泥
13	矿渣，25%；氯化钙，2%	促凝、早强、节约水泥
14	NNO，0.5%；三乙醇胺，0.03%～0.05%	早强、抗冻

注　鉴于各地区产品质量存在差异性，外加剂在用于生产前须做必要的室内试验。

8. 浆液量计算

浆液量的计算有两种方法，即体积法和喷量法，取二者中较大者作为设计喷浆量。

（1）体积法。可按式（4-9）计算，即

$$Q=\frac{\pi}{4}\left[D^2 k_1 h_1(1+\beta)+d^2 k_2 h_2\right] \tag{4-9}$$

式中　Q——需用浆液量，m^3；

　　　　D——旋喷体直径，m；

　　　　k_1——填充率，一般取 0.75～0.9；

　　　　h_1——旋喷长度，m；

　　　　β——损失系数，通常可取 0.1～0.2；

　　　　d——注浆管直径，m；

　　　　k_2——未旋喷范围土的填充率，一般取 0.5～0.75；

　　　　h_2——未旋喷长度，m。

（2）喷量法。由单位时间喷射的浆液量及喷射持续时间计算出浆量，计算式为

$$Q=Hq(1+\beta)/v \tag{4-10}$$

式中　Q——浆量，m^3；

　　　　H——喷射长度，m；

q——单位时间喷浆量，m^3/min；

β——损失系数，一般取 $0.1\sim0.2$；

v——提升速度，m/min。

浆液量求出后，根据设计的水灰比，就可由式（4-11）、式（4-12）确定水泥和水的用量，即

$$M_c = Q \frac{d_c \rho_w}{\rho_w d_c \alpha + 1} \tag{4-11}$$

$$M_w = M_c \alpha \tag{4-12}$$

式中 M_c——水泥用量，t；

d_c——水泥的相对密度，对普通水泥 $d_c = 3.05\sim3.20$，计算时可取 $d_c = 3.0$；

ρ_w——水的密度，取 $\rho_w = 1t/m^3$；

α——水灰比；

M_w——水的用量，t。

9. 住房和城乡建设部相关规范规定

根据住房和城乡建设部出台的《建筑地基处理技术规范》（JGJ 79—2012），旋喷桩复合地基处理应符合下列规定：

（1）适用于处理淤泥、淤泥质土、黏性土（流塑、软塑和可塑）、粉土、砂土、黄土、素填土和碎石土等地基。对土中含有较多的大直径块石、大量植物根径和高含量的有机质，以及地下水流速较大的工程，应根据现场试验结果确定其适应性。

（2）旋喷桩施工，应根据工程需要和土质条件选用单管法、双管法和三管法；旋喷桩加固体形状可分为柱状、壁状、条状或块状。

（3）在制定旋喷桩方案时，应搜集邻近建筑物和周边地下埋设物等资料。

（4）旋喷桩方案确定后，应结合工程情况进行现场试验，确定工艺参数及工艺。

旋喷桩加固体强度和直径，应通过现场试验确定。

旋喷桩复合地基承载力特征值和单桩竖向承载力特征值应通过现场静载荷试验确定。初步设计时，可按式（4-13）和式（4-14）估算，其桩身材料强度尚应满足式（4-15）和式（4-16）的要求。

对有粘接强度增强体复合地基应按下式计算，即

$$f_{spk} = \lambda m \frac{R_a}{A_p} + \beta(1+m)f_{sk} \tag{4-13}$$

式中 f_{spk}——复合地基承载力特征值，kPa；

λ——单桩承载力发挥系数，可按地区经验取值；

m——面积置换率，$m = d^2/d_e^2$；d 为桩身平均直径（m），d_e 为一根桩分担的处理地基面积的等效圆直径（m）；等边三角形布桩 $d_e = 1.05s$，正方形布桩 $d_e = 1.13s$，矩形布桩 $d_e = 1.13\sqrt{s_1 s_2}$，s、s_1、s_2 分别为桩间距、纵向桩间距和横向桩间距；

R_a——单桩竖向承载力特征值，kN；

A_p——桩的截面积，m^2；

β——桩间土承载力发挥系数，可按地区经验取值；

f_{sk}——处理后桩间土承载力特征值，kPa，可按地区经验确定。

增强体单桩竖向承载力特征值可按式（4-14）估算，即

$$R_a = u_p \sum_{i=1}^{n} q_{si} l_{pi} + \alpha_p q_p A_p \qquad (4-14)$$

式中　u_p——桩的周长，m；

q_{si}——桩周第 i 层土的侧阻力特征值，kPa，可按地区经验确定；

l_{pi}——桩长范围内第 i 层土的厚度，m；

α_p——桩端端阻力发挥系数，应按地区经验确定；

q_p——桩端端阻力特征值，kPa，可按地区经验确定；对于旋喷桩应取未经修正的桩端地基土承载力特征值。

对有黏接强度复合地基增强体桩身强度应满足式（4-15）的要求。当复合地基承载力进行基础埋深的深度修正时，增强体桩身强度应满足式（4-16）的要求。

$$f_{cu} \geqslant 4 \frac{\lambda R_a}{A_p} \qquad (4-15)$$

$$f_{cu} \geqslant 4 \frac{\lambda R_a}{A_p} \left[1 + \frac{\gamma_m (d - 0.5)}{f_{spa}} \right] \qquad (4-16)$$

式中　f_{cu}——桩体试块（边长 150mm 立方体）标准养护 28d 的立方体抗压强度平均值，kPa；

γ_m——基础底面以上土的加权平均重度，kN/m^3，地下水位以下取有效重度；

d——基础埋置深度，m；

f_{spa}——深度修正后的复合地基承载力特征值，kPa。

复合地基变形计算应符合现行国家标准《建筑地基基础设计规范》（GB 50007）的有关规定，地基变形计算深度应大于复合土层的深度。复合土层的分层与天然地基相同，各复合土层的压缩模量等于该层天然地基压缩模量的 ζ 倍，ζ 值可按式（4-17）确定，即

$$\zeta = \frac{f_{spk}}{f_{ak}} \qquad (4-17)$$

式中　f_{ak}——基础底面下天然地基承载力特征值，kPa。

复合地基的沉降计算经验系数 ψ_s 可根据地区沉降观测资料统计值确定，无经验值时，可采用表 4-8 的数值。

表 4-8　　　　　　　　　　　　　沉降计算经验系数 ψ_s

$\overline{E}_s$/MPa	4.0	7.0	15.0	20.0	35.0
ψ_s	1.0	0.7	0.4	0.25	0.2

表 4-8 中，$\overline{E}_s$ 为变形计算深度范围内压缩模量的当量值，应按式（4-18）计算，即

$$\overline{E_s} = \frac{\sum\limits_{i=1}^{n} A_i + \sum\limits_{j=1}^{m} A_j}{\sum\limits_{i=1}^{n} \dfrac{A_i}{E_{spi}} + \sum\limits_{j=1}^{m} \dfrac{A_j}{E_{sj}}} \tag{4-18}$$

式中　A_i——加固土层第 i 层土附加应力系数沿土层厚度的积分值；

　　　A_j——加固土层下第 j 层土附加应力系数沿土层厚度的积分值。

处理后的复合地基承载力，应按《建筑地基基础设计规范》（GB 50007）附录 B 的方法确定；复合地基增强体的单桩承载力，应按《建筑地基基础设计规范》（GB 50007）中附录 C 的方法确定。

4.4.4 防渗止水帷幕设计

1. 防渗止水帷幕的形式

（1）柱列型。旋喷桩彼此搭接，形成一道具有一定厚度的墙体，不仅可以用来防渗，还可以挡土或承重。

（2）柱墙型。在两个旋喷桩之间进行定喷或摆喷，形成防渗止水帷幕。

（3）定喷防渗帷幕。

（4）摆喷防渗帷幕。

（5）快慢旋防渗帷幕。

（6）复合型防渗帷幕。在基坑支护工程中，经常采用灌注桩与高压喷射灌浆相结合的复合支护结构。灌注桩起挡土和承重作用，承担基坑侧壁的大部分土压力。在相邻灌注桩之间进行旋喷或摆喷，其主要作用是防渗止水，同时分担部分侧压力。由这种结构形成的防渗帷幕，防水性能好，施工速度快，并且支护结构占用场地小。在实际工程中常用的复合型防渗帷幕见图 4-3。

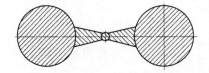 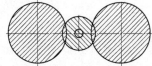 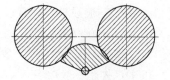

（a）灌注桩—摆（定）喷复合结构　　（b）灌注桩—旋喷复合结构　　（c）灌注桩—摆喷复合结构

图 4-3　复合型防渗帷幕示意图

2. 防渗止水帷幕设计

（1）高压喷射灌浆孔孔距计算。

1）定喷（摆喷）防渗帷幕孔距的确定。

a. 防渗帷幕孔距可根据现场试喷结构确定定喷（或摆喷）板墙的有效长度，若无试验资料，也可根据地层条件，结合同类地层的实际施工经验进行确定。

b. 防渗帷幕孔距可根据孔深、孔斜及喷射夹角，按式（4-19）计算地面的最大孔距 [图 4-4（a）]，即

$$L = 2(L_0 - H\lambda)\cos\theta \tag{4-19}$$

式中　L——地面喷射孔最大孔距，m；

L_0——喷射板墙的有效长度，m；

H——钻孔设计深度，m；

λ——钻孔垂直度偏差；

θ——喷射方向与喷射孔连线夹角，对直线连接取 $\theta=0$。

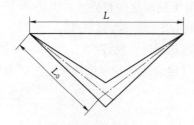

(a)定(摆)喷防渗帷幕孔距计算

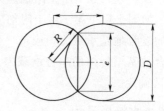

(b)旋喷桩防渗帷幕孔距计算

图 4-4　高压喷射灌浆孔距计算

2）旋喷桩防渗帷幕孔距计算。

a. 单排桩（柱列式）孔距计算［图 4-4（b）］。

$$L=D-2H\lambda \tag{4-20}$$

式中　L——地面喷射孔最大孔距，m；

　　　D——旋喷桩设计直径，m；

　　　H——钻孔设计深度，m；

　　　λ——钻孔垂直度偏差。

孔距确定后，可由式（4-21）确定旋喷桩的交圈厚度，即

$$e=\sqrt{D^2-L^2} \tag{4-21}$$

式中　e——旋喷桩的交圈厚度，m；

　　　D——旋喷桩设计直径，m；

　　　L——旋喷桩最大孔距，m。

b. 多排桩孔距计算。多排桩防渗帷幕一般按等边三角形布置，其孔距一般取 $L=0.866D$，排距一般取 $S=0.75D$。

（2）确定插入深度。

1）防渗帷幕深达隔水层时。在深基础工程，如果开挖面以下存在隔水层，则防渗帷幕应尽量插入隔水层，其插入深度应保证基坑底部土体不发生管隆起管涌破坏，见图 4-5。

防渗帷幕插入深度的计算可采用式（4-22）、式（4-23），即

$$D\geqslant\frac{\gamma_w}{\gamma'}(h_C-h_B) \tag{4-22}$$

式中　D——防渗帷幕插入深度，m；

　　　γ_w，γ'——水重度和基坑底部土的浮重度；

　　　h_C，h_B——分别为 C 点和 B 点的水头压力，m。

$$D=\frac{\Delta h-Bi_c}{2i_c} \tag{4-23}$$

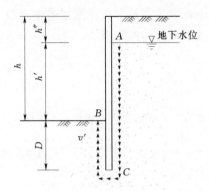
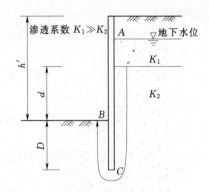

(a)防渗帷幕达隔水层 　　　　　　(b)防渗帷幕达透水层

图 4-5　确定插入深度

式中　　D——防渗帷幕插入深度，m；

Δh——作用水头，m；

B——帷幕厚度，m；

i_c——接触面允许水力梯度，取 5～6。

2）防渗帷幕在透水层中。若防渗帷幕坐落在透水层中，当支护结构前后存在较大水头差时，很容易出现管涌现象。此时，一方面可采取降水措施，以降低水压力差，另一方面可通过增加防渗帷幕的插入深度，减少水力梯度来防止发生管涌现象。防渗帷幕的插入深度可按式（4-24）或式（4-25）计算，即

$$D \geqslant \frac{\gamma_w}{\gamma}h' \qquad\qquad (4-24)$$

$$D \geqslant \frac{1+e}{d_s-1}h' \qquad\qquad (4-25)$$

式中　　h'——水头差，m；见图 4-5。

高压喷射灌浆防渗帷幕的其他设计内容同地基加固工程旋喷桩的设计。

4.4.5　复杂地层振孔高喷防渗加固设计探讨

在合适的深度内，利用振孔高喷机采用大功率高频垂直振动加强力回转的钻进工艺几乎能够在任何复杂地层（包括卵砾石、堆石体地层）快速钻进并成孔，这成为振孔高喷工艺攻克大粒径地层的重要标志，为振孔高喷工艺在复杂地层成功进行高压喷射灌浆创造了必要条件。在大粒径等复杂地层中振孔高喷的高压喷射灌浆机理与常规钻孔高喷是一致的，所以高喷灌浆的基本参数（如压力、流量、旋转或摆动速度等）也基本一致，但提升速度通常可提高 1 倍或更高。

振孔高喷的钻孔直径通常为 130～150mm（比常规钻孔直径要大许多），在大粒径等复杂地层振孔高喷的孔距多选择 0.6～0.8m，孔间地层厚度仅 0.47～0.67m，采用双喷嘴对喷方式进行摆动振孔高喷灌浆，就可以在大粒径等复杂地层中建成性能可靠的防渗墙。

振孔高喷在复杂地层中高喷灌浆的提升速度一般为 0.15～0.3m/min。高喷提升速度还和地层条件密切相关，施工前应根据试喷结果和工程实际进行确定与调整。振孔高喷由

于钻孔直径较大、孔距较小，即孔间地层厚度较小，射流更易于破坏地层迫使浆液在孔间贯通，从而能够在采用较高提升速度的情况下建成质量可靠的防渗墙。

本 章 参 考 文 献

［1］　王明森，肖立生. 大粒径地层高压喷射灌浆构筑防渗墙技术研究［M］. 天津：天津科学技术出版社，1999.

［2］　孙钊，夏可风. 1998 水利水电地基与基础工程学术交流会论文集［M］. 天津：天津科学技术出版社，1999.

第5章 振孔高喷机械设备与器材

5.1 振孔高喷机械设备

5.1.1 振孔高喷机

1. 振孔高喷机的原理

利用高频振动锤将一整根振管（钻杆与高喷管的复合体）垂直振入地层一定深度形成钻孔，振管底部设有特制喷头体（为钻头与高喷头的复合体），在其上提过程中供给高喷介质（风、浆或水）进行高压喷射灌浆作业，喷头体提至地面即完成一次造孔与高喷灌浆全过程。这种把振动钻孔与高喷灌浆两种工艺耦合为"钻喷一体化"的新设备，被称为振孔高喷机。

2. 振孔高喷机的结构

振孔高喷机主要结构为天车、起落架滑轮组、摆动机构、振动锤、主立柱、斜支杆、起落架、支腿油缸、移位系统、主机底盘、电控箱、卷扬系统、液压站、垂直度监测仪等组成。振孔高喷机结构如图5-1所示。

（1）天车。其作用是通过天车架将6个滑轮固定在天车架上。通过天车滑轮连接卷扬与振动锤，实现振管的升降。天车架法兰盘与主立柱法兰盘用螺栓连接。

（2）起落架滑轮组。由两个滑轮与滑轮架组装在一起，用钢丝绳固定在主立柱上，通过卷扬、起落架的钢丝绳，组成主立柱的升降系统，用于升降主立柱。

（3）摆动机构。实现了旋摆结合，通过液压马达的回转，带动振管的凸轮进行回转，用行程开关控制电磁阀，实现快速回转和慢速回转，当喷嘴处于防渗轴线位置时，行程开关控制电磁开关打开小变量泵供油，振管慢速回转，当喷嘴处于不是防渗墙轴线位置时，行程开关控制电磁阀打开大变量泵和小变量泵同时向马达供油，实现快速回转。在慢速回转时形成防渗墙，从而实现了摆动成墙，摆动成墙的摆角度数可调可控（可通过调节凸轮的突出部位的宽度调整摆角），成墙质量有了可靠的保证。

（4）振动锤。高喷机振动锤采用机械式定向激振器。它由两根装有相同的偏心块并相向转动的轴组成，两根轴上的偏心块所产生的离心力在水平方向上的分力相互抵消，而垂直方向上的分力叠加。振动锤主要由电机、导杆、压缩弹簧、减振梁、振动箱、皮带轮等组成，是振孔高喷造孔的主要设备。具有贯入力强、造孔速度快、坚固耐用、故障少、结构紧凑、低噪声、高效率、无污染等优点。

振孔高喷工艺选用市购振动锤，常用功率为60kW和90kW，采用DZKS系列中孔双电机振动锤。该系列振动锤中间部分有孔径为500～800mm的通孔，可直接安装液压马

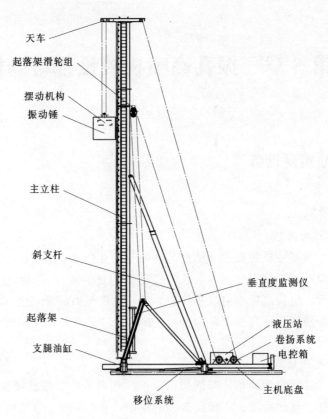

图 5-1　振孔高喷机结构示意图

达装置为振管回转提供动力。

　　(5) 主立柱。主立柱是采用 $\phi630\times8$mm 的螺纹管和滑道、爬梯等组成。总长为 24～30m,下端用转轴固定在底盘支承座上。滑道用 $\phi75\times7$mm 的无缝钢管焊接,间距为 630mm。主立柱两侧焊有爬梯以便进行机上作业。

　　(6) 斜支杆。两根斜支杆主要是稳固和调正立柱用的。每根由两节 $\phi273$ 的无缝管制成。两根支杆的上端由支杆穿钉铰接在立柱上,下端由调节螺杆安装在支杆座上,与底盘连接。通过调节螺杆,可以调正主立柱,以便使主立柱与底盘垂直。

　　(7) 起落架。竖架滑轮组是由 3 根 $\phi168$ 的无缝钢管和 3 个滑轮组成的三脚架。专门为升降主立柱而设。

　　(8) 支腿油缸。在底盘的四角有 4 个液压支腿,起支撑整机和调平作用。当桩机移位至预定位置后,通过操纵液压控制阀升降 4 个液压支腿,将桩机调至水平。

　　(9) 移位系统。其主要由移动油缸、导正架及行走钢管组成。通过移位油缸活塞杆的伸出和收缩实现高喷机的前后位移。

　　(10) 主机底盘。底盘是主立柱、斜支杆和竖架系以及卷扬机、液压站、电控箱等操纵机械的支承件,又是固定步履行走机构和支撑腿的部件。它由工字钢焊成一个整体,是决定整套装机稳定性的关键部件。

　　(11) 电控箱。振孔高喷机电器部分与振动锤电气部分合并成一个电控箱,安装在主机底盘后部的右侧。主要为锤头电机、卷扬机、液压站、调速电机、行程开关、电焊机、照明等提供控制线路及开关。

（12）卷扬系统。其包括主、副卷扬和卷扬变速装置。振孔高喷用卷扬机为5t的双卷筒形式，起立主立柱时，用前卷筒（副卷扬机），起立完成后将钢丝绳全部从卷筒上返下来，用钢丝绳卸扣固定在底盘上，再将副卷扬钢丝绳缠绕在卷筒上，用以在正常施工时期提吊小件。后部卷筒（主卷扬机）用以提吊振动锤用于振动成孔；变速装置通过挡位切换直接连接到卷扬电机上，可以实现快速卷扬。也可以将挡位切换到调速电机上，振管的提升卷扬机采用调速电机控制升降的快慢，确保了高喷参数提升速度的实现。

（13）液压站。液压站主要由电机、变量泵、液压控制阀、油箱、电磁阀、风冷器、液压管路等组成。用来操纵、控制液压缸，实现液压步履行走、高喷机调平、马达回转。

（14）垂直度监测仪。可随时监测并调整振管的垂直度。水平泡监测高喷机的水平度，便于操作者及时进行调整，不需由专人负责观察指挥进行调整。振孔高喷机垂直度监测仪具有偏斜报警装置，能随时观测振管的垂直度，当振管的垂直度在允许的控制范围内，偏斜报警器不报警，当振管的垂直度超过允许的控制范围时，报警器发出报警，这时操作者要采取措施进行纠偏，以保证振管的垂直度。实现监测仪器精度不大于0.5%。

3. 振孔高喷机性能指标

型号：DY-60，DY-90；

振孔最大深度：27m；

振孔直径：110～180mm；

激振力：360～520kN；

最大提升力：200～300kN；

提升速度（可调）：0.05～4.0m/min；

旋摆速度：10～30r/min；

移位方式：液压步履；

功率：主机30kW，振动锤60kW、90kW；

全机重量：28t（DY-60），36t（DY-90）；

整机尺寸 $L \times B \times H$：工作状态 $9 \times 6 \times (19 \sim 33)$（m×m×m）。

4. 振孔高喷工艺设备的安装、使用与维修保养

（1）振孔高喷机设备的安装。

1）施工场地的要求。高喷机未进场地前，应对施工场地进行处理。施工场地须整平压实，有效宽度不小于8.00m，轴线坡度小于2%。

2）高喷机的组装。高喷机进入现场后，需要1台16t的吊车进行配合组装，用方木垫起0.6m高（垫起的方木必须稳固），将底盘吊到方木上，按以下顺序安装：

a. 安装前横梁通过定位销与底盘用螺栓连接在一起。

b. 安装底盘后支腿梁，用螺栓将后支腿梁与底盘连接在一起。

c. 安装4个支腿油缸。

d. 安装行走管和行走油缸。

e. 安装液压站、卷扬、电器控制箱，按照图纸的固定位置进行安装。

f. 连接液压油管和卷扬电机、液压站电机的电线连接。

g. 测试液压系统。液压系统正常后，支起 4 个液压支腿，将底盘下的方木撤出。收回液压支腿，让两根行走管着地。

h. 安装主立柱底盘。将底盘通孔和固定座通孔用下穿轴穿过拧上螺母。主立柱有两根，两端为法兰通过螺栓拧紧。在主立柱的顶端下方 2m 处，放置一个支撑架，支撑架要高于主立柱下轴心高 0.5m 以上，立柱须与水平成 3° 以上的倾斜角度，以利于升起和落下。

i. 安装天车。将滑轮安装到轴孔中，用锁片锁住。通过法兰将天车用螺栓固定在主立柱的顶端。

j. 安装起落架。将 3 个支腿的顶部通过轴安装在起落滑轮组上，将螺母拧紧。将前两个支腿的底部通孔穿到主立柱底盘的下穿轴中，用螺母拧紧。后支腿安装到底盘上的后支腿连接板上，用轴穿上，将定位锁孔用钢筋穿上，防止轴窜出。

k. 安装斜支撑杆。斜支撑杆由两根组成，中间连接用法兰螺栓拧紧，上部安装将轴孔穿入主立杆的安装斜支撑杆的横轴里，穿入后将螺母拧紧。底端先将斜支撑杆搭在起落架设置的横梁上，主要是为了在升起时斜支撑杆不接触到底盘防止卡住。待主立柱升起后，将斜支撑杆底部的调节杆旋出，丝杠上要涂抹黄油，通过调节丝杠的长度，将斜支撑杆安装到调节杆座里，压上盖板，拧紧螺钉。

l. 穿主卷扬钢丝绳。通过主卷扬的钢丝绳头穿天车滑轮组与振动锤连接起来并固定，钢丝绳缠绕顺序为：主卷扬筒上的钢丝绳锁住在卷筒上的固定孔中→按照顺时针方向从卷扬筒的上部缠绕完整根钢丝绳→将钢丝绳的头穿入天车的左边纵向第一个滑轮到纵向第二个滑轮→返回下到振动锤的左边滑轮穿过→返回到天车上的横向第一个滑轮到横向第二个滑轮→返回到振动锤右边的滑轮穿过→返回到天车右边第一个纵向滑轮固定住或返回到天车右边第一个纵向滑轮到第二个滑轮穿过→返回到高喷机底盘上的钢丝绳固定架上用钢丝绳卡子固定住。

m. 穿副卷扬起架钢丝绳。通过起落架滑轮组和主立柱滑轮组，并固定，钢丝绳缠绕顺序为：副卷扬筒上的钢丝绳锁住在卷筒上的固定孔中→按照顺时针方向从卷扬筒的底部缠绕完整根钢丝绳→将钢丝绳的头穿入起落架左边的第一个滑轮穿到主立柱上滑轮组的第一个滑轮→返回下到起落架的第二个滑轮穿过→返回到主立柱的上第二个滑轮→返回到起落架的第三个滑轮→返回到主力柱滑轮组底部轴上用钢丝绳卡子固定住。

至此高喷机组装完毕。

3）竖架前的准备工作。

a. 在高喷机竖架前，应安排专人对所有安装的螺栓进行一次全面检查，杜绝螺栓没拧紧就竖架。

b. 检查各组成部件就位是否绝对正确，各连接紧固件是否紧固。

c. 检查各滑动、转动部件安装是否符合要求，是否润滑，其周围是否有泥阻碍物。

d. 检查卷扬机、液压站、电控柜、减速箱、调速电机、液压马达、振动锤的安装就位，并接通电源进行空载试验。

e. 检查主、副卷扬钢丝绳的缠绕是否按照其要求顺序缠绕钢丝绳。

f. 在底盘操作台后部加配重 3～4t，或用挖掘机、装载机压在底盘的后面。

g. 斜支杆要配备两根绳子，用于起架时用人员拽到固定座位置，同时要配备至少 14 人，用于配合安装。

h. 在立柱顶部固定 1～2 条安全保险用飞绳（目的是在立柱后倾发生危险时可以绷绳代之）。

i. 各部位钢丝绳穿绳方式及锁卡质量应经技术人员或经验丰富的操作人员检查认可。

4）竖架。

a. 检查前述一切准备工作后，竖架要设 1 名指挥人员、1 名有经验的操作人员和配合人员。竖架前要各就各位，卷扬机操作人员等待指挥人员的命令，竖架时工作人员注意力必须高度集中，绝对服从指挥。立柱前底盘后不得站人和停放其他设备，非工作人员一定要退离 30m 以外。

b. 竖架前应利用液压支腿调整底盘，使其水平于最低位置，然后试起，即把立柱拉起，使其离开支承架 0.5m 左右，上去两人上下颤动一会儿，再放回原位。检查主卷扬各部正常与否、离合器制动灵活性以及各部连接螺栓。重复 2～3 次确保可靠后开始正式竖架。

c. 竖架时开动卷扬机，把主立柱徐徐升起，在起升过程中随时注意过程的平稳状态、斜支撑在横梁上导轮之间的运动情况，当立柱与水平成 70° 左右时，工作人员必须拉紧飞绳。当立柱升至与水平成 80° 角时，停车刹住卷扬机（一定要刹紧），固定飞绳，然后把斜支撑的螺丝杆头放入底盘滑槽，使之徐徐后滑置于座体内，装上压盖，用螺栓拧紧，这时可松开飞绳，旋紧丝杠，把立柱调整到与水平垂直位置。

d. 完毕后可将副卷扬的钢丝绳锁头卸下来固定到高喷机上，然后缠绕用副卷扬的吊运物件的钢丝绳。

5）振动锤的就位和振管的安装。

a. 竖架完成后将配重体从高喷机的后部卸下来，清理工作台面的杂物。

b. 开动主卷扬机，收拢升降钢丝绳，要用绳把锤头从水平方向拉住，防止锤离地升起时摆动与机架碰撞，使振动锤徐徐升起，当振动锤达到主立柱的导向管的底部，要人工将导向滑轮装入导向管中，将振动锤升到顶部后放下到最低位置，观察运行情况，运行正常后锤的就位完成。

c. 安装回转体。通过副卷扬将回转体吊到振动锤的下部，将回转体法兰与振动锤法兰用螺栓拧紧。

d. 安装变速箱、凸轮结构、高喷管总成、液压管路、行程开关、行程开关电缆、锤头电缆等。

e. 安装前伸出梁，用螺栓将前伸出梁固定在前横梁上。

f. 振管的组装。将焊好的振管用钢丝绳挂在振动锤上，当振管顶部升到前伸出梁后，用方木垫住换成短的钢丝绳套，以利于组装，钢丝绳和吊环要连接可靠，再将锤与振管一起提升，待振管能垂直就位时，停止升降，安排两人上架，由指挥人员指挥，操作卷扬人员徐徐放锤，地面要有人配合拧丝扣，对接后将振管的丝扣与回转体的丝扣拧紧到位。然后卸下连接振管的短钢丝绳套。振动锤的就位和振管的安装即告结束。

6）高喷机移位。

a. 前后移位。

i. 向前移位。将 4 个支腿油缸支起，用行走油缸伸出活塞杆带动行走管向前移动，活塞杆到位后，落下 4 个支腿油缸，将 4 个支腿离开地面 10cm，高喷机底盘坐落在两根行走管上。收回行走油缸的活塞杆，高喷机就会在行走管上向前移动。

ii. 向后移位。将 4 个支腿油缸支起，用行走油缸收回活塞杆带动行走管向后移动，活塞杆到位后，落下 4 个支腿油缸，将 4 个支腿离开地面 10cm，高喷机底盘坐落在两根行走管上。伸出行走油缸的活塞杆，高喷机就会在行走管上向后移动。

b. 左右移位。将 4 个支腿油缸支起，将位移管放到行走管的端头滑轮上，落下 4 个支腿，将 4 个支腿离开地面 10cm，高喷机底盘坐落在两根位移管的滑轮上。用人工撬动高喷机，即可实现高喷机的左右移动。

7）高喷机摆喷作业。

a. 安排 1 人登上高喷机振动锤头上，吊线高喷嘴的方向，调整凸轮的位置，使喷嘴的方向与防渗轴线方向一致，当慢速旋转时，正好喷嘴在防渗墙轴线两侧各 15°喷射 30°的范围内，然后快速回转 150°，形成旋摆结合的防渗墙体。

b. 调平高喷机，用 4 个支腿的升降，观察安装的水平泡，当处于中心位置时，高喷机处于水平状态。

c. 启动振动锤，按启动按钮，振动锤开始起振（由于配有时间继电器，启动后自动进入运转状态，不需要再按运转按钮）。当振动锤正常工作后，启动液压系统，调至回转开关，使之回转，根据需要调节变量泵满足其转速要求，一般以 30r/min 为宜。

d. 当调整至正常转速后，下放振动锤，根据地层情况确定下振速度，一般不宜超过 3m/min。

e. 当振动回转到设计孔深后，调至旋摆开关，将浆液比重、压缩空气调至设计值，按设计的提升速度进行提升至高喷墙的设计高程。

f. 停止时，只需按停止按钮，振动锤振动便渐渐减弱，最后停止。

g. 高喷作业完毕，要关好配电柜的总开关，接着关闭电源开关。

8）落架。

a. 落架参照起架的准备工作进行。

b. 拆去振管、锤头等，在主立柱前方适当位置放好支承架，高喷机后部进行配重，穿好起落钢丝绳，并适度拉紧。将支腿油缸后边两个支腿高于前边两支腿的高度，让主立柱向前倾斜，使之松开卷扬后即可下降。

c. 旋出斜支撑丝杠拧出压盖螺栓，解开绷绳，边旋出丝杠边调整卷扬放绳量，此时应配合人力于立柱两侧前方牵拽飞绳，直到立柱完全前倾，斜撑到位。

d. 开放主动卷扬机进行落架，电机要打反转，要用制动闸把控制下降速度，要十分注意使立柱徐徐下落，其速度不允许超过起架速度。尽最大可能避免超速落架，如速度过快应采取有效措施使立柱停止下降，然后再开动主卷扬机使其徐徐降至支撑架上。

9）拆卸。高喷机拆卸应遵守以下原则。

a. 拆卸工作要用 1 台 16t 的吊车配合进行，工作人员按组装人员配备。

b. 高喷机拆卸时要非常谨慎，这样才能更好地使用机械设备，延长设备的使用寿命和提高使用性能等。

c. 根据高喷机有关资料能清楚其结构特点和装配关系，按照组装时的顺序倒过来进行拆卸（底盘上的卷扬机、液压站可以不进行拆卸，整体装车或卸车）。拆卸完天车、主立柱、斜支撑后，应将底盘再次用方木垫起 60cm，以便拆卸支腿和行走管等。

d. 正确选用工具和设备，当分解遇到困难时要先查明原因，采取适当方法解决，不允许猛打乱敲，防止损坏部件和工具。

e. 在拆卸有规定方向、记号的部件或组合件时，应记清方向和记号，若失去标记应重新标记。

f. 为避免拆下的部件损坏或丢失，应按部件大小和精度不同分别存放，精密重要部件专门存放保管。

g. 拆下的螺栓、螺母等涂油后装箱保管或装回原位，以免丢失和便于装配。油管用丝堵拧上，防止漏油和杂物进入油管。

10）一般注意事项。

a. 操作人员在使用该高喷机前一定要熟读使用说明书，熟悉机器结构性能和操作方法，遵守使用说明书中的各项规定。

b. 操作前必须检查各部螺栓、螺母及螺栓的连接有无松动。本机各重要部件一律采用高强螺栓，绝不允许掉以轻心。由于振动极易产生机械故障，务必随时检查，不允许螺栓、螺母发生移动，必须随时检查拧紧，损坏的立即更换。

c. 检查电气设备是否完好，启动后如发现振动器有异常声响，应立即停车检查。

d. 卷扬机的刹车离合、导向机构的就位情况、电气控制箱的仪表使用情况等均需每天做一次检查。

e. 起吊用钢丝索磨损严重，或有断股现象时，应及时予以换新以防振动锤脱落而发生意外。

f. 配电柜和电机必须接地线。

g. 暂不用时，应将振孔高喷机运到安全处加以妥善保管，露天放置时应加盖塑料布，以防雨水淋湿。

（2）振孔高喷机的维护与保养。

1）使用前的准备和调整。

a. 三角胶带的调整。三角胶带在出厂前一般都已调整好，在施工中如发现三角胶带太松，应将电机底板上的 4 只固紧螺栓松开，旋进 4 只调节螺栓，待三角胶带张紧合适后，塞入相应高度的垫板，然后旋松调节螺栓，使电机底板与垫板接触，最后拧紧固紧螺栓。

b. 橡皮绝缘软电缆。电缆采用 YHC 型，每芯线间绝缘必须在 $2M\Omega$ 以上，两台电机需要两条电缆分别安装连接，从电机到配电柜的两条电缆各约 30m 长，从配电柜到电源的电缆长度不能超过 200m；否则可能会由于压降太大，出现机器难以启动的现象。

当没有粗电缆时，可用长度粗细相同的两根电缆并列使用。电缆要做导通试验，检查电缆会不会中间断线，外皮如有很深伤口的电缆最好不用，特别是在可能浸水的工地里，损坏的电缆是很危险的，电缆的出线端标记应正确清晰，电缆的装夹要牢固、可靠，装时先取下装在箱体一侧的电缆夹板，并用橡胶保护套套住电缆，然后放进去，并卡紧。

c. 振动锤的润滑。由于该锤转速较高，润滑保养的好坏直接影响其使用寿命，所以要求润滑时不能马虎草率，发现润滑堵塞时应及时疏通。

各机械部位的润滑请参见表 5-1。

表 5-1　　　　　　　　　　　　各 机 械 部 位 的 润 滑

润 滑 部 位	润 滑 剂	润 滑 点 数	润 滑 周 期
振动箱体	40 号机械油	1	300h
尼龙轴套	钙基润滑脂	8	每班一次

振动器箱体内油量不足时，应随时予以补充，加油时多少可通过检视箱体前面的油标螺塞孔，发现有润滑油溢出即为合格。加油振动锤尽量放置水平。加油后，油标螺塞要拧紧。

除以上各润滑部位按时加油外，对各滑轮的槽内及导轮和导轨亦应填抹适量钙基润滑脂，以减轻磨损。

2）高喷机的维护管理。

a. 关于电动机的维护和保养，请参阅电动机使用说明书，在此不作详尽介绍。

b. 电动机接线盒里的导线若有损伤，要包上浸漆绝缘带或套上绝缘套管。若严重损坏，须送电动机修理厂更换。

c. 电动机与箱体连接的螺栓要经常检查，以防松动而震坏电机。

d. 箱体内换油时，松开下部的放油螺塞，排出旧油，然后打开侧盖，清洗内部积存的油渣、尘埃和金属屑等，再拧好放油塞加入新油，补充润滑油时为方便起见，也可以由放气塞处注入。

e. 各部连接螺栓应经常检查，尤其是振动锤法兰与振管之间的连接螺栓，发现松动要及时拧紧。

5.1.2　高压浆泵

1. 泵的选择

高喷灌浆用高压泵皆选用柱塞泵。要求压力范围在 0～60MPa 之间，流量一般在70～100L/min 之间。此类泵生产厂家众多，莱州三易高压浆泵性能较佳，值得关注。

2. 泵的结构

以 GPB-90WDF 型高压注浆泵为例。整机由主泵、皮带轮系、机座、安全阀、调节阀、逆止阀、电动机（柴油机）及专用工具等组成，自成独立工作机组。工作中柱塞采用油润滑冷却，以保证密封的可靠性，见图 5-2。

（1）主泵。主泵由动力端与液力端两部分组成。

动力端由 3 个相同的曲柄连杆机构构成，每个连杆通过十字头与柱塞连接，将曲轴的回转运动转换成柱塞的直线往复运动，实现工作介质的吸入与排除。电机（或柴油机）是

图 5-2 高压浆泵外观

通过齿轮变速机构、V 带变速机构等来驱动曲轴做回转运动的。

液力端主要由柱塞、柱塞密封组、吸（排）液阀组、泵头、吸入（排出）通道等部件组成。动力端主要由主轴、传动齿轮、曲轴、连杆、十字头、滑套及曲轴箱体等组成。

液力端的柱塞采用特种钢淬火处理，密封可以通过长盘根套上的压紧螺钉来调节，以便获得可靠的密封效果。泵头是采用整体锻造而成，吸入阀与排出阀具有相同的结构，使用弹簧预压，简化了液力端的结构。3 个泵头共用统一的吸入通道和排出通道。

曲轴箱内的油位以油镜中心线为准，不可过多或缺油。

（2）变速机构。本系列泵的变速装置有内部齿轮变速机构或外部带轮系变速机构或两者兼而有之。

1）齿轮变速机构。齿轮变速机构是由主轴上两个尺寸相同的小齿轮和装在曲轴上的两个尺寸相同的大齿轮相啮合而成。

2）带轮系。带轮系由一小皮带轮、一大皮带轮、一组皮带和防护罩组成。皮带选用了传递功率较大的窄 V 带，既减少了皮带数量，又能可靠地传递功率。

（3）安全截止阀、压力表。该厂研制的调节阀与膜片式安全阀合为一体，具有体积小、重量轻、起爆灵敏、装配简单、使用方便等优点。

（4）膜片式安全阀。当安全阀的进口压力达到开启压力时，膜片被剪破，压力释放，可保护人身及机组的安全。排除故障后，更换膜片，可重新启动。

（5）压力表。本机使用的压力表为非接触式抗震压力表。

（6）截止阀。截止阀主要是用于泵启动后，快速建立工作压力及停泵前降低输出压力，并可做开泵检查是否吸、排液之用。在工作介质为水时，可用来辅助调节工作压力，当介质有固体颗粒时，必须全部闭合，不得用来调节工作压力，使用调速电机驱动时，在截止阀关闭时可带压启动，使用普通电机不得带压启动，可在电机启动后将截止阀快速闭合。

（7）逆止阀。逆止阀与吸入管路端部连接，放置在池内，在停机时逆止阀能够防止吸入管内液体流失。在逆止阀外加一层滤网，用于防止介质中的杂物及颗粒进入泵腔内，过滤网目数不得小于 20 目。

（8）柱塞密封。UN 型密封在填料盒前室。在填料盒内部，依次为压紧螺母、导油管、V 形密封、密封托环。在填料盒前室依次为密封垫环、UN 型密封、密封压环。

（9）填料盒冷却润滑系统。该部分由供油箱、油泵、供油管路、分流回流管路、回油管路等组成。

3. 泵的技术参数

作用形式：卧式往复作用柱塞式；

柱塞数量：3；

柱塞直径：$\phi50mm$、$\phi60mm$；

工作行程：100mm；

输入转速：600～1320r/min；

排出流量：60～106L/min；

工作压力：42MPa；

吸入管径：50mm；

排出管径：$\phi25mm$；

额度功率：90kW；

总质量：3500kg；

外形尺寸：2900×1507×1160（mm×mm×mm）。

4. 注意事项

（1）泵封存前或调换工作场地需较长时间。停泵时，必须用清水彻底冲洗泵头工作腔、调节阀、安全阀及吸入、排出管道内的残留介质，擦干并涂上机油，以免介质干固及锈蚀。

（2）调节阀在介质为水时，可用作调节流量，介质含固体颗粒时严禁用于调节流量。

（3）运转中，柱塞密封若有介质泄漏，可调节密封压紧螺母，使柱塞密封压紧。若调整后不能解决，则须更换密封或柱塞。密封不可一次调得太紧，应逐渐分多次调节，以无泄漏为准。若前端 Y 形密封损坏，必须及时更换，以免引起泄漏及加剧密封件损坏。

（4）为了保证 V 形带的传动效率，应定期检查 V 形带的张紧程度。安装时，一组皮带应使用具有同一长度公差的 V 形带，不得将不同长度的三角带混合使用。

（5）泵运行中一般处在高压状态，需注意安全。必须配备具有相应知识的专人负责泵的操作、维护与保养；否则极易造成危害。

（6）经常检查进、排液阀组密封，如有损坏，应立即更换。

（7）安全阀的膜片必须按规定使用，严禁用其他膜片代替；否则会造成液力端工作不正常，甚至危及人身安全，造成设备损坏。

（8）使用调速电机带压启动式，不可提速太快，以免过负荷。

（9）应经常检查逆止阀及吸入通道，清除杂质，防止流量减小及堵塞喷嘴。

（10）调速电机出厂前均按规定将转速调整好，不得任意调节反馈量提高转速；否则极易损坏电机及降低密封件寿命。

（11）必须按推荐油号使用符合国家标准的润滑油，使用不合格的润滑油会降低曲轴的寿命，尤其是过于黏稠的润滑油，将很快对曲轴造成损坏。

（12）在野外工作时，应放在平整、坚实的基础上，以防工作时振动，过大的振动将会对控制器的寿命造成影响。

（13）应经常检查安全阀中膜片与高压通道之间是否畅通，防止堵塞。

（14）用于柱塞密封处的润滑油不能断、缺；否则将会造成密封及柱塞的损坏。

（15）调速电机在出厂时转速已调校准确，如在使用中发生变化，在没有转速表的情况下，可按以下方法调整：

1）在低速下目测柱塞冲次 n（次/min）。

2）以冲次 $n \times i$（i 为传动比）为当时电机的实际转数（对应转速请核对标牌）。

3）如转速表的指示值偏高，可调节反馈量调节电位器（在控制面板上），可使转速上升，反复调节，使目测计算值与指标值相等。

4）如转速表指示偏低，则调节转速表校准电位器，使之与计算值相同。

（16）关于调速电机的使用条件和注意事项，请参照调速电机的使用说明书。

（17）每次停用后，须用清水将工作腔介质清洗干净，以免介质干固，影响泵正常工作。

（18）在工作过程中突然停电或发生其他意外情况，不能通过泵送清水清洗工作腔内残留介质时，必须人工清洗，此时应弄清拆装顺序及密封安装部位，按顺序仔细拆装。

（19）经常检查各处的螺栓，以防松动。

（20）必须按合格证或铭牌上的参数工作，不得超过，以免发生意外。

5. 泵的使用与维护保养

（1）新泵开机之前的准备。

1）检查电源是否匹配。

2）按要求在曲柄箱内加入适量的润滑油。

3）检查各个紧固件是否拧紧。

4）检查操纵手柄是否准确、灵敏、可靠。

5）检查各项运动部位是否灵活。

6）检查吸入通道是否畅通，不得有漏气或堵塞现象。

7）泵机虽有一定的自吸能力，为了使机组能够安全可靠地工作，建议介质池液面与泵吸入口的高度差不要大于 0.5m，如能水平或倒灌，则效果更好。

（2）经过长期停用的泵重新使用前的准备工作。

1）检查各部位润滑是否充足。

2）检查各密封件是否损坏或老化。

3）检查各个紧固件是否松动。

4）操纵手柄是否准确、灵敏、可靠。

5）检查各运动部位是否灵活。

6）吸入、排出通道是否畅通，安全阀泄流口是否畅通。

7）曲轴箱内润滑油是否有变质或数量太少。

（3）泵的维修、保养。

1）经常检查各密封部位的情况，如有漏油、漏水、漏气，应立即拆卸检修，更换损坏的密封件。

2）定期检查各运动部位的情况，经常保持各润滑部位有足够的润滑油。

3）经常检查各部位紧固件是否松动，螺栓的松动会造成机件的损坏并危及人身安全。

4）注意观察运动部位是否有异常响声，若有卡阻现象应及时停机检查。

5）注意检查安全阀的可靠性，确保超压时能够安全可靠地溢流。

6）注意检查皮带轮是否有松动现象。

6. 泵的拆卸与装配

检修泵时，首先仔细查看有关部件的附图，了解拆装顺序及拆装过程中应注意的事项（机械维修常识）。

必须注意以下事项：

（1）各个零部件必须清洗干净。

（2）更换已损坏的密封件。

（3）曲轴两端的圆锥滚子轴承间隙要调整适当。

（4）安装滚动轴承时，须事先涂抹黄油，可用二硫化钼润滑脂。

（5）安装柱塞密封时需逐件涂抹黄油（二硫化钼润滑脂）。

（6）连杆螺栓必须拧紧，而且必须加止退垫片。

（7）拧紧每个连接螺栓。

（8）所有零部件的密封部位不能有磕碰，装配时应涂抹油脂。

（9）阀板（球）在限位套内必须活动自如，不能发生卡死现象。

7. 泵的润滑

使用高压浆泵时，必须按规定使用清洁的润滑油脂。使用润滑油不当，将会损坏动力端。

（1）曲轴箱用润滑油：冬季用 HJ-20 号机油（GB 443—64）；夏季用 HJ-30 号机油（GB 443—64）。

（2）各滚动轴承及摩擦面组装时应涂 ZG-5 钙基润滑脂（GB 491—65）或二硫化钼润滑脂。

（3）新机组运行 30～50h，必须更换曲轴箱内润滑油，以后视具体情况更换。

（4）润滑油内不能有颗粒或铁屑。

（5）含有过多水分及变质的润滑油不能使用。

5.1.3　泥浆泵

1. 泵的选择

三管高喷灌浆时使用泥浆泵，可以选用 3SNS 泥浆泵，属往复式单作用三柱塞泵。

2. 泵的结构

3SNS 泥浆泵主要由基座总成、NGW 减速离合器总成、带式制动器总成、变速器总成、偏心轮传动总成、液压端泵头总成、排浆道总成等组成，见图 5-3。

3. 泵的技术参数

泵的技术参数见表 5-2。

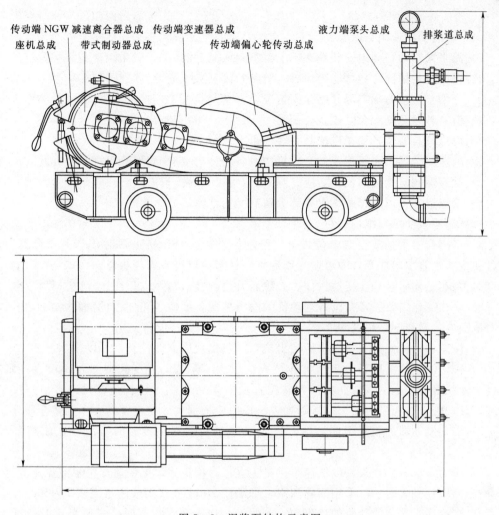

图 5-3 泥浆泵结构示意图

表 5-2 泵 的 技 术 参 数

项　　目		单　　位	技 术 参 数 值	
转速 n		r/min	117	245
理论排量 Q_{th}		L/min	100	207
压力	水泥浆	MPa	10	4
	砂浆		8	3.7
介质比 j_m		kg	水:灰:砂=0.5:1:1.2	
进道口径 D_j		mm	64	
排道口径 D_p		mm	25	
功率 N		kW	18.5	
外形尺寸 $L \times B \times H$		mm×mm×mm	1800×945×705	
整机质量		kg	930	

4. 泥浆泵的使用与维护

(1) 开动前的使用与保养。

1) 泥浆泵必须稳固地安装在基础上。

2) 根据现场情况，尽可能缩短吸入管路长度和吸入高度。

3) 仔细检查动力端零部件的紧固情况，柱塞与拉杆的连接应很牢固。

4) 检查各运动副配合间隙是否正常。

5) 检查离合器及各变速机构是否灵活可靠。

6) 减速离合器、变速器及偏心轮机构的各箱体内要有充足未变质的润滑油。

7) 检查球阀对阀座的关系，应升降自如、关闭严密。

8) 检查进、排道胶管两端等各部分密封是否严密。

(2) 泥浆泵使用与维护。

1) 将离合器手柄放在空转位置上，开动原动机。当运转正常时，合上离合器启动，同时使冷却水管冷却柱塞，即可向工作地点输送浆液，进入工作状态。

2) 泵在工作时，如需变速操作，必须脱开离合器进行，以免在运转中操作损坏机件。

3) 泵在工作中要经常检查各运动件的润滑情况，要使各箱体内的润滑油温度在 30～50℃ 范围内，最高不得超过 60℃。

4) 注意各运动件是否有异常声响出现，一旦出现应立即检查，予以排除。

5) 密切注意浆液质量，泵吸排砂粒直径取决于浆液的密度。密度大砂粒直径则大，密度小砂粒直径则小。该泵能吸排大砂粒直径为 3mm。当大砂粒过多时，容易在接头处堵塞，影响施工进程，必须加以过筛处理。用户应根据大砂粒直径的大小调整介质比。

6) 带式制动器的制带不能沾油，以防摩擦带和制圈在接触时有滑动，或离开时有摩擦。

7) 压力（保压）注浆，以低速小排量为宜；远程送浆，以快速加快浆液流速为好。

8) 回填注砂浆时，可采用间隔注浆，如灌注 10m³ 砂浆后改注水泥浆 1～2m³。

9) 在灌注水泥浆或砂浆的过程中，若浆液供应不上，待浆时，应使泵室及管道浆液循环，来浆后再继续灌注。

10) 冰冻期施工，对泵应采取防冻措施。短时的上下钻具及其他琐事，宜使泵不停止运转，使浆液循环。

(3) 停机时的注意事项。

1) 当砂浆灌完后，先用水泥浆冲洗泵室及管道中的砂浆，再用清水冲洗 30min；否则沉砂于泵室及管道之中，影响泵的再次使用。

2) 泵的进、排管道较长时，在条件允许的情况下，可用风压将管道内的砂浆压出。

3) 在较长时间内停工，不使用泵时，应拆下端部零件，将各腔内的浆液清洗干净。

4) 如果泵长期停止使用，应对泵进行全面清洗，除去各部件上的泥沙及污物，将箱体中的油放出，并往轴承及各运动件上涂抹黄油，防止锈蚀。

5.1.4　高速搅拌机

1. 高速搅拌机的原理

高速搅拌机为水泥浆液的制浆设备，主要作用是快速地将水和水泥等灌浆材料搅制成浆。水和水泥等灌浆材料按比例由进料斗被送入搅浆上筒内，电动机通过带轮带动搅拌轴高速旋转，料落入搅浆上筒内由搅浆板进行一级搅拌，然后落至下搅拌筒，再由甩浆叶片进行二级搅拌。当筒内浆液达到一定高度后，浆液经下筒甩浆板高速旋转产生离心力，在离心力作用下从出浆口甩出，经过滤网过滤后流入低速搅拌机。

2. 高速搅拌机的结构

这里介绍的高速搅拌机为强制式立式搅拌机。高速搅拌机的结构由排水管、底座、下搅拌筒、甩浆叶片、主轴、搅浆板、料斗、进水管、上筒、迷宫系统、大带轮、小带轮、电动机、电机座等组成。图5-4所示为高速搅拌机结构示意图。

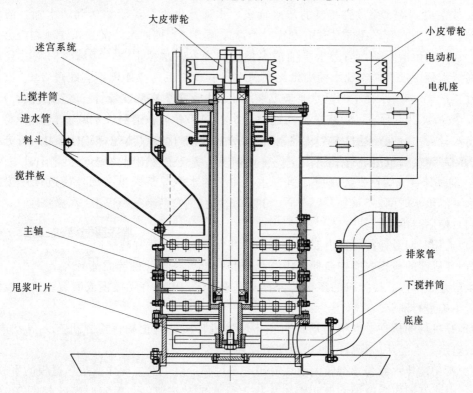

图5-4 高速搅拌机结构示意图

3. 高速搅拌机的性能技术指标

（1）造浆量：200L/min。

（2）最大浆液比重：1.80。

（3）搅拌筒容积：300L。

（4）配备电机动力：15kW。

（5）电机转速：1460r/min。

（6）出浆口直径：89mm。

（7）质量：700kg。

（8）外形尺寸：1430mm×700mm×1300mm。

4.高速搅拌机的使用与维修保养

（1）高速搅拌机、水量计量箱的安装。

1）高速搅拌机安装时，基础应坚固，底部不能有松散的土或砂。高速搅拌机安装完毕后应牢固水平放置，不应倾斜。

2）高速搅拌机的安装部位应与低速搅拌浆桶距离不能超过1m。低速搅拌浆桶距高压浆泵不能超过1m。高速搅拌机电机的开关箱应安装在搅浆人员方便开、关的位置。

3）水量计量箱的安装。高速搅拌机的供水是通过定时计量开关来控制，通过定量供水、定量加水泥，实现浆液密度可控，减少浆液密度的误差。

a.安装时将潜水泵放到特制的清水桶里，水通过供水泵经管路送到清水桶，清水桶的顶部设一个进水管，在进水管上设置3个浮球阀门，当桶的水装满后，浮球阀门会自动关闭，水不溢出清水桶，当潜水泵抽清水桶里的水，则水位下降，浮球阀门就会自动打开，向清水桶中供水，实现水桶中始终充满水。清水桶距离搅拌机不宜超过2m。供水管路不宜超过3m。清水桶中的潜水泵应安装漏电保护装置。

b.潜水泵供水时通过管路送至高速搅拌机的进料斗，在进料斗的出水管设有6个可调节出水量的出水孔，通过6个孔控制流量，并使出水孔的水具有一定的压力，将进料斗中的水泥冲到搅拌机里进行搅拌。

c.定时计量开关箱安装在搅拌机旁边，便于加水泥搅浆人员关闭，通过计量按钮控制潜水泵的供水时间。

（2）使用与维修保养。

1）工作时润滑迷宫装置内要加入机油，并保证油面在正常高度以上。

2）开机前的检查。检查搅拌机内有无异物，查看各部位螺栓是否松动、缺少，皮带轮安全罩是否牢固，搅拌机的搅板是否有变形或开焊，电线有无破损或断裂现象，线路接法是否正确进行确认。

3）开机后的检查。电机转动是否正常，电机转向是否正确；搅拌机有无异常声音；加入试验水是否能从出浆口出来送到储浆桶中。

4）所用搅拌水泥若含有较大硬块应用筛子过筛，以免发生卡住或扭坏搅板的事故。

5）搅浆开始应先给水后倒水泥。先按下给水定时按钮，一般定时按钮控制在200s，每按一次在这期间应向高速搅拌机里倒入3袋水泥，检查水泥浆的密度是否控制在设计密度的范围之内。如果浆液密度偏小，则减少供水时间，密度会提高；如果密度过大，则加长供水时间，密度会降低。实现定量加水、加水泥，浆液密度可控，保证了制浆密度的准确性。

6）如果发生停电或电机故障，当搅拌机内有水泥浆时，应每隔几分钟转动一下电动机，防止水泥浆凝固。如果长时间停电或电机修理不好，应打开出浆管的底部法兰，将水泥浆放出来，用清水冲洗干净。

低速搅拌机的底部放浆孔将水泥浆放出来，用清水进行冲洗干净。

7）搅拌水泥时，当发现倒料斗投不进去水泥时，禁止用铁锹、木棍、铁棍往下捅，应停止电机转动，查明原因采取措施进行处理。

8）当搅拌机在搅拌过程中发生搅拌轴损坏、搅拌板损坏或轴承损坏等故障时，应立即停止高速搅拌机的电机转动，立即放掉搅拌机内的水泥浆液，用清水冲洗干净。打开事故处理仓口，判断事故的原因，采取措施进行及时处理。

5.1.5 低速搅拌机

1. 低速搅拌机的原理

低速搅拌机为浆液的储存设备，其主要作用是对浆液的进一步搅拌，使浆液更加均匀，同时也保证浆液在低速旋转下不会沉淀、凝结。低速搅拌机的作用原理是通过电动机带动减速机，减速机带动搅拌轴回转，搅拌轴上的叶片回转使高速搅拌机进入到低速搅拌机的水泥浆液进行不间断地搅拌，保证浆液不会凝固。通过过滤用浆泵送到高喷管内进行高压喷射灌浆。

2. 低速搅拌机的结构

低速搅拌机由电机与减速机、电机与减速机安装梁、搅浆轴、搅拌桶、搅拌叶片等组成。低速搅拌机的结构示意图见图5-5。

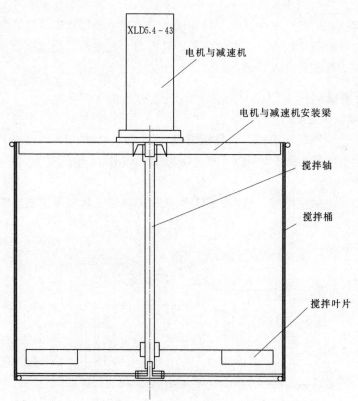

图5-5 低速搅拌机结构示意图

3. 性能技术指标

（1）储浆量：900L。

（2）最大浆液相对密度：1.80。

（3）搅拌筒直径：1000mm。

（4）配备电机动力：5kW。

（5）搅拌转速：40r/min。

（6）质量：200kg。

（7）外形尺寸：1200mm×1200mm×800mm。

4. 使用与维护

（1）机械移动后应牢固水平放置，不应倾斜。

（2）工作时润滑装置内要加入机油。

（3）开机前的检查。检查搅拌机内有无异物，查看各部位螺栓是否松动、缺少，搅拌机的搅拌叶片是否有变形或开焊，电线有无破损或断裂现象，线路接法是否正确并进行确认。

（4）开机后的检查。电机转动是否正常，电机转向是否正确；搅拌机有无异常声音。

（5）如果发生停电或电机故障，当搅拌机内有水泥浆时，应每隔几分钟转动一下电动机，防止水泥浆凝固。如果长时间停电或电机修理不好，将水泥浆从低速搅拌机的底部放浆孔将水泥浆放出来，用清水进行冲洗干净。

（6）当搅拌机在搅拌过程中发生搅拌轴损坏、搅拌板损坏或轴承损坏等故障时，应立即停止低速搅拌机的电机转动，立即放掉搅拌机内的水泥浆液，用清水冲洗干净。判断事故的原因，采取措施进行及时处理。

5.1.6　空气压缩机

1. 空气压缩机的选择

从正规厂家选购空气压缩机，空气压缩机为 V 形、两级、四缸、单作用、风冷式往复活塞压缩机。进气压力为 0.1MPa，额定压力为 1.2MPa，输气量为 5.5m³/min。

2. 空压机的结构

空压机主要由电机、进排气系统、冷却系统、曲轴箱、机座等组成（图 5-6）。

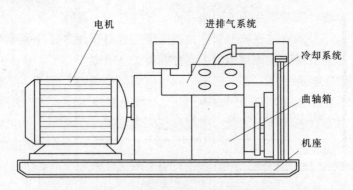

图 5-6　空气压缩机结构示意图

3. 主要技术性能参数

（1）空气压缩机型号：2V2-5.5/12。

（2）形式：V 形、两级、四缸、单作用、风冷式。

（3）电动机容量：55kW。

（4）输气量：5.5m³/min。

（5）排气压力：一级 0.24±0.02MPa；二级 1.2MPa。

（6）外形尺寸（mm）：2110×1185×1210。

（7）总质量：2000kg。

4. 使用与维护保养

（1）启动前的准备。

1）准备必要的测试仪表。

2）按规定向曲轴箱内注入润滑油。

3）检查电路应正常，接头应良好。

4）检查各连接部位、地脚螺栓应紧固。

5）用手（或盘车工具）盘动飞轮数转，检查运转部件的运动情况，应正常。

（2）运转时注意事项及要求。

1）空压机经装配、安装后，确认符合要求即可进行试车。试车分空车试运转和带负荷试运转两个步骤进行。

2）空车试运转是考察其装配质量及跑合情况，及时发现与清除装配中的缺陷，为带负荷试运转做准备。

3）空车试运转前，应使空压机断续启动 2～3 次，注意旋转方向应正确。

4）空车连续试运转 1～2h，若无异常情况，即可将减荷阀开启，使空压机处于负荷试运转状态。在此期间应检查：各运动部位的温度、润滑情况，曲轴箱内的油温，有无振动和敲击声，各摩擦部位情况，紧固件是否牢固等。若无异常情况，即可进行负荷试运转。

5）空压机的负荷试运转分 3 个阶段，采取逐步升压的方式进行。

第一阶段：将二级排气压力调节至 0.4MPa，运转 30min。

第二阶段：将二级排气压力调节至 0.8MPa，运转 30min。

第三阶段：将二级排气压力调节至 1.2MPa，运转 2～4h。

6）每次升压试运转中，必须检查以下的内容：

a. 各级进、排气阀的工作情况。

b. 各接合处的气密情况。

c. 各级进、排气的温度、压力。

d. 电动机或传动装置的工作情况。

7）空压机因故障停车时，应立即切断电源，临时停车时，先将减荷阀关闭，再行停车。

8）由于一般检修或更换易损件，在开车前须正向盘车数转后方可开车。

9）若是更换主要零、部件或经大、中修后的空压机，应进行试车按（2）中的 3）～6）项规定。

10）空压机长期停车时，应做防锈处理。

11）经负荷试运转后，检查润滑油情况，宜更换曲轴箱内的润滑油，以便正式投入使用。

（3）一般的维护保养。

1）空压机运转期间，操作人员应经常注意其运转情况是否正常；若有异常情况，应查明原因并消除之。

2）空压机在正常运转期间，每班应作操作记录。一般可 2h 记录一次各级进、排气温度、压力、润滑油温度，以考察其运转情况，并记录有关易损件的更换、检修以及所发生的故障等。

3）空压机各连接处不得有漏气、漏油及松动现象。

4）新空压机，经运转 100h 左右，需更换 1 次润滑油。正常运转时视润滑油的清洁情况，2～3 个月再更换润滑油。

5）每班应放出中间冷却器、储气罐中的沉淀物 1～2 次，并检查地脚螺栓的紧固情况。

6）每月检查 1～2 次进、排气阀的工作情况。检查阀片、弹簧、螺栓等有无损坏。同时检查连杆大头击油针及螺母，不得松动。

7）每季清洗 1～2 次空气滤清器、连杆大头瓦和小头衬套。

8）每半年检查 1 次汽缸、活塞环等磨损情况，并校验压力表、安全阀。

9）每半年检修 1 次空压机。清洗中间冷却器、测量各摩擦部位的磨损情况，并做好记录。

5.2　振孔高喷主要器材

5.2.1　振管系统

振管系统主要由外管、内管、喷头体、浆水（喷）嘴、风嘴、钻头等组成。

1. 外管

振孔高喷的外管的作用，一是传递振动锤的激振力到钻头底部实现造孔，二是通过外管提供高喷介质的通道。对二管法而言，外管空间提供气的供气管道；对三管法而言，外管提供水泥浆的供浆管道。目前振孔高喷常用的外管主要 $\phi127$、$\phi159$ 两种规格。外管长度根据工程对防渗墙的深度需求，在施工现场焊接成型。振管之间的连接采用接头丝扣连接。

2. 内管

振孔高喷的内管的作用，是为高压灌浆提供介质的通道。对二管法而言，内管为一根，为高喷灌浆提供高压浆的通道；对三管法而言，内管设有两根，一根为高压水提供通道，另一根为供风提供通道。内管之间的连接可采用对接进行焊接的形式或接头丝扣的连接形式。内管宜采用 $\phi38$ 的无缝管。目前常用的振孔高喷有双管法和三管法两种，内管根据两管法或三管法不同工艺要求加工而成。

3. 喷头体

喷头体是实现二管浆、气以及三管水、气同轴喷射、注浆的装置，高压浆（水）嘴、风嘴都安装在喷头体上。实现高压浆（水）气的混合体的射流，浆（水）在里面，气体在外面保护高压浆（水），高压浆（水）切割地层，风起到搅拌地层和升扬作用。使高喷介质与地层形成混合的凝固体，达到防渗、提高承载力的作用。喷头体结构见图5-7。

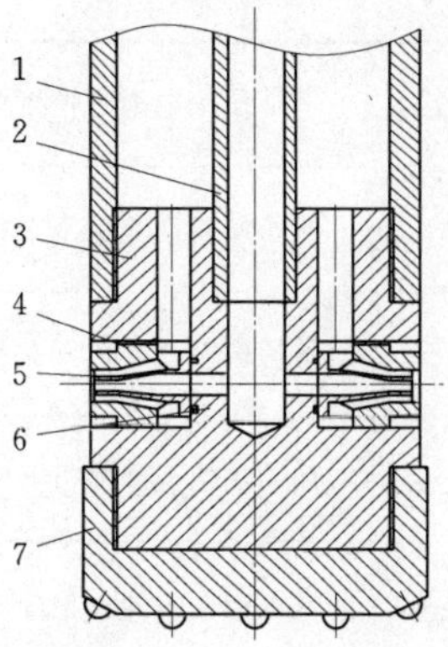

4. 浆（水）喷嘴

高压浆（水）嘴是将高压泵输送来的液体压能最大限度地转换成射流动能装置，反映高喷灌浆凝结体影响范围的关键部件。它安装在喷头体的上部，分为单喷嘴和双喷嘴。一般旋喷可以采用单喷嘴，摆喷和定喷采用双喷嘴。由于振孔不分序，双喷嘴一般布置成180°，喷嘴出口直径为1.80～3.20mm，采用硬质合金材料镶焊在喷嘴座上。

5. 风嘴

风嘴是套在浆（水）嘴的外面，处于一个同心圆上，其环状间隙大小及同心度对风量、水射流的质量影响很大，必须保证制造精度。风嘴与浆（水）嘴间隙控制在2～3mm内。

6. 钻头

振孔高喷钻头是用于在振动和回转过程中剉取地层中的岩性，通过钻头的剉取形成钻孔，当到达设计深度后，进行高压喷射灌浆。钻头要具有抗振动和抗冲击能力，对岩层要具有剉取功能。对于入岩的地层和卵石较大的地层要采用球齿柱状合金镶焊在钻头体上；对于土层、砂层可采用硬质合金进行镶焊，也可采用耐磨焊条进行堆焊进行加工钻头。

图5-7 双管喷头体结构示意图

1—外管；2—内管；3—喷头体；4—风嘴；5—浆嘴；6—密封圈；7—钻头

5.2.2 管路系统

1. 高压浆（水）管路

高压浆（水）管是连接高压浆（水）泵和振管喷射系统的软管，选用钢丝编制的胶管（钢丝2～3层），常用的规格有内径$\phi19$、$\phi25$、$\phi32$。爆破压力大于50MPa。

2. 低压管路

其包括高压灌浆用的供气管路、三管用的供浆管路，选用钢丝编制的胶管（钢丝1层），常用的规格有内径$\phi25$。爆破压力大于10MPa。

5.2.3 电缆

振孔高喷设备的电缆配置见表5-3。

表5-3　　　　振孔高喷设备的电缆配置

序号	使用电缆的位置	型　　号	规格/mm²	长　　度/m
1	变压器至主开关柜（主电缆）	0.6/1kV 交联聚乙烯绝缘电缆（铜芯软电缆）	70～90	根据工程实际情况确定电缆的长度
2	主开关柜至高喷机	0.6/1kV 交联聚乙烯绝缘电缆（铜芯软电缆）	50～70	根据工程实际确定长度
3	振动锤至高喷机开关柜	0.6/1kV 交联聚乙烯绝缘电缆（铜芯软电缆）	25	80（两根，每根40m）

续表

序号	使用电缆的位置	型 号	规格 /mm²	长 度/m
4	液压站至高喷机开关柜	0.6/1kV 交联聚乙烯绝缘电缆（铜芯软电缆）	6	6
5	卷扬机至高喷机开关柜	0.6/1kV 交联聚乙烯绝缘电缆（铜芯软电缆）	6；2.5	主卷扬 6；调速电机 6
6	摆动机构至高喷机开关柜	0.6/1kV 交联聚乙烯绝缘电缆（铜芯软电缆）	4	35
7	空压机至主开关柜	0.6/1kV 交联聚乙烯绝缘电缆（铜芯软电缆）	25	根据工程实际确定长度
8	高压泵至开关柜	0.6/1kV 交联聚乙烯绝缘电缆（铜芯软电缆）	35	20
9	高速搅拌机至开关箱	0.6/1kV 交联聚乙烯绝缘电缆（铜芯软电缆）	6	20
10	低速搅拌机至开关箱	0.6/1kV 交联聚乙烯绝缘电缆（铜芯软电缆）	2.5	20
11	水泵至开关箱	0.6/1kV 交联聚乙烯绝缘电缆（铜芯软电缆）	2.5	根据水源实际确定长度

本 章 参 考 文 献

[1] 振动式打桩机使用说明书. 浙江省瑞安市南方建筑工程机械有限公司。

[2] GPB-90WDF 型高压注浆泵使用说明书. 天津通洁高压泵制造有限公司。

[3] 2V2-5.5/12 空压机使用说明书. 沈阳空气压缩机制造厂。

[4] 3SNS 注浆泵使用说明书. 宜昌黑旋风工程机械有限公司。

第6章　振孔高喷灌浆材料与制备

6.1　制浆材料及性能

6.1.1　水泥

高喷所使用的水泥品种和强度等级，应根据工程需要确定。宜采用普通硅酸盐水泥，其强度等级可为 32.5 级以上，质量应符合《通用硅酸盐水泥》（GB 175—2007）的规定。

水泥是一种粉状物，它与水化合后成为可塑性的物质，并能逐渐凝结硬化成坚硬的固体，称为水泥结石。因此，水泥是一种较好的水硬性胶结材料。

水泥的化学成分为氧化钙、氧化硅、氧化铝、氧化铁、氧化镁。其中铝酸三钙决定水泥浆的凝结速度；硅酸三钙为水泥结石体强度的主要来源；而硅酸二钙与水反应速度慢、热量小，决定水泥结石的后期强度；铁铝酸四钙决定水泥的抗拉强度。水泥中 4 种熟料矿物比例不同，其性能也不同。

1. 品种及其主要特性

（1）硅酸盐水泥。凡以适当成分的生料烧至部分熔融，所得以硅酸钙为主要成分的硅酸盐水泥熟料，加入适量石膏，磨细制成的水硬性胶结材料，称为硅酸盐水泥。

硅酸盐水泥凝结硬化较快，耐冻性好，适用于早期强度要求高、凝结快，冬季施工及严寒地区遭受反复冰冻的工程，但耐热、耐腐蚀性差。

（2）普通硅酸盐水泥。由硅酸盐水泥熟料，加入适量混合材料、适当石膏磨细制成的水硬性胶凝材料，称普通硅酸盐水泥。

普通硅酸盐水泥具有耐冻性、早期强度高、和易性好等特点；但水化热高，抗腐蚀性能较差。

（3）矿渣硅酸盐水泥。凡在硅酸盐水泥熟料中，按水泥成品重量均匀加入 20％～70％的粒状高炉矿渣，并按需要加入适量石膏，磨成细粉制成的水硬性胶凝材料，称为矿渣硅酸盐水泥。

矿渣硅酸盐水泥具有早期强度低、后期强度高、水化热较低、耐冻性较差、干缩性较大、和易性较差、析水性较大、耐热性好等特点。

另外，还有火山灰质硅酸盐水泥、粉煤灰硅酸盐水泥、复合硅酸盐水泥等。

2. 组分

通用硅酸盐水泥的组分见表 6－1。

表 6－1　　　　　　　　　　　　　　通用硅酸盐水泥的组分

品种	代号	组　分/%				
		熟料＋石膏	粒化高炉矿渣	火山灰质混合材料	粉煤灰	石灰石
硅酸盐水泥	P·Ⅰ	100	—	—	—	—
	P·Ⅱ	≥95	≤5	—	—	—
		≥95	—	—	—	≤5
普通硅酸盐水泥	P·O	≥80 且≤95	>5≤20①			
矿渣硅酸盐水泥	P·S·A	≥50 且<80	>20 且≤50②	—	—	—
	P·S·B	≥30 且<50	>50 且≤70②	—	—	—
火山灰硅酸盐水泥	P·P	≥60 且<80	—	>20 且≤40③	—	—
粉煤灰硅酸盐水泥	P·F	≥60 且<80	—	—	>20 且≤40④	—
复合硅酸盐水泥	P·C	≥50 且<80	>20 且≤40⑤			

注　摘自《通用硅酸盐水泥》（GB 175—2007）。

① 本组分材料应符合 GB/T 203、GB/T 18046、GB/T 1596、GB/T 2847 标准要求的粒化高炉矿渣、粒化高炉矿渣粉、粉煤灰、火山灰质混合材料。其中允许用不超过水泥质量 8%且符合活性指标分别低于 GB/T 203、GB/T 18046、GB/T 1596、GB/T 2847 标准要求的非活性混合材料或不超过水泥质量 5%且符合 JC/T 742 的规定。

② 本组分材料为符合 GB/T 203、GB/T 18046 标准的活性混合材料，其中允许用不超过水泥质量 8%且符合 GB/T 203、GB/T 18046、GB/T 1596、GB/T 2847 标准的活性混合材料或符合活性指标分别低于 GB/T 203、GB/T 18046、GB/T 1596、GB/T 2847 标准要求的非活性混合材料或符合 JC/T 742 的窑灰中的一种材料代替。

③ 本组分材料为符合 GB/T 2847 的活性混合材料。

④ 本组分材料为符合 GB/T 1596 的活性混合材料。

⑤ 本组分材料为由两种（含）以上符合 GB/T 203、GB/T 18046、GB/T 1596、GB/T 2847 标准的活性混合材料或符合活性指标分别低于 GB/T 203、GB/T 18046、GB/T 1596、GB/T 2847 标准要求的非活性混合材料，其中允许用不超过水泥质量 8%且符合 JC/T 742 的窑灰代替。掺矿渣时混合材料掺量不得与矿渣硅酸盐水泥重复。

3. 化学指标

通用硅酸盐水泥化学指标见表 6－2。

表 6－2　　　　　　　　　　　　　　通用硅酸盐水泥化学指标

品　　种	代号	不溶物/%	烧失量/%	三氧/%	氧化镁/%	氯离子/%
硅酸盐水泥	P·Ⅰ	≤0.75	≤3.0	≤3.5	≤5.0①	≤0.06③
	P·Ⅱ	≤1.50	≤3.5			
普通硅酸盐水泥	P·O	—	≤5.0			
矿渣硅酸盐水泥	P·S·A	—	—	≤4.0	≤6.0②	
	P·S·B	—	—			
火山灰硅酸盐水泥	P·P	—	—	≤3.5	≤6.0②	
粉煤灰硅酸盐水泥	P·F	—	—			
复合硅酸盐水泥	P·C	—	—			

注　摘自《通用硅酸盐水泥》（GB 175—2007）。

① 如果水泥做压蒸试验，则水泥中氧化镁的含量（质量分数）允许放宽至 6.0%。

② 如果水泥中氧化镁的含量（质量分数）大于 6.0%时，需进行水泥压蒸安定性试验并合格。

③ 当有更低要求时，该指标由买卖双方确定。

4. 水泥的强度与标号

水泥的强度决定熟料的矿物成分和细度，用强度等级来表示，如表6-3所示。

表6-3   水 泥 强 度 等 级

品　　种	强度等级	抗压强度/MPa		抗折强度/MPa	
		3d	28d	3d	28d
硅酸盐水泥	42.5	≥17.0	≥42.5	≥3.5	≥6.5
	42.R	≥22.0		≥4.0	
	52.5	≥23.0	≥52.5	≥4.0	≥7.0
	52.5R	≥27.0		≥5.0	
	62.5	≥28.0	≥62.5	≥5.0	≥8.0
	62.5R	≥32.0		≥5.5	
普通硅酸盐水泥	42.5	≥17.0	≥42.5	≥3.5	≥6.5
	42.5R	≥22.0		≥4.0	
	52.5	≥23.0	≥52.5	≥4.0	≥7.0
	52.5R	≥27.0		≥4.0	
矿渣硅酸盐水泥、火山灰质硅酸盐水泥、粉煤灰硅酸盐水泥、复合硅酸盐水泥	32.5	≥10.0	≥32.5	≥2.5	≥5.5
	32.5R	≥15.0		≥3.5	
	42.5	≥15.0	≥42.5	≥3.5	≥6.5
	42.5R	≥19.0		≥4.0	
	52.5	≥21.0	≥52.5	≥4.0	≥7.0
	52.5R	≥23.0		≥4.5	

国家标准《通用硅酸盐水泥》（GB 175—2007）规定：水泥按规定的方法制成试件，在标准温度的水中养护，测定其3d和28d的强度。按照测定结果，将水泥分为以下几种。

硅酸盐水泥：42.5、42.5R、52.5、52.5R、62.5、62.5R等6个等级。

普通硅酸盐水泥：42.5、42.5R、52.5、52.5R等4个等级。

矿渣硅酸盐水泥、火山灰质硅酸盐水泥、粉煤灰硅酸盐水泥、复合硅酸盐水泥：32.5、32.5R、42.5、42.5R、52.5、52.5R等6个等级。

6.1.2 黏土、膨润土与外加剂

（1）黏土是由多种矿物的大小不同的颗粒所组成的混合体。一般把粒径小于0.005mm的颗粒称为黏粒，小于这种粒径的土称为黏土，作为细颗粒填充料加入浆液，用以减少水泥耗量，并能改善浆液的安定性和黏滞性。

黏土具有亲水性、分散性、稳定性、可塑性和黏着性等特点。

（2）在水泥浆中加入少量的膨润土，一般为水泥重量的2%～3%，起稳定剂作用，可提高浆液的稳定性、触变性，降低析水性。

（3）在一些特殊的工程中也用到一些水泥砂浆、水泥黏土砂浆、水泥水玻璃浆等。

相关内容详见本书第11章。

6.2　主要材料性能测定

6.2.1　样品标准

取样的目的是为了检测提供有代表性的样品，以确定材料的质量特性平均值及主品和特殊性要求等，判断材料的质量是否符合技术条件要求。

(1) 注浆用硅酸盐水泥和普通硅酸盐水泥质量必须符合《普通硅酸盐水泥》（GB 175—2007）或工程对水泥材料的特性要求，同时注浆用水泥一般符合水泥强度等级为 32.5 或以上。

(2) 注浆用膨润土或黏性土黏粒，含量一般应大于 25%，含砂量不宜大于 5%，有机物含量不宜大于 3%，塑性指数不宜小于 14。

(3) 注浆用粉煤灰可参照 DL/T 5055 要求执行，同时宜符合下述要求：

1) 粉煤灰细度宜为通过 $45\mu m$ 方孔筛筛余量不大于 12%。

2) 粉煤灰烧失量不大于 8%。

3) 粉煤灰需水量比不大于 105%。

4) 粉煤灰 SO_3 含量小于 3%。

(4) 注浆掺砂可采用天然砂或人工砂，粒径不宜大于 2.5mm，细度模数宜小于 2.0，SO_3 含量不宜大于 1%，含泥量不宜大于 3%，有机物含量大于 3%。

(5) 水玻璃作为掺加剂宜满足：模数 2.4～3.0，浓度 30～45°$B_{e'}$。

(6) 其他掺加剂：普通减水剂、早强减水剂、高效减水剂、缓凝减水剂等可参照 DL/T 5100 标准执行，防渗剂及速凝剂可参照 JC 475、JC 477 标准执行。

6.2.2　样品数量、包装与储运

(1) 注浆用颗粒型主材可按工程需求、供应商供货情况及出厂检验结果和产品合格证分批抽检，取样可按连续进料 200～400t 为一批，不足 200～400t 时，可按一批计。掺加材料，则可根据使用量及时间确定。

(2) 每一批可根据工程材料用量大小及重要程度取 3～5 份试样，所取试样混拌均匀后，按四分法取出比测试用量大一倍的试样。

(3) 试验样品应采用密封、防潮包装。所有样品应标明样品名称、代号、质量或强度等级、生产厂家、出厂（或采样）批次、采样时间等；样品在运输和储存时，不得混入杂物。

(4) 材料从取样完毕到开始进行各项性能试验的时间不宜超过 7d。

6.3　浆液配制

6.3.1　常用浆液种类及特点

1. 水泥浆

由水和水泥混合经搅拌而制成的浆液为水泥浆。

（1）水泥浆应具有的条件。具有一定的细度；浆液应均匀、稳定，并具有良好的流动性；浆液凝固成具有一定强度和抗渗性的结石体。

（2）水泥浆的试验项目。为了解浆液的性能，能正确地操作，要对浆液进行以下各项试验：浆液的相对密度、黏度、搅拌时间、凝结时间、浆液析水性、结石强度、结石的孔隙率和容重等。

水泥浆具有结石强度较高，黏结强度高、易于配制，但价格较高等特点。

2. 黏土浆

由水和黏土混合经搅拌而制成的浆液为黏土浆。

（1）为了解浆液性能做下述试验项目：相对密度、黏度、含砂量、稳定性、触变性、失水量、胶体率等。

（2）黏土浆的特点：黏土浆具有细度高、分散性强、稳定性好、就地取材等特点，但其结石强度低，抗渗压和抗冲刷性能弱。

3. 水泥黏土浆

由水泥和黏土两种材料混合所构成的浆液称水泥黏土浆。

（1）由于水泥、黏土各有优、缺点，将其混合，在很大程度上互相弥补其缺点，成为良好的灌注浆液。

（2）水泥黏土浆试验：相对密度、黏度、稳定性、析水率、凝结时间、结石的抗压强度等。

4. 水泥砂浆及水泥黏土砂浆

在一些特殊要求的工程中，为改善条件，采用水泥砂浆及水泥黏土砂浆（三管高喷）。

水泥砂浆具有浆液流动度较小、不易流失、结石强度高、黏结力强、耐久性和抗渗性好等优点。为防止和减少其沉淀，宜加入少量膨润土、塑化剂、粉煤灰等。

水泥黏土砂浆中水泥起固结强度的作用，黏土起促进浆液的稳定性作用，砂起填充裂隙空洞的作用。

5. 水泥-水玻璃浆

水泥浆中加入水玻璃有两种作用：一是水玻璃作为速凝剂促进浆液凝结；二是作为浆液的组成成分，按比例使用双液灌浆方法。

水泥-水玻璃浆液的特性：水玻璃与水泥浆中的氢氧化钙起作用，生成一定强度的凝胶体——水化硅酸钙。凝胶体越多，强度越高。

在水灰比一定的水泥浆，随水玻璃的加入量的增加而凝结时间逐渐缩短，当超过一定比值后，凝结时间随水玻璃加入量的增加转为逐渐加长。

水泥水玻璃浆液性能如下。

（1）凝结时间。

1）其他条件相同时，水灰比越小，则凝结时间越短。

2）其他条件相同时，水玻璃浓度在 $30\sim50°B_e'$ 范围内时，水玻璃浓度减小，凝结时间缩短。

3）其他条件相同时，水泥浆与水玻璃的体积比在 $1:0.3\sim1:1$ 范围内，水玻璃用量较少，凝结时间较短。

（2）抗压强度。水泥浓度越大，抗压强度越高。

6.3.2　浆液配制

6.3.2.1　浆液制备

1. 材料称量

（1）制浆材料必须按规定的浆液配比计算，计量误差应小于 0.5%。

（2）水泥等固相材料宜采用质量（重量）称量法计量。

（3）应根据用料数量（重量）选择合适的衡器，在试验室内，宜采用天平，以确保其精度。

（4）称量衡器使用前应进行标定，以确保其准确性。

2. 水固比浓度

（1）水固比浓度适用于由固体粉状材料与水拌和而成的悬浮浆液。水固比用下式表示，即

$$\lambda = \frac{w_w}{w_c}$$

式中　λ——水固比；

　　w_w——水的质量，kg；

　　w_c——固体粉体的质量，kg。

（2）水泥浆的水固比测试。

1）测出浆液的密度 d。

2）用下式计算浆液中水和水泥的重量，即

$$V = w_w/d_w + w_c/d_c, d = (w_w + w_c)/V$$

式中　w_w——水的质量，kg；

　　d_w——水的相对密度，通常取 1；

　　w_c——水泥的质量，kg；

　　d_c——水泥相对密度，通常取 3；

　　V——浆液体积；

　　d——浆液的密度。

3）用水的质量除以水泥的质量，即为水泥浆的水固比。

3. 制浆步骤

（1）配制水泥浆液时，先将计量好的水倒入搅拌筒内，再将水泥按配合比要求的质量倒入筒中直接搅拌。

（2）配制黏土浆液和水泥黏土浆液，所用黏土分黏土干料和黏土原浆。使用黏土干料浆时，宜先将黏土干料按规定的配比制成黏土浆，再与水泥混合并搅拌制成水泥黏土浆。采用黏土原浆制浆，可先将黏土在水中充分浸泡后，拌制成密度比较大的黏土浆液待用，也可采用高速搅拌粉碎一体机械直接制成黏土原浆。

（3）配制有掺和料的浆液时，宜先配制水泥浆。掺膨润土时，需先将膨润土用水浸泡24h，再配制成泥浆，然后与水泥浆混合并搅拌均匀。掺加粉煤灰时，可先在水中倒入水

泥搅拌混合后，再加入粉煤灰进行混合。

（4）添加外加剂时，宜在主材搅拌均匀后加入，并进行适当搅拌。

（5）各类浆液密切搅拌均匀并测定浆液密度。

（6）浆液应采用机械搅拌，纯水泥浆液的搅拌时间使用高速搅拌机时应大于 30s，使用普通搅拌机时应大于 3min。其他颗粒性浆液搅拌时间根据搅拌条件可适当延长。

（7）拌制细水泥浆液和稳定浆液应使用高速搅拌机并加入减水剂。搅拌时间宜通过试验确定。

（8）制浆用水应符合拌制混凝土用水的要求。

（9）试验时应做好室内保暖或降温工作，室温宜保持在（20±5）℃内。

4. 浆材储存

（1）注浆测试用水泥应妥善保存，严格防潮并缩短存放时间。不得使用受潮结块的水泥。

（2）纯水泥浆液在使用前应过筛。试验用浆液在试验温度条件下的留置时间宜不大于 1h。测定流变参数时，浆液自制备到测试的时间间隔不宜超过 30min。细水泥浆液自制备至测试的时间不宜超过 30min。

6.3.2.2 配制浆液的用料计算

在施工过程中，经常需要进行配制浆液用料计算，一般采用绝对容积理论来计算，即 $V=w/\gamma$（V 为干料的绝对容积，w 为干料重量，γ 为干料的相对密度）。

1. 用各种原材料配制浆液的计算

在已知水泥、黏土、砂和水相对密度分别为 γ_c、γ_e、γ_s、γ_w 时，配制配合比为水泥：黏土：砂：水 $=n_c : n_e : n_s : n_w$ 的浆液 V（单位为 L），则其用料量的计算式为：

$$w_c = n_c \frac{V}{\dfrac{n_c}{\gamma_c}+\dfrac{n_e}{\gamma_e}+\dfrac{n_s}{\gamma_s}+\dfrac{n_w}{\gamma_w}}$$

$$w_e = \frac{n_e}{n_c} w_c$$

$$w_s = \frac{n_s}{n_c} w_c$$

$$w_w = \frac{n_w}{n_c} w_c$$

式中 w_c——水泥用量，kg；

      w_e——黏土用量，kg；

      w_s——砂的用量，kg；

      w_w——水的用量，kg；

      V——浆液量，L；

      γ_c——水泥相对密度；

      γ_e——黏土相对密度；

      γ_s——砂的相对密度；

γ_w——水的相对密度；

n_c——浆液中水泥所占的比例；

n_e——浆液中黏土所占的比例；

n_s——浆液中所占的比例；

n_w——浆液中水所占的比例。

配制浆液中未掺用的那种材料将其掺量的比例数在通式中取零即可。

2. 用黏土原浆配制浆液的计算

其计算通式为

$$w_e = n_c \frac{V}{\dfrac{n_c}{\gamma_c} + \dfrac{n_e}{\gamma_e} + \dfrac{n_s}{\gamma_s} + n_w}$$

$$w_s = \frac{n_s}{n_c} w_c$$

$$V_{ge} = \frac{n_e}{n_c} \frac{\gamma_e - 1}{\gamma_e(\gamma_{ge} - 1)} w_c$$

$$\Delta w_w = \frac{n_w}{n_c} \cdot \left[1 - \frac{n_e}{n_w} \frac{\gamma_e - \gamma_{ge}}{\gamma_e(\gamma_{ge} - 1)} \right] \cdot w_c$$

式中 V_{ge}——需用的黏土原浆量，L；

Δw_w——应向浆液中补加的水量，L；

γ_{ge}——黏土原浆的相对密度；

其他各量含义同上式。

同理，未掺入的材料只要将通式中其掺加比例数取为零即可。

3. 用水泥原浆配制各种浓度浆液的用料计算

计算通式表示为

$$V_{gc} = n_c \frac{V}{\dfrac{n_c}{\gamma_c} + n_w} \frac{\gamma_c - 1}{\gamma_c(\gamma_{gc} - 1)}$$

$$\Delta w_w = n_w \frac{V}{\dfrac{n_c}{\gamma_c} + n_w} \left[1 - \frac{n_c}{n_w} \frac{\gamma_c - \gamma_{gc}}{\gamma_c(\gamma_{gc} - 1)} \right]$$

式中 V——浆液量；

V_{gc}——需用的水泥原浆量；

γ_c——水泥相对密度；

γ_{gc}——水泥原浆相对密度；

Δw_w——应向浆液中初加的水量，L；

n_c——浆液中水泥所占的比例；

n_w——浆液中水所占的比例。

4. 浆液浓度变换加料计算

（1）由稀变浓。

以公式通式表示为

$$\Delta w_{c} = \frac{(n_1 - n_2)\gamma_c V}{n_2(n_1 \gamma + 1)}$$

式中 Δw_c——应增加的水泥量，kg；

n_1——原浓度的浆液中水所占的比例；

n_2——浓度变换后的浆液中水所占的比例；

V——原浓度的水泥浆量，L；

γ_c——水泥相对密度。

（2）由浓变稀。

以计算通式表示为

$$\Delta w_{w} = \frac{(n_1 - n_2)\gamma_c V}{n_1 \gamma_c + 1}$$

式中 Δw_w——应增加的水量，L；

其他符号含义同上式。

6.3.3 浆液配比

6.3.3.1 水泥浆液和水泥水玻璃浆液

配制水泥浆时，以质量比例配制，常用配比为水：水泥＝2：1～0.6：1。配制水泥-水玻璃双液时，先将水泥配制成水泥浆，再与水玻璃混合，见表6－4。

表6－4　　　　配制水泥浆用料及浆液浓度变换加料量（制浆量按100L计）

原 浓 度 浆 液		浓度变换应加入的水泥或水量				
水：水泥	比重	2：1	1.5：1	1：1	0.8：1	0.6：1
2：1	1.286	43.0 / 86.0	14.3 / 0	42.8 / 0	64.2 / 0	100 /
1.5：1	1.364	0 / 27.3	54.5 / 81.2	27.3 / 0	47.6 / 0	81.8 / 0
1：1	1.500	0 / 75.0	0 / 37.5	75.0 / 75.0	18.6 / 0	50.0 / 0
0.8：1	1.586	0 / 106	0 / 61.7	0 / 17.6	88.6 / 70.6	29.3 / 0
0.6：1	1.714	0 / 150	0 / 96.5	0 / 42.8	0 / 21.4	107 / 64.2

注　1. 斜线上方的数字，表示浆液由稀变浓时应加入的水泥的千克数，横线下方的数字表示浆液由浓变稀时应向浆液中加入的水量的升数。黑色数字，前边为各种配比浆液的水的含量升数，后边为各种配比浆液的水泥含量千克数。

　　2. 水泥相对密度以3计。

6.3.3.2 黏土浆液

黏土浆的总配比用黏土：水表示。水固比＝水/黏土。黏土的重量为干容重。

6.3.3.3　水泥黏土浆液

浆液的配制比例用干容重比。水泥黏土浆的总配比用水泥∶黏土∶水表示。水固比＝水∶(水泥＋黏土)，土灰比＝黏土∶水泥。

6.3.3.4　掺入粉煤矿灰等掺合料浆液

(1) 为改善水泥浆液的某些性质，可掺入粉煤灰、膨润土、硅粉等掺合材料。

(2) 掺合材料的比例一般按水泥重量的百分比表示。水固比 (质量比)＝水/(水泥＋掺合料)。

6.3.3.5　掺入外加剂的浆液

(1) 为改善浆液的某些性质，常需掺入某种外加剂，如减水剂 (分散剂)、稳定剂、悬浮剂、速凝剂、膨胀剂、缓凝剂等。

(2) 外加剂的添加量按主体成分的质量百分比表示。

6.3.4　浆液主要性能调整与测试

6.3.4.1　比重测试

1. 比重称法

(1) 目的及适用范围。目的在于准确地测定浆液的比重。适用于各种浆液。

(2) 仪器设备。杠杆比重计，测量范围为 $0.96 \sim 3.00 \mathrm{g/cm^3}$，分度值为 0.01。

(3) 测试步骤。

1) 将浆液充分搅拌，测量浆液的温度。

2) 将要测量的浆液注满比重计一端的泥浆杯，加盖，洗净溢出的浆液，并擦干，置于支架上。

3) 移动游码，使比重计呈水平状态 (使比重计上的水泡尺气泡处于中间位置)，读出游码左侧所示刻度，即为浆液比重。单位为 $\mathrm{g/cm^3}$。

4) 测试前必须对比重计进行校正。校正方法是：将浆液杯注入 4℃纯水，洗净溢出的水，置于支架上，读其比重是否为 1.0。如果不是 1.0，则将比重计另一端的平衡圆柱的盖子扭开，增减平衡圆柱内的金属颗粒，使游码左侧与 1.0 的刻度线重合时，比重计呈水平状态，校正完毕。正常使用时比重计需要每天校正一次。

5) 如需测得浆液比重范围为 2～3 时，需将平衡圆注盖旋开，将平衡重锤放入，旋上螺纹盖即测得。

(4) 测试结果处理。室内试验时，同一试样反复测试 3 次，取平均值作为该试验的比重值。

2. 浮标比重计法

(1) 目的及适用范围。目的在于粗略测定浆液的比重，适用于水固比大于 1∶1 的低浓度浆液。

(2) 仪器设备。包括浮标比重计、量筒 (500mL)、搅拌棒、温度计。

(3) 测试步骤。

1) 比重计与量筒在使用前要充分洗干净，使之出现清晰的弯曲液面。

2) 将浆液充分搅拌，测量浆液的温度。

3) 将搅拌好的浆液倒入量筒内，直至筒口。

4) 手持比重计上端，轻轻放入量筒内的浆液中，在液体中沉下约两个刻度后，再把手松开。

5) 比重计静止后再读取刻度读数，精确到 0.5 刻度。读比重计刻度的方法：视其上沿读取弯液面的最下端。

（4）测试结果处理。反复测定 3 次，取平均值作为比重值。无特殊规定时，各次测量结果与平均值之差要在一个刻度值之内。

6.3.4.2 浆液初、终凝时间测试

1. 目的及适用范围

本试验目的在于确定浆液从混合到失去流动特性所经历的时间，适用各种固粒浆液。

2. 仪器设备

（1）密度计：灵敏度在 $\pm 0.01 g/cm^3$ 内。

（2）净浆搅拌机：符合 JC/T 729 的要求。

（3）维卡仪：符合 JC/T 727 的要求。

（4）养护箱：符合《水泥标准稠度用水量、凝结时间、安定性检测方法》（GB/T 1346—2001）的要求。

（5）温度计：量程 0~100℃，最小刻度为 1℃。

（6）标准圆锥 30°，高度 145mm，锥座直径 77.72mm，锥体与锥杆合重（300±2）g。

3. 测试步骤

浆液初、终凝时间测定基本可按《水泥标准稠度用水量、凝结时间、安定性检验方法》（GB/T 1346—2001）中的 8 款——凝结时间的测定步骤。不同之处在于：将维卡仪测试试针变换为砂浆稠度仪测试用标准圆锥。

4. 测试结果处理

当圆锥体沉入浆体深度不大于 8mm 时，可认为浆液达到初凝状态，当圆锥体沉入浆体深度不大于 2mm 时，可认为浆体达到终凝状态。

6.3.4.3 表观黏度测试

1. 目的及适用范围

测定水泥浆、泥浆等颗粒性浆液的表观黏度，适用于现场或试验室快速判定浆液的流动性能。

2. 仪器设备

包括马氏漏斗黏度计、秒表。

3. 测试步骤

（1）制备浆液试样。

（2）按仪器说明书进行标定。

（3）将滤网放在漏斗上，将 700mL 浆液倒入漏斗中，并用左手指堵住漏斗的出口。

（4）将量杯的 500mL 端置于漏斗下方，右手拿秒表，在左手指撤离的同时开始计时，当浆液注满量杯的同时停住秒表。秒表上所得读数即为所测浆液黏度，单位为 s。

4．测试结果处理

（1）以两次测值的平均值为试验结果（精确到 1s）。

（2）两次测值的差值如大于 5％，则应另制备浆液重新进行测定。

6.3.5　结石体主要性能测试

6.3.5.1　结石率测试

1．目的及适用范围

本试验目的在于测试固粒浆液在无外荷载及温度基本稳定的空气或恒温水中形成结石体的体积大小；适用于各种固粒材料浆液结石体。

2．仪器设备

（1）密度计。灵敏度为 $\pm 0.01 \text{g/cm}^3$。

（2）浆液试模。规格为 $40^{+0.01}_{-0.01}\text{mm} \times 40^{+0.01}_{0}\text{mm} \times (160 \pm 0.1)\text{mm}$ 的棱柱体，试模两端模板中心有装测头的小孔。

（3）高速搅拌机。不小于 1000r/min。

（4）测头。测头用不锈金属制成，量测点为球形。

（5）量杯。1000mL。

（6）测长仪。弓形螺旋测微计（测距为 165～175mm）或立式砂浆干缩仪等，测量度不小于 0.01mm。

3．测试步骤

（1）按比例称量取颗粒材料，用高速搅拌机搅拌（3min）好备用。

（2）用密度计准确测定浆液试样密度。

（3）安装好浆液试模，并检查内模尺寸是否符合要求。

（4）往试模中倒满已搅拌好的浆液（稍溢出），并用钢尺刮平。

（5）在 20℃±5℃温度下，静置 1d、3d、7d、15d、28d。

（6）取出试样用测微计精确测定试样形成结石后的各边长度。

（7）拆模清洗待用。

4．测试结果处理

$$S = (V'/V) \times 100\%$$

式中　　S——结石率；

　　　　V'——试样收缩后体积；

　　　　V——浆液原体积。

6.3.5.2　膨胀率测试

1．目的及适用范围

本试验目的在于测定具有特殊工程要求的润色液在形成结石后的膨胀性能，适用于各种固粒材料浆液结石体。

2. 仪器设备

（1）固结仪。

（2）固结容器，由环刀、护环、透水板、水槽、加压上盖组成。

（3）加压设备，应能垂直地在瞬间施加各级现定的压力，且无冲击力。

（4）变形量测设备，量程 10mm，以小分度值为 0.01mm 的百分表或准确度为全量程 0.2％的位移传感器。

3．测试步骤

（1）按给定的浆液配比制备足够的试验样品浆液备用。

（2）在固结容器内放置护环、透水板和滤纸，将环刀装入护环内，并倒入浆液样品使之上端面水平，放上导环及滤纸、透水板和加压上盖，并将固结容器置于加压框架正中，使加压上置与加压框架中心对准，安装百分表或位移传感器（滤纸和透水板的湿度应保持样品湿度）。

（3）轻微操作使试样与仪器上、下各部件之间接触，将百分表或传感器调整到零位或测读初读数。

（4）随后在一给定温度及压力条件下进行养护，并每隔 2h 测记位移计读数一次，直至两次读数差值不超过 0.01mm 时，可以为膨胀稳定。

4．测试结果处理

$$E = \frac{Z_t + h_0}{h_0} \times 100\%$$

式中　E——膨胀率，％；

Z_t——最终测定的位移计读数，mm；

h_0——试样初始高度，mm。

6.3.5.3　抗渗透性测试

1. $R \geqslant 0.5\text{MPa}$ 浆液结石体抗渗性测试

（1）目的及适用范围。本试验目的在于测试浆液结石体的渗透系数，以评价结石体的抗渗性能，适用于各类固粒材料浆液结石体。

（2）仪器设备。

1）渗透仪。渗透系数测定仪由水压稳定系统和试件箱密封容器两部分组成。水压稳定系统可采用氮气-水稳压方法和水-蓄能器稳压方法，水压稳定系统应具有长期保压功能，动态稳压不得超过±5％。水压稳定系统供给试件箱的额定水压力为 8～10MPa，并具有分支接口，将压力分流到各个试件箱容器，试件箱容器下设有收集和测量通过试件的渗出水量的容器，试件箱容器尺寸应与试验试件尺寸相匹配。

2）试模，$\phi 300 \times 300\text{mm}$ 圆柱体试模 3 个。

3）密封材料，沥青、填缝油膏等。

4）装脱模设备的电动或手动 500kg 葫芦等。

5）电炉、温度计、搅铲。

（3）测试步骤。

1）将已按要求比例制备好的浆液倒入已涂抹厚层脱模剂或矿物油的试模中，待泌水收缩后再用浆液将收缩后的空隙填满，直至试件完全充满试模并与模口齐平。

2）成型后带试模的试件可用湿布或塑料布覆盖，在 20℃±5℃ 的环境中静置 2～7d（静置天数可根据浆液配比及结石强度确定），然后拆模并编号。

3）拆模后的试件放在温度 20℃±5℃，相对湿度不低于 9% 的环境中养护，直至规定的试验龄期。

4）到过试验龄期的前 4d，将试铁皮浸泡于水中，2d 后取出，风干试件表面，清掉松散物质。

5）将试件放在垫好透水板的试验容器内，在试件与模壁的空间填入不透水材料（低温下试验时，钢模应预先加热）。下部 2/3 填入温度高于 80℃ 的热沥青，上部 1/3 填入柔性高的填缝材料。沥青中宜掺入 5%～10% 的柴油以调软沥青硬度。

6）待密封材料冷却后，将试件及容器吊入钢制支撑框架中，在容器顶面放好密封圈，紧固顶盖螺栓。

7）将水源和压力源的连接管与试件箱容器接通，打开进水阀门，使水灌满试件容器上部，待排出空气后再关闭排气阀门。打开压力源开关，调节压力，使加压恒定，压力变动误差在 ±0.1MPa 的范围内。

8）结石体抗压强度在 20MPa 以下时，试验压力可以从 0.2MPa 开始，在恒定的压力情况下，每隔 8h 逐级增加 0.1MPa 压力，直至 3 个试件底部全部渗水为止。恒定在最后一级压力值上，开始渗透试验，装好下部密封盖，连接集水瓶，按每 8h 测读一次集水瓶的水量，直至在相等时段的渗流量基本相近时为止。

9）结石体抗压强度大于 20MPa 时，试验压力可以从 0.5～1.0MPa 开始，在恒压情况下，每隔 8h 逐级增加 0.4MPa 压力至 3 块试块渗水为止，按上述方式检测集水量。

10）将记录流出的水量在直角坐标纸上绘制出累计水量-历时过程线。当过程线形成一直线时，即为流量不变，可停止试验。

试验结束后，试件容器从试验单元取下，并加热软化沥青密封材料，将试件取出。

（4）测试结果处理。

1）每个试件测得一条累积流出水量过程线，在过程线的直线段上，横坐标截取大于 100h 时段，其斜率即为通过试件的恒定流量。3 个试件的平均流量为试验所要确定的恒定流量。

2）按公式计算结石体渗透系数，即

$$K = Qh/(AH)$$

式中　K——混凝土渗透系数，m^3/s；

　　　Q——通过结石体的平均流量，m^3/s；

　　　h——试件高度，m；

　　　A——试件面积，m^2；

　　　H——作用水头（1MPa 水压＝100m 水头），m。

2. $R<0.5MPa$ 浆液结石体抗渗性测试

（1）目的及适用范围。本试验目的在于测试低强度（$R<0.5MPa$）浆液结石体的抗

渗性能，适用于各种低强度固粒材料浆液结石体渗透性测试。

（2）仪器设备。

1）渗透容器，由环刀、透水石、套环、上盖和下盖组成。环刀内径 61.8mm，高 40mm；透水石的渗透系数应大于 10^{-3}cm/s。

2）变水头装置，由渗透容器、变水头管、供水瓶、进水管等组成。变水头管的内径应均匀，管径不大于 1cm，管外壁应有最小分度 1.0mm 的刻度，长度宜为 2m 左右。

（3）测试步骤。

1）将装有试样的环刀装入渗透容器，用螺母旋紧，要求密封至不漏水、不漏气。对饱和试样和较易透水的试样，直接用变水头装置的水头进行试样饱和；对不易透水的试样，按下列步骤进行抽气饱和：

a. 选用叠式或框式饱和器和真空饱和装置。在叠式饱和器下夹板的正中，依次放置透水板、滤纸、带试样的环刀、滤纸、透水板，如此顺序重复，由下向上重叠到拉杆高度，将饱和器上夹板盖好后，拧紧拉杆上端的螺母，将各个环刀在上、下夹板间夹紧。

b. 将装有试样的饱和器放入真空缸内，真空缸和盖之间涂一薄层凡士林，盖紧。将真空缸与抽气机接通，启动抽气机，当真空压力表读数接近当地一个大气压力值时（抽气时间不少于 1h），微开管夹，使清水徐徐注入真空缸，在注水过程中，真空压力表读数宜保持不变。

c. 待水淹没饱和器后停止抽气。开管夹使空气进入真空缸，静置一段时间，细粒土宜为 10h，使试样充分饱和。

d. 打开真空缸，从饱和器内取出带环刀的试样，称环刀和试样总质量，并按下式计算，即

$$S_r = \frac{(\rho_{sr} - \rho_d)G_s}{\rho_d e} \text{ 或 } S_r = \frac{\omega_{sr}G_s}{e}$$

式中　S_r——试样的饱和度，%；

　　　ω_{sr}——试样饱和后的含水率，%；

　　　ρ_{sr}——试样饱和后的密度，g/cm³；

　　　G_s——土粒相对密度；

　　　e——试样的孔隙比。

当饱和度低于 95% 时，应继续抽气饱和。

2）将渗透容器的进水口与变水头管连接，利用供水瓶中的纯水向进水管注满水，并渗入渗透容器，开排气阀，排除渗透容器底部的空气，直至溢出水中无气泡，关排水阀，放平渗透容器，关进水管夹。

3）向变水头管注水。使水升至预定高度，水头高度根据试样结构的疏松程度确定，一般不应大于 2m，待水位稳定后切断水源，开进水管夹，使水通过试样，当出水口有水溢出时开始测记变水头管中起始水头高度和起始时间，按预定时间间隔测记水头和时间的变化，并测记出水口的水温。

4）将变水头管中的水位变换高度，待水位稳定再进行测记水头和时间变化，重复试

验 5～6 次。当不同开始水头下测定的渗透系数在允许差值范围内时，结束试验。

（4）测试结果处理。变水头渗透系数应按下式计算，即

$$k_t = 2.3 \frac{aL}{A(t_2 - t_1)} \lg \frac{H_1}{H_2}$$

式中　k_t——混凝土渗透系数，m/s；

　　　a——变水头管的断面积，cm^2；

　　2.3——ln 和 lg 的变换因数；

　　　L——渗径，即试样高度，cm；

　　　A——试件面积，m^2；

t_1，t_2——测读水头的起始和终止时间，s；

H_1，H_2——起始和终止水头。

6.3.5.4　抗压强度测试

1. 目的及适用范围

本试验目的在于检测浆液形成结石体的抗压强度，适用于各种固粒材料浆液结石体。

2. 仪器设备

（1）浆液自然状态下的结石体试验仪器设备。

1）压力机或万能试验机。试件的预计破坏荷载宜在试验机全量程的 20%～80%。试验机应定期校正，示值误差不应超过标准值的 ±1%。

2）钢制垫板。尺寸比试件承压面稍大，平整度误差不应大于边长的 0.02%。

3）试模，150mm×150mm×150mm 的立方体试模为标准试模。

（2）压力条件下的结石体试验仪器设备。

1）压力机或万能试验机：试件的预计破坏荷载宜在试验机全量程的 20%～80%。试验机应定期校正，示值误差不应超过标准值的 ±1%。

2）试模，边长 70.7mm 的立方体金属试模。试模应具有足够的刚度并拆装方便。试模的内表面应机械加工，其平整度误差不得超过边长的 0.05%。组装后各相邻面的垂直度误差不应超过 ±0.5°。

3）捣棒直径 12mm、长 250mm，一端为弹头形的金属捣棒。

3. 测试步骤

自然条件下的浆液结石体试验：

（1）制备砂浆。

1）人工拌和应按以下步骤进行。

a. 将拌和用具清洗干净并保持润湿。

b. 将称好的砂料、水泥倒在铁板上，用铁铲拌和至颜色均匀，集中成堆，在堆中挖一凹坑，倒入约 2/3 的拌和用水，然后将干料和水一起小心拌和至基本均匀，重新将材料集中成堆，作一凹坑，倒入剩余的水，仔细拌和均匀即可。拌和用水不可流失。拌和时间自加水时算起 5min 内完成。

2）机械拌和应按以下步骤进行。

a. 将机内清洗干净并保持润湿。先拌制少量与试验砂浆同配比的砂浆，使搅拌机内壁挂浆，后将剩余料卸出。

b. 将称好的砂料、水泥、水倒入机内，立即开动搅拌机，拌和 2～3min。

c. 采用机械拌和时，一次拌和量不宜少于搅拌机容量的 20%，不宜大于搅拌容量的 80%。

（2）在试模内涂一薄层矿物油，装入砂浆并高出模口，用捣棒插捣 25 次。如采用振动台成型时，可振动 15s；如采用跳桌成型时，跳动 120 次。试验以 3 个试件为一组。

（3）砂浆成型后经 1～2h 用镘刀刮去多余砂浆，并抹平试件表面、编号，在 20℃±5℃温度环境下停置一昼夜（24h±2h），必要时，可适当延长时间，但不应超过两昼夜。试件拆模后，应在标准养护室养护。

（4）养护至规定龄期，取出试件并擦净表面，立即进行抗压试验。待压试件需用湿布覆盖，以防止试件干燥。

（5）测量尺寸，并检查其外观。试件尺寸测量准至 1mm，并据此计算试件的承压面积。如实测尺寸与公称尺寸之差不超过 1mm，可按公称尺寸进行计算。

（6）将试件放在试验机下压板正中间，上下压板与试件之间宜垫以钢垫板。加压方向应与试件捣实方向垂直。开动试验机，当上压板与上垫板行将接触时，如有明显偏斜，应调整球座，使试件均匀受压。

（7）以 0.3～0.5MPa/s 速度连续而均匀地加荷。当试件接近破坏而开始迅速变形时，停止调整试验机油门，直至试件破坏，记录破坏荷载。

根据浆液结石体材料组成成分及配比的不同，可选择对龄期 3d、7d、28d 或 7d、28d、60d 的结石体进行测试。

4. 测试结果处理

（1）砂浆抗压强度按公式计算（准确至 0.1MPa）：

$$f_{cc} = \frac{P}{A}$$

式中　f_{cc}——抗压强度，MPa；

　　　P——破坏荷载，N；

　　　A——试件受压面积，mm²。

（2）以 3 个试件测值的平均值作为该组试件的抗压强度试验结果。单个测值与平均值允许差值为 ±15%，超过时应将该测值剔除，取余下两个试件值的平均值作为试验结果。如一组中可用的测值少于两个时，该组试验应重做。

6.3.6　浆液储存与弃置

寒冷季节施工应做好机房和灌浆管路的防寒保暖工作；炎热季节施工应采取防热和防晒措施。浆液温度应保持在 5～40℃之间。若用热水制浆，水温不得超过 40℃。

水泥浆从制备到用完不应超过 4h。

本　章　参　考　文　献

[1]　中华人民共和国国家质量监督检验检疫总局，中国国家标准化管理委员会．通用硅酸盐水泥（GB

175—2007)（局部修订）. 北京：中国标准出版社，2007.

[2]　中华人民共和国水利部 . 水工混凝土试验规程（SL 352—2006）. 北京：中国水利水电出版社，2006.

[3]　中华人民共和国国家质量监督检验检疫总局，中国国家标准化管理委员会 . 土工试验方法标准（GB/T 50123—1999）. 北京：中国计划出版社，1999.

[4]　孙志峰 . 钻探灌浆工 . 郑州：黄河水利出版社 .

[5]　杨晓东，彭春雷 . 颗粒型注浆材料测试导则［J］. 中国岩石力学与工程学会锚固与注浆与分会，2010.

第 7 章　振孔高喷施工工艺

7.1　振孔高喷施工工艺类别

振孔高喷施工工艺是利用大功率振动锤头，将底部安装有喷头体的振管通过高频振动振至孔底预定深度，然后根据不同的地层按相应的速度对振管进行提升。振管的提升方式按底部喷头体的喷射方式可分为按固定喷射方向提升、按一定摆角摆动提升、按固定的旋转速度旋转提升。在振管的提升过程中，进行边提升边高压喷射灌浆材料，从而形成振孔高压喷射灌浆工艺。根据底部喷头体高压喷射的方向不同，振孔高压喷射灌浆工艺又可分为振孔定喷、振孔摆喷及振孔旋喷的施工工艺。

振孔高喷工艺从施工工艺上可分为振孔定喷、振孔摆喷和振孔旋喷 3 种主要施工工艺，上述 3 种施工工艺又可以根据振管内导管布置的个数分为单管法、双管法及三管法。单管法高压喷射灌浆是振管内的喷射管布置为单一管路，底部喷头体喷射的介质仅为水泥基质浆液的方法；双管法高压喷射灌浆是振管内的喷射管布置为二重管或两列管，底部喷头体喷射的介质为水泥基质浆液和压缩空气，或水泥基质浆液和水的方法；三管法高压喷射灌浆是振管内的喷射管布置为三重管或三列管，底部喷头体喷射的介质为水泥基质浆液、水和压缩空气的方法。

7.2　振孔高喷常用对接方式

振孔高喷根据不同的高压喷射形式可采用不同的对接方式，常见对接方式有以下 4 种：

（1）旋喷套接方式。旋喷工艺可分为单排、双排及多排 3 种施工布孔方式。

单排孔施工布孔方式为分序施工，首先施工Ⅰ序孔位，然后施工Ⅱ序孔位，利用Ⅱ序施工孔位通过套接的方式连接Ⅰ序施工孔位。双排孔及多排孔施工布孔方式为分排分序施工，首先按既定分序施工上游排或下游排的奇数排施工孔位，然后按既定分序施工偶数排施工孔位，从而实现旋喷的套接方式，如图 7-1（a）所示。

（2）旋喷摆喷（或旋喷定喷）搭接方式。旋喷摆喷工艺或旋喷定喷工艺是两种直接的对接方式。这种直接的对接方式主要用于沿一定方向进行顺序施工的单排孔，施工过程中不分序，利用相邻两孔位间的重复切割，从而实现直接的对连接方式，如图 7-1（b）所示。

（3）摆喷对接或折接方式。摆喷工艺根据施工过程中所遇到的不同地质条件以及技术要求的不同，可分为对接方式和折接方式。对接方式是相邻摆喷孔位之间喷嘴均以摆喷轴线为中心，按技术要求设定的摆角进行摆喷施工作业，摆角的设定根据设计要求的不同，一般控制在 25°~35°为宜。利用对接方式进行工程施工时，施工孔位布置可以不进行分序，按一定的施工方向顺序施工。折接方式是相邻两施工孔位按与轴线相对称的方向进行对喷，从而形成折线形的连接方式。利用折接方式进行工程施工时，施工孔位必须按照既定分序进行布置。Ⅰ序孔位按照同一喷射方向进行连续施工，当所布置的Ⅰ序施工孔位完成至一定施工轴线长度或已施工完成的Ⅰ序孔位中的水泥基质浆液达到设计要求的龄期时，可选择已完轴线长度中的Ⅱ序孔位进行施工；也可选择完成所有Ⅰ序孔位施工后再统一进行Ⅱ序孔位的施工。Ⅱ序施工孔位的喷射方向是以施工轴线为对称轴，与Ⅰ序施工孔位的喷射方向相对称。折接方式的喷射方向与施工轴线的角度一般与摆角相同，如图 7 - 1（c）所示。

（4）定喷折接方式。定喷施工工艺除上述第（2）点中的连接方式外，通常采用折接的方式进行施工。利用折接方式施工时，施工过程中一般采用按照既定的分序进行施工，施工过程共分两序，第一序的高喷施工孔位将设置固定的喷射方向，即相间孔位为同序孔位，沿与施工轴线的一定角度进行高喷施工作业，另外一序高喷施工孔位的喷射方向设置为以轴线为对称轴，喷射方向对称于前序孔位的喷射方向，如图 7 - 1（d）所示。

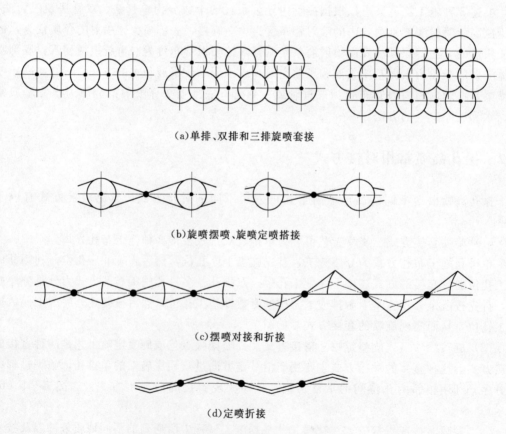

（a）单排、双排和三排旋喷套接

（b）旋喷摆喷、旋喷定喷搭接

（c）摆喷对接和折接

（d）定喷折接

图 7 - 1　高喷墙的结构形式

7.3 振孔高喷施工工序

7.3.1 振孔高喷施工工序内容

振孔高喷施工工序:施工前准备→确定孔位→高喷机就位→调整喷管垂直度→供气、供浆与地面试喷→振动成孔至设计深度→按技术要求规定的提速、喷射方式将振管提升至设计高程→高喷结束,提出振管→移动高喷机进入下一施工孔位。

7.3.2 施工工序分解

7.3.2.1 施工前准备

施工前准备包括施工现场场地平整、主体设备组装及调试、辅助设备调试、制浆系统组装及调试、管线铺设、临建工程搭建、建筑材料采购及抽检、人员分班分组、工程技术、环境健康安全交底、安全培训、组织机构成立及应急预案筹备等工作。

1. 设备组装

高喷机是振孔高压喷射灌浆工艺的主要机具,高喷机的组装包括振管系统的组装,主、副桅杆的连接,高喷平台的组装,高喷机体移位系统的组装,液压系统的连接及钢丝绳的穿组安装等六大部分。

(1)振管系统的组装。振管作为高喷机的重要组成部分,振管的组装必将成为设备组装中的重要环节。根据不同的施工工艺对振管内部的喷射管进行布置。利用单管法高压喷射灌浆工艺施工时,振管内部布置单一喷射管路,单一内管负责输送的介质仅为水泥基质浆液;利用双管法高压喷射灌浆工艺施工时,振管内部布置二重管或两列管;两套内管负责输送的介质分别为水泥基质浆液和压缩空气;利用三管法高压喷射灌浆工艺施工时,振管内部布置三重管或三列管,三套内管负责输送的介质分别为水泥基质浆液、水和压缩空气。此外,对振管、内部喷射管、法兰盘及喷头体的焊接安装,其焊接精度必须达到相应的精度要求。

1)内部喷射管路的连接。双管法高压喷射灌浆工艺其内管选材采用 $\phi38\text{mm}$ 的无缝厚壁钢管。管路连接选择丝扣连接与焊接相结合的连接方式,在设定的压力下焊点不能透风及透水。内部喷射管上部与高压输送浆管通过插接方式固定,喷射管下部与底部喷头体通过插接结合焊接的方式固定。三管法高压喷射灌浆工艺内管选材采用 $\phi30\text{mm}$ 的无缝厚壁钢管,其管路连接方式与要求同双管法高压喷射灌浆工艺一致。

2)振管的整体连接。振管的连接作为振管管路组装的核心环节,不仅对其精度有相应的要求,而且对振管的强度也有相应的要求。振管的直径通常采用 $\phi108$、$\phi127$、$\phi146$ 这 3 种类型;振管的长度应根据不同的地质条件选择应满足设计孔深最深处对振管长度的要求。振管首先通过丝扣进行连接,然后利用角磨机磨制相应坡口,坡口处进行焊接连接,最后对焊缝处进行机械打磨,振管上部与法兰盘通过焊接方式进行连接,振管下部与喷头体也通过焊接方式进行连接。振管整体连接之后除满足相应的强度之外,还须保障振管的整体平直度。

3)法兰盘的连接。法兰盘是振管上部与振动锤头的固定及连接装置。法兰盘的选材主要为高强度钢板。法兰盘上部与振动锤头利用高强螺栓进行丝扣连接，法兰盘下部与振管顶部通过焊接的方式进行连接固定。

4）喷头体的连接。喷头体与外部振管及内部喷射管路连接，通过喷头体上布置的喷嘴完成高压喷射灌浆。喷嘴通过丝扣连接布置于喷头体上，喷嘴直径根据不同施工工艺进行相应选择，施工中通常选用的喷嘴直径为 1.7～3.2mm。

振管整体组装完成之后，需要对内部喷射管进行打压试验，从而确保内部喷射管与喷头体连接的稳定性。内部喷射管打压试验的压力一般高于正常工作状态下所受压力的 20%。

（2）主、副桅杆的组装。

1）主桅杆的组装主要是通过高强螺栓将相邻两节桅杆通过法兰盘进行固定的连接方式，主桅杆连接过程中由于其自重较大，一般需要吊车配合连接。桅杆螺栓的紧固顺序及相应的松紧程度为主要控制要点。螺栓的穿插需交叉进行，并且沿对称方向进行紧固，待所有螺栓全部满足相应的紧固要求之后，利用吊车微微抬动，经同一检测人员对所有螺栓的紧固程度进行检验，符合要求后，方可视为连接完成。

2）副桅杆组装过程的难度相对降低，主要利用螺栓连接的方式，将副桅杆的一端与主桅杆固定连接，另一端待设备全部组装完成后与高喷平台固定连接。

（3）高喷平台的组装。

1）高喷平台与高喷机主体部位一体连接，通常整体输送至施工现场。高喷平台的组装主要包括平台起落架的组装、配电柜及操作平台的安装。

2）起落架主要是由 3 根钢管组成的三脚架。起落架底部通过法兰盘与高喷平台底梁固定连接，上部与滑轮系统进行轴式连接，其主要功能为主桅杆的起落控制及顶部维修时提供材料及维修工具。

3）配电柜的安装必须由专业电工进行安装，安装位置应合理，且便于操作。对用电线路的接头处必须做好防护措施，配电箱外须有明显指示标识及相应操作规程，从而确保操作人员的人身安全。

4）操作平台的组装是在高喷机体预留操作平台位置将各操作手柄及控制按钮安装在统一的控制面板上，以便于高喷机操作人员进行统一操控，并配备相应设备操作规程。

（4）高喷机体移位系统的组装。高喷机移位系统是由两根伸缩钢管、移位滑道及液压支脚组成。通过水平液压缸工作原理完成高喷机体的位移工作。移位滑道由 4 块超厚壁半环形钢板组成，滑道上部与高喷平台底部通过焊接连接的方式固定，下部呈半圆形凹槽，其直径与伸缩钢管尺寸相匹配。液压支脚由 4 个液压缸组成，分别固定于高喷平台底板部位，呈四方形分布。通过在液压缸伸出点外端以球形软连接的方式加设一块方形厚壁钢板，可有效增大液压支脚与地面的接触面积，从而提高液压支脚的承重效果及防止高喷机体的侧向滑移，钢板尺寸根据施工现场实际情况进行加工，长宽要求一般不小于 40cm。

（5）液压系统的连接。液压系统主要包括旋摆液压系统、平台升降调平液压系统及高喷机体移位液压系统。各部位液压系统通过统一的液压油箱，经不同的液压油输送管路与相应液压部件进行连接，利用各部位配备的独立液压泵，从而完成各液压系统的相应工作。

1）旋摆液压系统分为旋喷液压系统和摆喷液压系统两部分。其中旋喷液压系统设置在振动锤头下方的旋转体上，通过法兰盘与振管进行连接；摆喷液压系统设置在平台前方，以环状形式将振管包围，通过滑道及卡筋与振管进行连接。

2）平台升降、移位液压系统是利用 6 个独立的液压缸，分别完成前、后、上、下 4 个不同方向的独立升降工作。通过调节 4 个液压支脚与地面的接触距离，保障高喷机体处于工作状态下的机体稳定性。高喷机体处于移位状态时，液压支脚处于收起状态，通过两个移动液压缸的伸缩来完成。

（6）钢丝绳的穿组安装。钢丝绳穿组主要包括主卷扬设备和副卷扬设备两个部位。主卷扬设备是利用单根钢丝绳通过天车与振动锤头相连，天车与振动锤头通过两组动滑轮完成相互连接，钢丝绳具体穿法详见本书相关内容。通过对主卷扬设备的数字化控制，从而完成对振管下振速度及提升速度的精确控制。副卷扬是利用钢丝绳将高喷平台上的三脚架与主桅杆及天车相连，副卷扬设备与主桅杆通过桅杆上与三脚架上的两组半动滑轮来完成相互连接。副卷扬设备的主要功能是起、放主桅杆。此外，副卷扬设备与天车还有一根单根钢丝绳相互连接，通过天车上的一个单独定滑轮相连接，下端配挂重物放至高喷机体前方空地处，主要功能是在安装或检修高空设备时如锤头、旋转体及风浆管等，利用该钢丝绳向上运送安装及检修器具。

2. 设备调试

设备调试可分为高压风、浆地面调试、液压系统调试、旋转体或摆动体的转摆度调试、卷扬系统调试及调速电机等主要系统的调试工作。设备组装完成后，首先进行高压风、浆地面调试，即地面初步试喷。压力调试时，提升风、浆压力均为正常工作状态下所受压力的 120% 左右，通过压力测试结果对相关输送管路及全部设备能否满足施工要求进行检验。

液压系统的调试，通过高喷机体底部的 4 个液压支脚的伸缩调试，从而完成对平台升降调平液压系统的调试工作；通过高喷机体的移动，从而完成高喷机体移位液压系统的调试工作。

旋转体或摆动体的调试，主要是通过在正式施工前对旋转、摆动等工作的调试，为了能够满足实际施工过程中对设备的需求，对各种旋摆速度的调试控制在设备正常工作状态下的 ±20% 范围区间。

主卷扬设备的调试主要是通过对振管的提升或下振完成调试及卷扬系统的安全稳定性。副卷扬的调试主要通过对主桅杆的起落控制完成对卷扬系统的调试工作。通过降低对主桅杆起落速度的控制，对卷扬系统的自带及制动系统进行检测。

电机的调试主要是按照设计要求的提速进行地上试提，调试区间一般控制在正常工作状态下施工工艺参数的 ±20%，对精度的要求控制在误差不超过 1cm/min。

3. 场地平整

施工现场场地平整工作与设备组装同时进行，振孔高压喷射灌浆工艺对施工现场场地平整度需求相对较高，单机长度范围内施工场地平面高差起伏不允许大于 5°，宽度要求不小于 8m。如果施工现场场地面层为后回填土，则施工场地面层必须进行压实处理。

4. 制浆系统组装

制浆系统属于相对独立的组装系统，并不与上述各工作系统的组装相互影响，因此经过对施工现场人员的合理分配，制浆系统的组装可与其他设备的组装及相应施工前准备工作同时进行，制浆系统的组装主要包括高压泵的安置、储浆桶的安置、清水桶的安置、高速搅拌机的安置以及其主要施工材料堆放场地的铺垫与搭设。

施工主要耗费材料（水泥）的堆放要求较为严格，堆放平台要求须高于地面 30～50cm，并且堆放平台底部须铺设防水材料，防水材料选择防水无纺布或防水塑料布。平台顶部必须搭设防水设施，平台四周须挖设排水沟，排水沟要求宽度不小于 30cm，深度不小于 50cm。所搭设的材料储存库房必须具备相应的防雨及防潮能力。

高速搅拌机的安装需将部分机体埋设于地面以下，使其进料口处略高于材料储存库房底板为宜。清水桶及储浆桶的安置需根据整个制浆系统的现场布置合理选址，在不影响其他工作正常进行的状态下，尽量靠近高速搅拌机。高压泵的安置通常选择位于储浆桶附近，通过软管及吸水笼头与储浆桶相互连接。高压泵正常工作状态下振动压力相对较大，因此高压泵底座地面处必须进行硬化处理，并且需经常保养维护，从而保障高压泵正常工作状态下的安全性与稳定性。高压泵上方需搭设防雨棚。

5. 管路铺设

制浆系统组装调试完成后，进行管路的铺设。管路的铺设主要将振孔高压喷射灌浆工艺所需的风、浆利用高压输送管路从搅拌站泵送至施工平台。高压输送管路的长度由施工现场及施工顺序进行选定。

6. 临建工程搭建

临建工程的搭建主要分为生活区搭建、工地修理间搭建、材料库的搭建及现场值班室的搭建。当生活区远离村庄或城区时，需搭建临建设施。临建设施一般选择帐篷或活动板房，除要求搭建整齐外，安全性必须得到保障，不得在山体根部、冲积区域及公路两旁搭设临建设施，且临建设施周围必须配备足够的消防安全设施。修理间、材料库及现场值班室的搭建通常布置于施工现场，通过合理的位置选择，以便于施工作业顺利进行，从而提高工作效率。

7. 建筑材料采购及抽检

建筑材料采购前应先制定材料采购计划，建筑材料用量较大时须与材料厂家或销售网点签订正式的材料采购合同，对主要建筑耗材的选择需对多家生产商及产品进行综合考察，通过对不同生产商及商品的分析评价择优选择。任何施工现场对建筑材料的选择不得采购国家明令禁止使用的建筑材料及无生产日期、无质量合格证以及无生产厂家的三无产品。建筑材料运送至施工现场后，应由项目部指定的具有相关资质的材料员按相关规范对进场的材料的质量、数量、外观、规格、型号等进行抽检及验收，并记录于项目部相应表格。

8. 技术环安交底

项目正式施工前必须对施工现场所有人员进行工程技术、环境、职业健康安全交底，工程技术交底的主要内容包括图纸会审、技术方案剖析、技术难点、施工参数、工艺流程、设计指标及本工程所能达到的工程质量等。环境、职业健康安全交底主要内容包括环境和职业健康安全目标、指标、管理方案、制定目的、制定部门、管理部门及实施范围。施工现场所有项目管理人员及现场施工人员都必须参加并认真学习、实施交底内容，交底要求全部参加人员签字认证。

9. 安全培训

在项目施工前应对施工现场所有项目管理人员及现场施工人员进行安全培训，做到先培训、后上岗。坚持安全第一、预防为主的方针和工作程序。安全培训的主要内容为对项目危险源的识别与评价、各项由于项目施工可能带来的新危险源、安全应急预案及安全操作规程的实施等。

10. 组织机构成立

项目的组织机构应在项目施工准备前期成立，确定项目部各个部门及岗位的职责。组织机构包括项目部各部门的确立、各部门负责人的确定、各部门职权的划分等。

11. 应急预案

振孔高压喷射灌浆工艺由于主施工机械较大，项目施工时应做好各个方面的应急预案，明确应急预案的目的、适用范围、组织机构及职责、预防与预警及应急响应。对于易发生事件需进行周期性演练，通过演练逐步完善预案中的不足。

7.3.2.2 确定孔位

首先根据设计图纸确定施工轴线，然后根据施工轴线及选择的相应施工工艺对施工孔位进行合理布置。施工轴线应严格按照设计图纸，利用测量仪器每 30m 测设一个控制点，各控制点之间通过棒线进行连接，若施工现场需要挖设补浆槽时，须根据各控制点位测设补浆槽开挖边线。振孔高压喷射灌浆工艺施工作业时，要求每 50m 对施工轴线桩号进行校验，施工孔位布置孔位偏差不得大于 5cm。当孔位偏差在设计及相关规范允许范围内时，可继续进行施工作业，当孔位偏差超出设计及相关规范允许范围时，必须及时对施工孔位进行调整，在误差允许范围内，方可进行施工作业。

7.3.2.3 施工轴线放洋与孔位检测

现场施工技术人员根据设计文件、施工组织设计和相关的规程规范进行现场施工孔位布置。施工孔位布置可分 3 个部分：基准点确认；施工轴线控制桩点放样；施工孔位确定。

（1）基准点（控制点）确认。在施工测量放样及确定施工孔位前，基准点位置及坐标和高程由项目部具备专业资质的测量人员收集（测设），经业主、监理及设计相关人员现场确认。

（2）施工轴线控制桩点放样。施工现场基准点经确认后，项目部指派具备专业资质的测量人员利用测量仪器根据基准点坐标和高程，按照设计图纸对高压喷射防渗墙轴线进行测设，从而确定高压喷射防渗墙施工轴线。施工轴线测设完成后，沿轴线方向每 10～20m 设立一个控制桩点，控制桩点点位偏差不大于 3cm，控制桩点的桩号及高程应具有明显标识，并记录保存。为防止控制桩点在施工过程中受不可抗力因素影响，每个控制桩点两侧用钢尺于适当距离测设设备用控制点，并做好相应标记。

（3）施工孔位确定。高压喷射防渗墙施工轴线控制桩点测设完成后，项目部指派具备专业资质的测量人员利用测量仪器测设各施工孔位。首先利用绑线将每个控制桩点之间进行连接，然后利用 50m 钢尺按照施工设计图纸要求及施工技术要求的施工孔距测设各施工孔位，并做好相应标识。

项目施工期间将不定期地对高压喷射防渗墙施工轴线上的控制桩点和施工孔位进行检测，出现损坏和缺失的现象及时进行处理补桩。

7.3.2.4　高喷机就位

高压喷射防渗墙施工孔位确定后，高喷机体便可准备就位。高喷机体移位由机体移位液压系统控制，液压系统主要由 4 个液压支脚、2 个用于移位的液压缸组成。首先，将高喷机体移位至高压喷射防渗墙施工轴线处，使高喷机整体长轴方向与施工轴线呈水平平行状态；然后，沿施工轴线移位至施工孔位，使高喷机振管与施工孔位保持垂直重合，其孔位误差不大于 5cm。经具备专业资质的质检人员对施工孔位的孔号、桩号及孔位偏差校验合格后，方可进入下道工序。

7.3.2.5　调整喷管垂直度

高喷机喷管垂直度的调整，由相关的液压操作系统控制，主要通过对液压系统中 4 个液压支脚的升降调整，确定喷管的水平与垂直度。首先，相关操作人员利用水平尺（或铅锤）通过查看水平尺上的气泡（或铅锤）偏斜方向，了解喷管下设方向；然后通过调整 4 个液压支脚的升降使水平尺中的气泡居中（或铅锤在圆环内），从而调整喷管垂直度，孔斜精度控制在小于 1‰ 范围内。经具备专业资质的质检人员对垂直度的校验合格后，方可进入下道工序。

7.3.2.6　供气、供浆地面试喷

振孔前，首先将高喷机锤头下方振管底部下设至距孔口 10～20cm 方位，然后进行供气、供浆的地面试喷。启动空气压缩机，提供一定压力后对风嘴是否堵塞进行检查，风嘴喷射空气正常后，检查各供气管路连接处是否正常，确认无误后，提升空气压力至设计及相关规范要求。供气系统检查合格后，再进行供浆系统试验。启动高压泵，提升供浆压力至 5～10MPa，检查从浆嘴喷射出的浆液是否呈直线形，调整喷射方向符合所选振孔高压喷射灌浆施工工艺的技术要求。上述检查完成后，提升供浆压力至设计及相关规范要求，确认所有系统的输送管路正常运行后，方可进入下道工序。

7.3.2.7　振动成孔至设计深度

调整高压泵压力，使供浆压力降至 8～10MPa，控制振管下设，当底部喷头与地面轻轻接触时，启动振动锤头，查看振动锤头工作状态，确认振动锤头处于正常工作状态下，控制振管下振。在振管下振过程中，操作人员随时观察振动锤头下振情况，从而调整振管下振速度。振管下振同时，随时对孔口返浆情况进行观察，确定振管下振过程中各系统运行情况。当出现异常现象时，如漏浆、气嘴及浆嘴堵塞等状况，必须立即停止当前操作，控制振管上提，查明原因后做出相应处理，调试各系统处于正常工作状态下，重新下振。振管下振至设计要求深度后，方可进入下道工序。

7.3.2.8 定、摆及旋转提升至设计高程

振管下振至设计要求深度后，调整空压机压力、高压泵的压力值至设计要求，孔底进行喷射，待孔口处返浆正常后，逐步提升振管，边提升边进行高压喷射灌浆作业。根据所选振孔高压喷射灌浆施工工艺的技术要求及工艺参数，提升灌浆至设计防渗墙墙顶高程以上，为了确保有效墙体高度，施工时一般喷射高程要大于设计高程 30～50cm。施工过程中，应经常检查浆压、气压、浆量、浆液密度、提升速度等工艺参数，当出现异常和达不到设计要求时，应立即停止施工，并查明原因，进行相应问题处理。恢复施工后，应对出现异常现象施工段处进行复喷处理，复喷搭接长度控制为不小于 0.3m。按技术要求提升至设计防渗墙顶高程以上后，经具备专业资质的质检人员检查，确认合格后，方可进入下道工序。

7.3.2.9 高喷结束提出振管

振管全部提出后，水泥浆液面将会因离析而下降，应及时补充水泥浆液，直至浆液面不持续下降为止，从而确保高喷防渗墙墙顶高程。还可以利用下一孔回浆对前一孔浆液进行补充，但回灌浆液不能选择含泥量较大的浆液。

7.3.2.10 进入下一流程

高喷灌浆结束后，进入下一流程前，质检人员应对当前流程的各项高喷灌浆检测指标及时汇总，并清晰记录，报送现场监理，待现场监理检验合格后方可进入下一流程，如有不合格项，则需及时复喷处理，复喷处理后待现场监理复检合格后，方可进入下一流程。

7.4 振孔高喷工艺流程

振孔高喷工艺流程是体现整个高喷施工先后顺序的一种汇总，以便于施工程序化，也便于监理及业主单位对该工程的监督指导工作，更便于各相关单位对振压喷射灌浆工艺的一种感性认识。

振孔高喷工艺流程内容按先后顺序包括测量放轴线、平整场地、开挖导槽、振孔高喷机安装、振孔高喷机就位、风浆系统安装、地面试喷、提供施工参数、调整振管垂直度、振动成孔、振至设计深度、孔深校验、调整至设计参数、振管上提、高喷作业、是否达到设计要求、整孔检查、施工记录、按设计孔距移位、单孔灌浆结束、清理现场、重新进行上述工艺流程。

项目开工前，在提供施工组织设计时，必须提供本工地要求的振孔高喷施工工艺流程，在技术、环安交底时作为重要一项对所有施工人员进行交底。

7.4.1 振孔高喷工艺流程图

振孔高压喷射施工工艺流程图如图 7-2 所示。

7.4.2 工艺参数

振孔高压喷射灌浆在工艺上可分为单管法、双管法和三管法，针对不同的施工方法，对工艺参数的要求也各不相同。

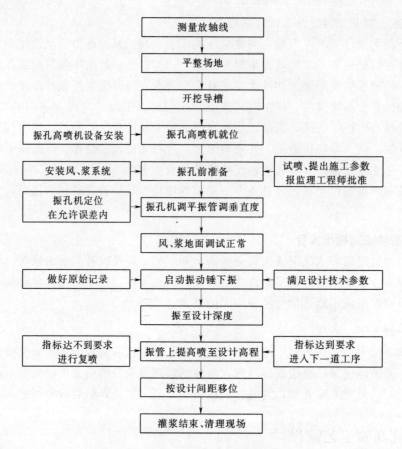

图 7-2 振孔高压喷射施工工艺流程框图

1. 单管法工艺参数

单管法振孔高压喷射灌浆工艺即只有灌浆管灌注的施工工艺，其工艺参数如表 7-1 所示。

表 7-1 单管法高压喷射灌浆工艺参数

参 数 项 目	底 层 情 况	参 数 要 求	备 注
浆液压力		25~40MPa	
浆液流量		70~100L	
浆液密度		1.4~1.5g/cm³	
浆嘴个数		2个或1个	
浆嘴直径		2.0~3.2mm	
回浆相对密度		≥1.3	
提升速度	粉土层	20~40cm/min	
	砂石层	20~50cm/min	
	砾石层	10~16cm/min	
	卵石层	10~20cm/min	

参数项目	底层情况	参数要求	备注
摆动速度		$(0.8\sim1.0)v$	
摆角	粉土、砂土层	$15°\sim30°$	
	砾石、卵石层	$30°\sim90°$	
旋转速度		$(0.8\sim1.0)v$	

2. 双管法工艺参数

双管法振孔高压喷射灌浆工艺既有高压灌浆管又有供风管的施工工艺,其工艺参数如表7-2所示。

表7-2　　　　　　　　　　双管法高压喷射灌浆工艺参数

参数项目	底层情况	参数要求	备注
浆液压力		$25\sim40MPa$	
浆液流量		$70\sim100L$	
浆液密度		$1.4\sim1.5g/cm^3$	
浆嘴个数		2个或1个	
浆嘴直径		$2.0\sim3.2mm$	
回浆比重		$\geqslant1.3$	
风压力		$0.6\sim0.8MPa$	
供风量		$0.8\sim1.2m^3/min$	
风嘴个数		2个或1个	
环状间隙		$1.0\sim1.5mm$	
提升速度	粉土层	$20\sim40cm/min$	
	砂石层	$20\sim50cm/min$	
	砾石层	$10\sim16cm/min$	
	卵石层	$10\sim20cm/min$	
摆动速度		$(0.8\sim1.0)v$	
摆角	粉土、砂土层	$15°\sim30°$	
	砾石、卵石层	$30°\sim90°$	
旋转速度		$(0.8\sim1.0)v$	

3. 三管法工艺参数

三管法振孔高压喷射灌浆工艺为高压水、风及水泥浆各自走专用管路的施工工艺,其工艺参数如表7-3所示。

表 7 - 3 三管法高压喷射灌浆工艺参数

参 数 项 目	底 层 情 况	参 数 要 求	备 注
浆液压力		0.2～1.0MPa	
浆液流量		60～80L	
浆液密度		1.5～1.7g/cm³	
浆嘴个数		2个	
浆嘴直径		6～12mm	
回浆比重		≥1.2	
风压力		0.6～0.8	
供风量		0.8～1.2	
风嘴个数		2个	
环状间隙		1.0～1.5mm	
水压力		35～40MPa	
流量		60～80L	
喷嘴个数		2个	
喷嘴直径		1.7～1.9mm	
提升速度	粉土层	20～40cm/min	
	砂石层	20～50cm/min	
	砾石层	10～16cm/min	
	卵石层	10～20cm/min	
摆动速度		$(0.8～1.0)v$	
摆角	粉土、砂土层	15°～30°	
	砾石、卵石层	30°～90°	
旋转速度		$(0.8～1.0)v$	

7.5 振孔高喷施工特殊情况处理

7.5.1 施工中断

当遇到施工机械故障（如振管断裂、爆管、高压泵压力故障等）、施工过程中电力供应故障、突发恶劣天气、施工过程中受不可抗力等因素影响导致施工中断的情况，分以下两种方式进行处理：

（1）施工中断时间不大于 1h 的情况下，恢复施工后，高压喷射工艺采用搭接复喷方式进行处理，复喷搭接长度不得小于 50cm，即在原施工孔位重新振至中断深度以下 50～100cm 后，调整施工参数至满足设计参数要求后，继续施工作业，如图 7 - 3 (a) 所示。

（2）施工中断时间大于 1h 的情况下，由于原施工孔位停滞时间过长，水泥可能达到初凝或终凝状态，原施工孔位下振极为困难，因此恢复施工后，高压喷射工艺采用补接方式进行处理，补接长度要求不小于半个孔位，即在施工中断孔位重新下振至故障深度后，调整施工参数至满足设计参数要求，喷灌至防渗墙顶高程，完成该施工孔位后在上游排按设计孔距为排距，孔距不变，再施工两个参数相同的高压喷射孔对故障孔位进行补接，如图 7-3（b）所示。

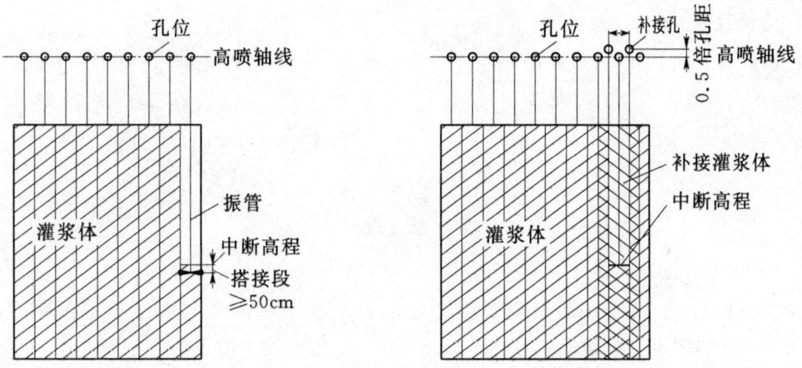

(a) 复喷处理　　(b) 补接处理

图 7-3　施工中断的处理

7.5.2　孔内漏浆

发生孔内漏浆情况时，其直观表现为孔口不返浆。情况严重时，相邻施工孔位的浆液将会回灌流入本孔位，针对上述突发情况，可按以下列方式进行处理：

（1）孔口不返浆时，应立即停止振管提升，采用原位补浆处理，补浆处理过程中为防止蹋孔可适当调节施工参数，风压须调低至理论最小风压，必要时可上下窜动振管，以便于快速补浆。

（2）孔口少量返浆时，应降低振管提升速度，待孔口返浆达到正常工作状态后，恢复至设计要求提升速度。

（3）漏浆量较大时，可在浆液中掺入适量悬浮剂或速凝剂。

（4）需进行补浆处理时，可增大浆液密度或灌注水泥砂浆、水泥黏土浆等。

（5）长时间补浆没有明显效果时，可向孔内直接填入砂、土等堵漏材料，然后利用振管进行补浆处理。

（6）经过补浆处理，恢复正常工作状态后，上下窜动振管，确保返浆正常后再按设计施工参数继续施工作业。

7.5.3　孔口串浆

当相邻孔位出现串浆情况时，将会影响相邻施工孔位的成墙或成桩质量，根据其串浆情况不同或串浆长度不同，可采取以下 3 种应急处理措施：

（1）如果发生相邻孔位串浆情况时，可采取提高注浆比重的同时降低供风压力等应急处理措施。

（2）如果串浆情况严重时，可采取提高振管提升速度，快速完成本孔位施工作业，间隔 10～20min 后进行复喷处理。

（3）本施工孔位施工作业结束后，对串浆孔位进行扫孔及重新灌浆处理，重新施工作业时，对相关施工参数可进行适当调节。

7.5.4　返浆比重减小或返浆量增大

在施工过程中如发现孔口返浆比重减小或返浆量增大时，应马上降低供风压力，同时加大注浆浓度及注浆量。

如果降低风压并且加大注浆量后效果仍不明显时，可考虑调高灌浆浓度，并且提高灌浆提速，记录好调整提速的喷射区间，待返浆正常后将振管重新下设至原喷射高程，按原设计参数进行复喷处理。

本 章 参 考 文 献

[1]　中华人民共和国国家发展和改革委员会 . 水利水电工程高压喷射灌浆技术规范（DL/T 5200—2004）. 北京：中国电力出版社，2004.

[2]　中华人民共和国住房和城乡建设部 . 建筑机械使用安全技术规程（JGJ 33—2012）. 北京：中国建筑工业出版社，2012.

[3]　中华人民共和国国家质量监督检验检疫总局，中国国家标准化管理委员会 . 通用硅酸盐水泥（GB 175—2007）. 北京：中国标准出版社 .

[4]　中华人民共和国住房和城乡建设部 . 混凝土用水标准（JGJ 63—2006）. 北京：中国建筑工业出版社，2006.

第 8 章　振孔高喷施工过程质量控制与管理

8.1　施工前期的策划

8.1.1　组建项目经理部

（1）任命项目经理、技术负责人。由公司经理办公会确定，并发正式任命文件。

（2）项目经理负责提名项目部各岗位组成人选，报公司审核批准。

（3）项目经理部的组建应根据项目质量目标、工程规模、施工复杂程度、技术专业特点、企业人员状况和管理需求，确定项目经理部的组织机构、岗位职责和人员配置。对于规模大、施工复杂、管理要求高的工程，项目经理部内部应设置职能部门。

项目经理部的组织结构可设决策层：由项目经理、项目副经理、项目技术负责人（总工）组成；管理层：由工程技术部、质检部、财务部、综合部、环安部组成；作业层：由施工队、测量队、维修队、试验室等组成。

（4）项目经理项目部各级部门和岗位人员职责。

1）项目经理职责。

a. 贯彻执行国家及有关部门的政策、法规、规范和业主、监理、单位有关工程质量的要求及标准，执行企业的管理制度，维护企业的合法权益。

b. 代表公司行使并承担该项目施工合同中本公司的权利和义务并组织项目经理部全面完成该项项目合同任务，满足项目要求。

c. 组织项目经理部贯彻施工单位质量、环安方针，确保质量、环境、职业健康安全管理体系的有效运行，根据工程项目的工期、质量、成本、安全等制定目标，并为实现项目目标采取可行的措施。

d. 负责项目内外部组织接口的控制与管理，协调处理好业主、监理、设计、分包方以及行业主管部门的关系，保证工程项目的正常进行。

e. 负责项目经理部资源的确定、合理使用及必要的调配。

f. 负责组织项目施工组织设计的编写并组织实施。

g. 及时向建设单位催要工程进度款，合理安排生产资金，做好项目工程的成本核算，盘活资金使用，审核各项费用支出。

h. 负责对分包方的选择和分包合同的签订以及分包项目实施过程的控制。

i. 负责组织对项目重要质量信息和不合格品的处理。

j. 进行现场文明施工管理，发现和处理突发事件。

k. 负责组织工程项目的验收，准备结算资料。

l. 处理项目经理部的善后工作。

2）项目副经理职责。

a. 在项目经理的领导下，全面负责项目经理安排的各项工作。

b. 贯彻单位的质量方针，落实各项规章制度。

c. 负责日常施工、生产、调度工作。

d. 与技术负责人密切配合，督促各班组做好施工日记、质量记录、环境和安全检查。

e. 合理组织劳动力及人力、设备资源安排。

f. 负责本工程的质量、环境、职业健康安全工作。

g. 负责组织编写施工环境、职业健康安全保证措施，按工作分工落实好施工环安措施。

h. 在授权范围内负责与项目经理、各协作单位、发包人和监理工程师等的协调，解决项目中出现的问题。

i. 项目经理外出时，代表项目经理行使其职责和权限。

3）项目技术负责人（项目总工）职责。

a. 依策划的安排和要求，协助项目经理组织和协调项目的实施，对项目质量、环境和工程安全风险负主要技术责任。

b. 组织项目经理部贯彻公司 QES 方针，确保质量、环境、职业健康安全管理体系的有效运行，实现项目目标。

c. 负责落实项目质量、环境和职业健康安全目标及控制措施，按公司 QES 文件的要求，对项目中质量、环境和职业健康安全内容进行技术管理。

d. 负责项目的日常技术管理工作，按规定对产品进行检查。

e. 负责项目施工组织设计的编写并组织实施，负责编写竣工报告。

f. 负责审查供方选择的结果及评价结论和验证供方提供的产品。

g. 负责组织并实施与顾客的沟通。

h. 负责项目事件、不符合、不合格品的识别和控制及问题的处理。

i. 负责业主、监理、相关方工作的协调，组织工程竣工验收。

4）工程技术部职责。

a. 负责整个工程的施工技术和资料整理工作，提供合理的施工方法和施工方案。

b. 合理安排施工进度，负责整个工程的前期测量和施工测量工作，并对施工全过程进行管理。

c. 负责工程计划、统计、资料收集及检查，指导施工过程中的程序、工艺方法和措施等。

d. 按项目经理、技术负责人的要求，负责编制施工组织设计，落实施工组织方案。协助技术负责人解决对项目环境和职业健康安全管理工作中重大技术性问题；协助技术负责人对含技术性因素的重大事故、事件的处理及应急预案的实施。

e. 负责技术措施的贯彻执行，参与施工图会审、合同评审。

f. 协助技术负责人对各生产班组进行技术指导。

g. 主持日常技术管理工作，根据工程特点进行工程各工序的全过程质量控制，设置质量控制点。

h. 负责编制常规的技术措施方案。

i. 协助质检科进行各种质量检查。

j. 负责本工程的质量管理工作。

k. 编写工程竣工资料。

5) 质检部职责。

a. 主持日常质量管理工作，组织本工程质量检查工作。

b. 负责划分质量控制单元。

c. 编写施工质量保证措施。

d. 协助监理工程师进行现场质量检查。

e. 负责填报质量评定表。

f. 负责质检、试验记录整理、收集和归档，做好工程资料的管理工作。

6) 财务部职责。

a. 负责制定项目财务管理制度和办法。

b. 为项目 QES 管理体系目标及管理方案的实施提供资金保证。

c. 监督项目合同内工程使用的物资材料的采购工作。

d. 负责供方档案中相关信息资料的搜集整理、存档及合格供方的选择评价工作。

e. 监督项目经理部设备管理工作的实施情况。

f. 制定资金计划、资金收入预测、资金支出预测等方面的资金管理。

g. 执行企业定额，做好成本核算。

h. 负责月结算。

7) 综合部职责。

a. 建立工地材料、设备管理制度。按照本工程的施工组织设计要求，组织材料、设备供应计划并负责具体实施。

b. 负责对本工程采购的各种材料、设备进行检验，并对质量负责。

c. 负责机械设备和施工机具的运输、保管和维护工作，并根据工程进度按期供应工程所需的各种材料、设备。

d. 负责对使用本工程设备、材料合格证及质检单的整理工作。

e. 负责工程施工的行政业务、后勤保障，处理、协调好内外关系。

f. 做好施工期间的治安保卫、防火等工作。

g. 负责后勤食堂管理，强化食品的安全措施，确保职工的饮食安全。

h. 食堂食品采购要进行严格的把关挑选，不采购腐烂的蔬菜和变质鸡、鸭、鱼、肉、蛋等食品，不采购过期的米、面、油等食品。

i. 保持内外环境整洁，采取消除苍蝇、老鼠、蟑螂和其他公害昆虫措施。

8) 安检部职责。

a. 负责建立环境、职业健康安全领导小组。

b. 负责本工程全体职工安全教育工作。

c. 负责制定环境、职业健康安全措施。

d. 维护全工地社会治安，做好管辖区内的治安保卫工作。

e. 负责定期组织召开环境、职业健康安全会议，建立健全各项安全生产责任制度。

f. 负责工程项目的日常环境、职业健康安全日常管理工作。对安全生产进行现场监督检查。

g. 发现安全事故隐患，应当及时向项目经理报告；对违章指挥、违章操作的应当立即制止。

h. 如果发生安全生产事故，应及时、如实报告生产安全事故。

9）作业层职责。

a. 做好本职工作，遵守项目部制定的各项规章制度，提高每个工作人员的质量意识和安全意识，为实现项目工程的质量、环安目标，严格按照施工组织设计的要求，精心做好每道工序的施工。

b. 施工人员要接受项目部技术人员的质量、环安技术交底，使作业人员都明确项目的质量、安全技术要求，按照要求进行施工。

c. 开展班前、班后的质量、安全管理活动，不断积累施工经验，提高生产技能和操作水平。

d. 在项目经理部的统一领导下，做好质量、安全管理工作。有权拒绝违章指挥、违章操作。在遇到危险的情况下，及时采取措施后，有避险的权利。

e. 做好班组的自检、互检、交接检制度，发现存在质量问题后，及时采取措施进行改正。

f. 严格按照施工确定的参数进行施工，提升速度、浆液密度、浆压、浆量、风压、风量必须满足规范的要求。

8.1.2　编制施工组织设计

1. 编制前的准备工作

（1）收集工程设计文件，招投标书与合同书；收集国家或地方有关的政策、法规和标准以及其他需用的文件。

（2）了解工程的特性，地形与地质资料等。

（3）进行现场调查，了解工程区气象、水文、地形、地质、人文、市场、对外交通等情况，了解场地的施工条件，供水、供电、人员居住条件等，了解施工工程与相邻建筑物的关系，与各有关方面的相关关系等。

（4）对基本的施工方案进行详细的比较与研究。明确项目的过程和所需的文件，识别项目的实现过程，确定其过程的顺序和相互关系，明确项目划分、需确认的过程，如特殊过程、关键过程、重要过程等。

（5）工程项目划分。将整个工程逐级划分为单项工程、分部工程、分项工程和检验批，并逐级编号，以便控制、检查、评定和监督。

2. 施工组织设计编制内容

（1）编制说明。

1）编制的目的。

2）编制的依据。

a. 合同规定，顾客要求。

b. 设计文件。

c. 工程所处自然环境、施工条件、工程特点和难点、材料及设备选型和施工工艺特点。

d. 与质量有关的标准、规范。

e. 法律法规及行业标准。

f. 施工企业的质量管理体系文件。

g. 施工企业对项目的其他要求。

（2）工程概述。

1）工程概况。

2）施工项目工作内容。

3）开工、竣工日期。

（3）施工条件。

1）水文气象。

2）工程地质。

3）当地材料。

4）对外交通。

（4）现场管理机构及职责。

1）项目施工组织管理机构。

2）职责与分工。

（5）施工总体布置。

1）布置的内容。

a. 施工道路：施工区内道路的策划及修路情况。

b. 施工用水：水源与供水系统的策划。

c. 施工用电：编制临时用电方案。

d. 施工场地：施工场地的平整及宽度的策划。

e. 施工现场布置：水泥搅拌站、空压机站、供水站、维修站、变压器、电缆以及各种管线的策划与布置。

f. 施工临时建筑：分别叙述生活性临时建筑与生产性临时建筑（材料库、水泥库等）的策划与安排。

g. 施工临时设施：根据工程的重要性和复杂性分别叙述通信、气象、消防等设施策划。

2）绘制施工总平面布置图。

（6）施工测量。

1）施工测量放样。

2）施工测量保证措施。

（7）主体工程施工及措施。

1）施工准备。

2）总体施工方案及安排。

3）施工方法。

a. 施工方法选择：根据工程目的与质量要求，具体的地质条件与施工条件，施工设计方案，详细叙述施工方法。

b. 施工工艺流程：绘制施工工艺流程图。

c. 确定采用的技术标准和主要施工参数。

d. 叙述施工过程中特殊过程应重点控制的工序、关键部位及采用的措施。

e. 质量检查方法：阐明工程需要的主要检查方法与手段，检查标准、状态、检查的数量。

（8）施工进度计划及保证工期的关键措施。

1）施工总体进度安排及控制性工期。

a. 工程进度安排说明。

b. 施工总进度安排，绘制施工总进度计划横道图和施工总计划网络图。

2）保证工期的措施。

（9）资源需求计划。

1）劳动力供应计划，人员配置情况列表表达。

2）施工设备和机械使用计划，选择符合要求的检验、测量和试验设备，其规格、型号、数量可以列表表达。

3）施工主要材料水泥的策划包括品种与规格、技术性能要求。

（10）质量、环境、职业健康控制措施。

1）建立质量、环境、职业健康安全组织机构（绘制组织机构图）。

2）制定质量、环境、职业健康安全目标。

3）质量控制措施。

a. 质量关键点及其控制措施，关键工序施工方案。

b. 单位工程、分项工程、分部工程、单元工程的质量划分及质量评价方法。

c. 施工准备阶段的质量控制。

d. 施工过程中的质量控制。

4）环境、职业健康安全控制措施。

a. 编制环境因素识别评价表，制定管理措施。

b. 编制危险源辨识评价表，制定管理措施。

c. 编制环境保护和职业健康安全措施。

（11）振孔高喷施工的验收。

1）振孔高喷验收采用的标准。

2）振孔高喷验收的程序。

（12）竣工资料整编。

1）原始记录、基本资料整编的计划与要求。

2）各类图表绘制的计划与要求。

3）竣工报告编写与附图（包括平面布置图与剖面图等）编制的计划与要求。

8.2 振孔高喷的施工准备

8.2.1 现场查勘、施工条件检查

进场前项目经理应组织有关人员进行现场查勘，依据施工合同规定检查发包人应提供的施工条件，包括施工用地、进场道路、供水供电、通信设施、测量基准点、项目设计文件等。

8.2.2 施工人员进场

（1）接到监理工程师发出的进场通知后，项目经理应组织人员、设备按通知要求的时间进驻施工现场，着手进行施工前的准备工作。

（2）项目负责人负责检查项目部各岗位／工序作业人员满足相应技能准则要求的符合性。

（3）项目部各类人员（含临时聘用人员）应接受本项目施工技术要求、质量、安全技术、环境保护等内容的岗前培训。

8.2.3 场地规划、建立生产生活设施

（1）项目经理组织建设交通、通信及办公设施和食宿等生活条件，完善工作和生活环境。

（2）项目负责人根据"施工组织设计"要求，检查施工场地布置的符合与有效性。

（3）项目经理部应为施工人员配备安全生产必需的劳动防护用品和设备。

8.2.4 设备、材料进场

（1）项目经理负责组织工程施工项目所需的施工设备（仪器、机械设备）进场，同时检查其完好性。振孔高喷施工主要设备、材料见表8-1。

表8-1　　　　　　　　　　振孔高喷施工主要机械设备、材料表

序号	机械设备名称	规格型号	单位	数量	备 注
1	振孔高喷机	DY90	台·套	1	以一台·套配备
2	高压注塞泵	XPB-90B型	台	1	定型产品
3	立式高速搅拌机	DLJ-300	台	1	
4	低速搅拌机	DL-1000	台	1	
5	空压机	W-5.5	台	1	
6	柴油发电机组	30kW	台	1	停电时用
7	潜水泵	2英寸	台	1	
8	污水泵	4英寸	台	1	排污用
9	清水桶	L1000	台	1	
10	振管	$\phi127$	m	40	

序号	机械设备名称	规格型号	单位	数量	备 注
11	内管	$\phi30$	m	60	
12	喷头体	$\phi127$	个	3	
13	振动钻头	$\phi130$	个	3	
14	主电缆	$90mm^2$	m	300	
15	高压胶管	$\phi25$	m	300	
16	风管	$\phi25$	m	150	
17	供水管	$\phi25$	m	200	
18	电焊机	BX1-2	台	1	
19	气割设备		套	1	
20	微机	P4 笔记本	套	2	
21	汽车		辆	1	

注 振孔高喷设备、材料不限于以上设备、材料。

（2）材料员根据材料供应计划，经对供方评价后，项目经理批准后组织合格材料进场。

8.2.5 施工图纸会审及设计交底

（1）项目经理或项目总工组织检查施工图纸的完整性、一致性和可实施性，提出图纸会审的书面意见和建议。

（2）项目经理或技术负责人组织有关人员参加图纸会审和设计交底，保留"图纸会审和设计交底记录"。

8.2.6 施工测量

（1）项目技术负责人负责组织测量人员接收已有的施工测量控制网，保存书面交接记录，并进行测量复核。

（2）无测量控制网或施工测量控制不适用的，应建立本项目的施工测量控制网，并报监理机构复核和确认。

（3）施工测量放样控制方案在实施前，应经技术负责人批准，测量放样记录应保持清晰完整，及时归档保存。

8.2.7 人员培训

（1）项目经理负责组织对项目经理部相关人员进行培训和教育，使所有施工人员了解项目部的各项管理制度、项目质量目标、进度目标、安全目标、环保目标以及技术安全措施等。

（2）培训分三级进行，分别由项目部、施工队、施工班组进行组织。

8.2.8 开工条件检查

项目经理负责组织检查各项施工准备工作是否满足开工条件，包括进驻现场的主要管理、技术人员数量及资格，进场施工设备、材料的数量、规格及性能，测量控制网的建立和复检，必须进行的各种施工工艺参数的试验，必须报验的各类资料等。

开工前，项目经理部应对项目是否具备下列开工条件进行确认：

（1）施工场地"三通一平"是否具备、各种手续是否已办妥。

（2）施工组织设计已完成，并获批准。

（3）施工图纸已经审查符合规范要求。

（4）施工测量放线已经检验。

（5）机械设备是否已进场就位。

（6）施工用材料是否备齐并检验合格。

（7）工人安全三级教育是否已进行，各工种是否已进行施工安全、技术交底。

（8）现场安全防护措施是否完备。

（9）是否已进行质量教育及技术交底。

8.2.9 开工申请

只有确认了已具备开工条件，项目部才能向监理方和发包方提出开工申请，待开工审批手续齐全后，项目经理部方可开工。保留向监理方和发包方的报审、报验的相关资料。

8.2.10 质量、环境、职业健康安全交底

1. 合同交底

工程正式开工前，由前期负责投标和合同签订的部门对项目经理部及其他相关人员进行交底。可采用合同文本发放、会议、书面交底等多种形式进行。

合同交底内容通常以施工单位在合同履行过程应承担的责任和义务为主，包括以下内容：

（1）工程概况及合同规定的工作范围。

（2）建设单位、监理单位及施工单位驻现场的主要负责人，职权范围，工作方式。

（3）工期要求。包括总进度计划、开竣工时间及关键线路说明。

（4）质量要求。包括质量目标、验收、移交及保修方面的要求。

（5）成本目标及工程款支付（预付款、工程进度款、最终付款、保留金）方面的规定。

（6）安全及环保目标及控制要求。

（7）主要资源配置需求及配置情况。

（8）合同争议解决的约定。

（9）其他。

施工企业负责合同交底的部门应保存合同交底记录。

2. 项目部交底

开工前，由项目主管技术负责人向所有施工人员（包括分包方的人员）进行的交底，其目的是使施工人员对工程特点、技术质量要求、施工方法与措施等方面有一个较详细的了解，以便于科学地组织施工，避免技术质量等事故的发生。全面了解工程的重要环境因素和不可接受风险，熟悉应急措施等。

交底应形成记录，记录的形式可参考表8-2。

表 8 - 2		工程技术、环境、职业健康安全交底记录		编号：	
工程名称					
施工单位			施工单位负责人 （签字）		
交底人		交底地点		交底时间	

接受交底人员（签字）：

交底内容包括：工程概况；设计要求；施工图纸；采用的规范、规程；工期；质量要求；质量目标；施工方法；施工主要技术参数；施工主要工序；关键部位；质量保证措施；设计变更和洽商（如有时）；工程质量验收标准等；项目质量、环境、职业健康安全领导小组；重要环境因素、不可接受风险，环境、职业健康安全控制措施；应急预案等

8.3　施工过程质量控制

8.3.1　振孔高喷技术参数的确定

开工前要针对设计提供的高喷参数进行试验，验证设计参数的合理性，并经过试验确定最终的施工技术参数。施工技术参数要经过监理或发包方的认可后，方可进行施工。

8.3.2　对施工过程的确认

项目部应根据需要，事先对施工过程进行确认，包括以下各项：

（1）对工艺标准和技术文件进行评审，并对操作人员上岗资格进行鉴定。

（2）对施工机具进行认可。

（3）定期或在人员、材料、工艺参数、设备发生变化时重新进行确认。

项目经理部对振孔高喷地下防渗工程采用以下方式进行过程确认。

施工前，项目技术负责人应按有关标准规范的要求组织进行振孔施工方法、设备能力和人员资格的鉴定，对施工组织设计进行评审，确定主要工序和质量关键点及控制措施。施工过程中，质量管理人员负责督促作业人员严格按照经批准的施工组织设计要求进行操作，对设备能力和人员资格是否满足要求进行检查，对工艺参数进行监控。对振孔高喷施工的参数、制浆记录要真实、可靠。

当施工条件发生变化时，项目经理部应针对变化情况重新进行过程确认。

各类专业技术人员应具备相应的技术职称和实际施工经验，施工"五大员"应持证上岗、特种作业人员持证上岗，按国家或行业标准执行。项目经理负责对相关人员的资格鉴定，并报监理工程师审批。

8.3.3　材料、成品、半成品控制

（1）材料员应依据施工组织设计中的材料供应计划进行材料采购。

（2）材料的搬运、储存、标识等应按有关规定要求进行。

（3）材料员负责组织施工现场的材料、成品、半成品进场，使用前，质检员应按监理

工程师规定要求进行检验或试验，试验结果报送监理工程师审批。

（4）检测样品的防护、标识、搬运、储存和保护应符合规定的要求。

8.3.4　设备管理

（1）项目部应按招标文件的规定和投标文件承诺及其他相关规定配备设备、施工机具、检测设备等。

（2）施工机械设备进场、投入使用前，设备管理员、操作员应对其应进行试运行检验，并做好相应记录。

（3）机械、设备操作员须持证上岗。

（4）操作员、设备管理员按有关规定对设备进行日常的维修、保养。

（5）施工机具应根据招标文件的要求或投标文件的承诺配置，并报送监理工程师批准。

8.3.5　测量仪器、计量仪表的管理

（1）测量仪器由专人使用和保管。

（2）测量仪器应满足有关规定要求，在规定期限内进行检定或校准。

（3）高压泵、空压机使用的压力表，使用前要送到具有检测资质的单位进行检测，检测合格后方可使用。

（4）测量仪器、压力表检测报告要送监理报审。

8.3.6　施工关键过程控制

1. 质量控制关键点

（1）主要工序。

1）测量放孔。

2）振动造孔。

3）高压摆喷灌浆。

（2）关键控制点及控制措施。

1）钻孔测量控制。钻孔测量的精度会直接影响到墙体的施工质量，如果钻孔在测量过程中布置的钻孔就偏离轴线，则防渗墙的底部很难连续上。因此在测量放孔时一定要定位准确，钻孔定位误差要小于3cm。

2）振孔垂直度控制。孔斜控制的好坏直接关系到防渗墙体的连续性，因此要控制好孔斜，在施工中采取在振孔高喷机上设计安装了测垂直度的装置，当主立柱的垂直度在允许范围内，测斜仪器不报警，当超过偏斜范围后则测斜仪报警。通过垂直度测斜仪来控制振管的垂直度。振孔高喷机水平调整通过安装在高喷机上的水平气泡来调整。振孔前要调整高喷机确保气泡居中。经过调整满足偏斜控制要求后方可进行振孔。

3）水泥浆液密度控制。浆液密度是保证防渗墙体抗压强度的关键参数，密度低防渗墙体的抗压强度就会低，太低可能形不成墙体。如果密度太高，浆泵会抽不动，也会造成材料的浪费。因此在浆液搅拌过程中，要经常进行浆液的测量，以便使浆液在控制范围内。浆液密度控制在 $1.4\sim1.5\mathrm{g/cm^3}$ 范围。

4）浆压、浆量控制。高喷防渗墙浆压是保证墙体能否连续的最关键参数，浆压过低

孔距之间高压浆穿不透，墙体就不会连续，就不能形成防渗墙体。因此浆压必须要达到30～40MPa 之间。浆量是保证切割地层后有足够的水泥浆进入到地层中去，浆量少地层就得不到足够的灌入会影响墙体质量。浆量过大会造成材料的浪费。因此要保证浆泵的完好性能，现场要配备两台高压浆泵，当一台浆泵发生故障立即换到另一台浆泵上，以保证灌浆的连续性和节省时间，提高生产效率。浆量要控制在 70～80L/min。

5）气压、气量控制。空压机风量和风压，空压机的风量和风压是保证浆液在喷射过程中对高压浆射流进行保护，风在喷射过程中起到搅拌作用，使喷灌到地层中的水泥浆与原始地层得到充分的拌和形成防渗墙体，风在高喷过程中还起到声扬作用，用水泥浆置换将地层中的多余泥沙带出地面。风在高喷过程中是不可忽视的重要参数，一定要加以重视。风压控制在 0.6～0.8MPa；风量控制在 0.8～1.2m³/min。

6）提升速度控制。按照技术参数在工程中通过试验后取得的数据进行提升，提升时要通过调速表，多次试验，确定提升速度调速表所需要的转速，在提升过程中进行严格控制。

2．施工质量过程控制

（1）孔的定位。由施工技术人员根据施工方案进行放样，做好标记和编号。施工中操作人员准确定位，定位误差不大于 3cm。当班质检员检查确认合格后，方可进入下道工序。

（2）高喷机就位时，由操作人员通过水平泡和垂直度测斜仪调整振管的垂直度，满足要求后稳定振孔高喷机。

（3）成孔前进行地面试喷，各项技术指标达到要求后，调低浆压力后将高喷管下振至孔底。

（4）高喷头下振至设计孔深后，将浆、气参数调到设计值，待浆液返出孔口后，按技术参数进行高喷灌浆。

（5）为确保防渗墙底线进入设计地层并嵌接良好，在振孔过程中详细观察机械的振动状况，进入设计地层后终孔。

（6）详细记录孔号、孔深、地层变化等特殊情况及其处理措施。

（7）提升喷射注浆。按照设计参数自下而上按规定速度提升到即定防渗墙顶高程后，调低高喷参数并快速提升到地面。

（8）当提升喷灌过程中出现压力骤升或突降、孔口回浆浓度或回浆量异常时，及时查明原因，妥善处理，并报告监理工程师。

（9）高喷灌浆结束后，利用回浆或水泥浆及时回灌，直到孔口浆面不下降为止。

（10）施工过程中准确记录高喷灌浆的各项参数、浆液材料利用量、异常现象及处理情况，检查各项施工参数是否符合既定设计参数。

（11）浆量、浆压、风压、风量等其他高喷参数，由专职记录员观测记录。

（12）高喷灌浆施工过程中经常观察回浆情况，采取措施保证孔内浆液上返畅通，避免造成地层劈裂和地面抬动。

（13）经常检查、准确判断浆嘴、气嘴完好状态，出现介质流异常现象立即处理。

3. 施工特殊情况过程控制

（1）施工中及时观察，准确判断浆嘴、气嘴畅通情况，当浆嘴、气嘴堵塞后，应立即将振管提出孔内进行处理。在孔口试验正常后，再下入孔内对堵嘴段进行搭接长度不小于0.5m的复灌施工。在每一孔振孔施工之前应进行喷嘴完好状态的检验，出现介质流异常的喷嘴进行更换或处理。

（2）供浆正常的情况下孔口密度小且不能满足设计要求时，加大进浆密度或进浆量。

（3）孔口不返浆时，立即停止提升，加大进浆量和风压，并降低提升速度；孔口少量返浆时，降低提升速度。

（4）停机超过3h时，对泵体输浆管路进行清洗后方可继续施工。

（5）孔内严重漏浆时，应采取以下措施进行处理：降低提速或停止提升，进行原地灌浆；加大浆液密度；采用间歇灌浆法；孔口添砂；利用回浆补灌漏浆孔。

（6）高喷灌浆因故中断恢复施工时，进行复喷，搭接长度不小于0.5m，如中断时间超过水泥终凝时间，需在中断部位上下各1m范围内进行补孔补喷。

8.3.7 施工过程的质量检查

1. 灌浆材料检验

施工中质检员对本工程使用的主要材料进行检验，并配备专人进行验收。进场的水泥，均有厂家提供的《出厂水泥合格证》和《出厂水泥检验报告单》，并以200t为一取样单位，对水泥进行抽检。抽检水泥样品送具有国家检测资质的单位进行复检，复检合格后方可用于工程。禁止使用质量不合格、过期或受潮结块的水泥。

2. 技术参数检查

施工实行三班连续作业，每班设一名专职质量值班员，负责对本班施工过程中的每道工序、每一环节的施工参数进行全面检查与控制（包括孔距、浆液压力、浆液流量、气压、气量、提升速度等），不符合技术要求的及时纠正，同时做好记录，并采取谁施工谁负责的岗位责任制进行全方位的质量控制。

3. 水泥浆配比检查

搅拌站班长在喷灌过程中每20min检查一次密度及浆液注入量，并如实填写记录，技术质检员对浆液质量进行定期抽查。

4. 施工过程的质量检查

项目经理部技术负责人或公司主管部门要检查施工过程中是否严格按施工组织设计施工，各项参数是否满足要求；项目经理部对工程全过程进行自检、互检、交接检，项目负责人组织有关人员对原始记录和施工过程的执行情况进行阶段性检查。内容包括施工过程中项目完成状况、质量目标实现状况、建设单位及监理单位的意见等；对出现的质量事故要详细记录、认真处理，并查明原因和责任，重大事故要及时上报公司，并如实向建设单位汇报，制定出可靠的处理方案。

8.3.8 合理安排工程施工进度

项目经理部在编制施工进度计划时，应分析施工过程的关键路径和施工节点，确定施工的里程碑和时间表。编制工程施工横道图和工程施工网络图。在可能的条件下，应保证施工过程的均衡性，避免施工的无故间断。要在施工的过程中充分考虑施工进度和质量要求的匹配关系，提供充分的各种资源，特别是人力资源，保证施工过程的进度和质量水平。

项目经理部在进度检查中考虑质量管理的要求，在质量检查中考虑施工进度的要求。如果发现施工进度影响了质量时，应首先保证质量要求。同时，在质量稳定的情况下应该努力保证施工进度的要求。

8.3.9　施工过程的标识

（1）施工人员应按规定要求，对水泥进场的批号和所用水泥的桩号、高喷记录等进行标识，标识应表明有关责任人，并满足可追溯性要求。标识的管理必须与施工进度相匹配，与施工过程需求相适应。通过记录可对施工过程进行追溯。

（2）项目部应采取措施保护防渗墙体，保护应延续到工程施工项目验收后交付顾客之前。

8.3.10　项目部与相关方的沟通

1. 与业主的工作协调措施

（1）认真遵守招标文件和施工承包合同的各项约定。

（2）积极配合业主进行现场检查，接受业主的监督和指导。

（3）积极为本工程筹谋划策，做好业主的参谋。

（4）认真核定工程进度，为业主工程款的拨付提供准确依据。

2. 与监理工程师的协调

（1）积极参加监理工程师主持召开的生产例会或其他会议。

（2）严格按照监理工程师批准的施工规划和施工方案进行施工，并随时提交监理工程师认为必要的关于施工规划和施工方案的任何说明或文件。

（3）按监理工程师同意的格式和详细程度，向监理工程师及时提交完整的进度计划，以获得监理工程师的批准，无论监理工程师何时需要，保证随时以书面形式提交，包括为保证该进度计划而拟采用的方法和安排的说明。

（4）严格使用按设计要求的品牌、质量、规格的材料，并上报监理公司，即业主认可后方可进场投入施工。

（5）在任何时候，如果监理工程师认为工程或其他区段的施工进度不符合批准的进度计划或不符合竣工期限的要求，则保证在监理工程师的同意下，立即采取任何必要的措施，加快工程进度，以使其符合竣工期限的要求。

（6）承包范围的所有施工过程和施工材料、设备，接受监理工程师在任何时候进入现场进行他们认为有必要的检查，并提供一切便利。

（7）当监理工程师要求对工程的任何部位进行计量时，保证立即派出一名合格的代表协助监理工程师进行上述审核或计量，并及时提供监理工程师所需要的一切详细资料。

（8）确保在承包范围内所有施工人员在现场绝对服从监理工程师的指挥，接受监理工程师的监督检查，并及时答复监理工程师提出的关于施工的任何问题。

3. 与施工班组的工作协调

（1）责成施工班组所选用的设备材料，必须在事先征得业主和项目部的审定，严禁擅自代用材料和使用劣质材料。

（2）责成各施工班组严格按照施工进度计划和施工组织设计进行施工，建立合理的质量保证体系，确保施工目标的实现。

（3）各施工班组，严格按项目部制定的现场标准化施工的文明管理规定，做好施工现场的文明施工。

（4）组织各施工班组进行科学施工，协调施工中所产生的各类矛盾，以合同明确责任，尽可能减少施工中出现的责任模糊和推诿扯皮现象而贻误工程或造成经济损失。

（5）项目部应不断加强对各施工班组的教育，提醒各施工班组对产品的成品保护，做到上道工序对下道工序负责。

8.3.11 施工过程质量管理记录

施工记录表按项目业主或监理人提供的表格和相关要求填写。项目部管理层、施工"五大员"及相关的作业人员负责各自范围内施工记录的填写，项目总工负责组织有关人员进行整理、检查、归档，施工过程的质量管理记录应包括（不限于此）以下内容：

（1）施工日志、工程大事记、振孔高喷施工记录、制浆记录。

（2）各类交底记录。

（3）上岗培训和岗位资格证明。

（4）测量仪器、压力表检验管理记录，水泥出厂检验记录、水泥复试检验记录。

（5）图纸的接收和发放、设计变更的有关记录。

（6）监督检查和验收、复查记录。

（7）质量管理相关文件。

（8）监理、业主要求的其他记录。

项目部的记录管理制度中应包括对工程项目施工过程中形成的记录的控制要求，记录应按规定的表式填写，当需要对规定的表式进行调整时，应得到主管部门的认可。所有记录应当及时完成，字体清晰，文字简洁明了，内容准确、完整。记录不得涂改、压改。除有特殊规定外，记录不得使用铅笔及易褪色的圆珠笔。

所有的记录应注明记录名称、记录编号、记录日期等标识。工程质量记录的标识、编目和组卷按照行业、项目所在地政府主管部门的有关规定执行。

施工中的各项质量记录，在工程竣工交付后由项目经理部负责移交给企业档案室存档。

8.4 工程移交与服务

8.4.1 工程移交和移交期间的防护

当单位工程达到竣工验收条件后，项目经理部组织自检、自评，填写工程竣工报验单，并与相关资料一起上报项目监理单位。项目经理部按合同要求与业主协商竣工验收时间，由建设方组织四方（业主、监理、设计、项目经理部）进行单位工程验收，并在验收记录表上签字。

项目经理部应按施工合同规定，在合同工程项目通过工程验收后，及时申请办理工程项目移交证书。

项目经理部应做好防渗墙的保护工作。当防渗墙完成后，28d内不允许重型车辆在防渗轴线上行驶（包括水泥运输车辆），防止将防渗墙碾压变形，影响墙体的质量，并采取措施防止车辆通行。科学、合理安排施工生产，减少交叉作业等人为因素造成的对防渗墙的破坏。这些防护活动应贯穿于施工的全过程直至工程移交为止。

8.4.2 保修期服务

（1）公司经营合同部门负责组织协调工程施工项目移交后的维修、保修等后续服务，由项目经理部落实执行。

（2）保修期间项目经理部应组织对已完工程的检查和回访工作，发现问题，及时进行检修施工，其现场控制和管理方法与正常施工期相同。

（3）保修期满，且已按合同规定完成施工合同规定的工作，项目经理部应及时提出保修责任期终止申请报告，请监理工程师进行检查和检验，及时办理部分工程或全部合同工程项目保修终止证书。

8.4.3 持续改进

（1）项目经理应总结施工过程中的有关经验，项目技术负责人应对施工过程的监视和测量结果进行数据分析。依据国家、行业、地方或公司自身确定的接受准则进行分析，并根据分析结果（符合准则的程度）确定所需采取的措施，并将有关信息传递至公司质量管理部门。

（2）公司质量管理部门应收集工程施工中的各种信息，定期进行分析，持续改进工程施工过程，持续改进公司管理体系。

本 章 参 考 文 献

[1] 中华人民共和国建设部，中华人民共和国质量监督检验检疫总局. 工程建设施工企业质量管理规范（GB/T 50430）.

[2] 试用、国家认证认可监督管理委员会，住房和城乡建设部组编. 工程建设施工企业质量管理规范（GB/T 50430）认证认可培训教程. 北京：中国计量出版社，2010.

第9章 振孔高喷工程工地现场组织与管理

高喷灌浆技术具有极强的实践性和专业性。施工现场是整个工程的一线阵地，其组织与管理水平往往决定着高喷灌浆施工的成败。

高喷灌浆工程是一种地下隐蔽工程，具有事关建筑物安全、技术复杂、隐蔽性强、施工期较短等主要特点。其工程质量问题不易在施工中直观发现、检查和评定，一旦出现质量缺陷或隐患，进行修补将十分困难。

笔者认为，一项成功的高喷灌浆工程至少且必须具备以下五大要素：

(1) 科学设计。适应地质条件，满足工程需要，施工方案科学的精心设计。

(2) 专业施工。高度合作精神的专业施工方，高素质的项目经理和施工人员。

(3) 严密组织。切合工程实际的施工组织设计，高度组织力和执行力。

(4) 合理选材。合理配置资源，采用专业设备，投入合格材料。

(5) 监管到位。完善的质量保证体系、具备专业知识的高素质质量监管人员。

9.1 现场项目管理的目标和任务

建设工程项目现场管理是自项目开始至项目完成，通过项目策划和项目控制，以使项目的费用目标、进度目标、质量目标和环境安全目标得以实现。项目现场管理的核心任务是项目的目标控制。

振孔高喷施工项目现场管理的目标主要包括成本目标、进度目标、质量目标、安全与环境目标。项目管理的目标制定依据是施工合同，所有目标都应该符合合同要求。

振孔高喷施工项目管理工作主要在施工阶段进行。但由于工程进程的相互交错，项目管理往往也涉及工程的设计阶段、动用前准备阶段和保修期。

项目现场管理的任务包括施工成本控制、施工进度控制、施工质量控制、施工环境安全管理、施工合同管理、施工信息管理、与施工有关的组织与协调。

9.2 项目组织结构

项目管理目标决定了项目管理组织，而项目管理的组织是项目管理的目标能否实现的决定性因素。控制项目目标的主要措施包括组织措施、管理措施、经济措施和技术措施。其中组织措施最为重要。

振孔高喷项目组织通常采用线性组织结构（图9-1）。这种组织结构的特点是：每一个工作部门只能对其直接的下属部门下达指令，每一个工作部门也只有一个直接的上级部门。因此，每一个工作部门只有唯一一个指令源，避免了由于矛盾的指令而影响系统的运行。

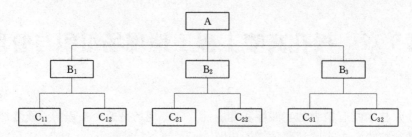

图 9-1 高喷灌浆常用组织结构示意图
A—项目部领导层；B—部门和机组领导层；C—基层、执行层

明确部门职能、建立健全岗位责任制、落实岗位职责都是项目现场管理的工作内容。

9.3 项目经理主要职责与权限

项目经理是指受企业法定代表人委托对工程项目施工过程全面负责的项目管理者，是企业法定代表人在工程项目上的代表人。项目经理是工程项目成败的第一责任人。工程项目管理的任务就是项目经理的主要任务。

项目经理应履行以下职责：

（1）项目管理目标责任书规定的职责。

（2）主持编制项目管理实施规划（或施工组织设计、施工方案）、制定项目目标，并对项目各项目标进行系统管理。

（3）对项目资源进行动态管理。

（4）建立各种专业管理体系，并组织实施。

（5）进行授权范围内的利益分配。

（6）收集工程资料，准备结算资料，参与工程竣工验收。

（7）接受审计，处理项目经理部解体后的善后工作。

（8）协助组织进行项目的检查、鉴定和评奖申报工作。

项目经理具有以下权限：

（1）参与项目招标、投标和合同签订。

（2）参与组建项目经理部。

（3）主持项目经理部工作。

（4）决定授权范围内的项目资金的投入和使用。

（5）制定内部计酬办法。

（6）参与选择并使用具有相应资质的分包人。

（7）参与选择物质供应单位。

（8）在授权范围内协调与项目有关的内、外部关系。

（9）法定代表人授予的其他权利。

9.4　施工组织设计编制

施工组织设计是对施工活动实行科学管理的重要手段,具有战略部署和战术安排的双重作用和意义。通过施工组织设计,可以根据具体工程的特定条件,拟定施工方案、确定施工顺序和施工方法及技术组织措施,可以保证拟建工程按照预定的工期和技术指标完成。施工组织设计应从施工全局出发,充分反映客观实际,符合国家法规、合同和设计要求,统筹安排与施工活动有关的各个方面,合理地布置施工现场,确保文明施工、安全施工。

9.4.1　施工组织设计编制基本原则

高喷工程项目施工组织设计应由项目经理组织、项目技术负责人主持编制。施工组织设计编制一般应掌握以下基本原则:

(1) 重视工程的组织对施工的作用。

(2) 提高施工的工业化、机械化程度。

(3) 重视管理创新和技术创新。

(4) 重视工程施工的目标控制。

(5) 积极采用国内、外先进的施工技术。

(6) 充分利用时间和空间,合理安排施工顺序,提高施工的连续性和均衡性。

(7) 合理部署施工现场,实现安全作业、文明施工。

9.4.2　施工组织设计编制主要内容

(1) 单位工程施工组织设计内容。振孔高喷如作为单位工程,无特别要求时施工组织设计可按简单工程处理,一般只编制施工方案,并附有施工进度计划和施工平面图。也可按分部工程施工组织设计内容编制。

(2) 分部(分项)工程施工组织设计内容。分部(分项)工程施工组织设计内容具体、详细、可操作性强,是直接指导单项工程施工的依据。其主要内容如下:

1) 重要的编制依据。

2) 工程概况及施工特点分析。

3) 施工方法和施工机械的选择。

4) 施工准备工作计划。

5) 施工进度计划。

6) 各项资源需求量计划。

7) 技术组织措施、质量保证措施、安全施工措施、环境保护措施。

8) 作业区施工平面布置图设计。

9.5　振孔高喷施工资源配置

高喷灌浆特点适宜8h三班制连续作业。对于施工期较短的高喷工程也可妥善安排两班制作业。振孔高喷施工效率高、速度快，一般的地基处理工程只需要 1~2 个机组即可顺利完成生产任务。

双管振孔高喷主要资源配置相对简单，人力资源、设备配置较常规钻孔高喷有很大差异。

9.5.1　人力资源配置

振孔高喷施工人力资源配置见表 9-1。

表 9-1　　　　　　　　　　振孔高喷施工人力资源配置表

部　门	岗　位		单机组人数	两机组人数	三机组人数
项目经理部	经理		1	1	1
	副经理			1	1
	总工程师		1	1	1
技术部	部长		1	1	1
	质检		4	7	10
高喷机组	机长		1	2	3
	高喷组	班长	3	6	9
		技工	3	6	9
		力工	6	12	18
	制浆站	班长	3	6	9
		技工	6	6	6
		力工	6	9	12
后勤部	部长		1	1	1
	技工		2	3	3
	力工		2	2	3
总人数			40	64	87

注　1. 本表制浆站人力资源按袋装水泥、集中制浆配置（如采用散装水泥制浆站可节省人力 2/3）。
　　2. 制浆站负责制浆、供浆、供风、供水。

9.5.2　主要施工设备配置

主要施工设备配置见表 9-2。

表 9-2　　　　　　　　　　振孔高喷机械设备基本配置表

序号	设备名称	型号规格	单机功率/kW	用　途	单位	单机量	两机量	三机量
1	振孔高喷机	DY-90	120	机组钻孔、高喷施工	台	1	2	3
2	高压注浆泵	3e120	90	供机组高压浆射流	台	1~2	2~3	3~4

序号	设备名称	型号规格	单机功率/kW	用　　途	单位	单机量	两机量	三机量
3	泥浆泵	3SNS	18	制浆站向机组供浆	台	1~2	2~3	3~4
4	高速搅拌机	DGJ-300	22	制浆站制水泥浆	台	1	2	3
5	低速搅拌机	DDJ-600	5.5	制浆站搅拌水泥浆	台	1	2	3
6	空压机	LG-2.7/10	16	供机组压缩空气	台	1	2	3
7	柴油发电机		30	备用电源	台	1	2	2
8	供水泵	2″	2.2	供机组、制浆站水	台	1	2	3
9	电焊机		12	机组器材维修	台	1	2	3
10	移动水泥罐	DNG-50t	2.2	制浆站储存水泥	套	2	3~4	3~6
11	汽车			生产生活服务	辆	1	1	2
12	全站仪			测量放孔	套	1	1	1
13	计算机			技术与管理	台	2	4	6

注 1. 高压浆泵单机组正常使用一台，其余为备用。

　　2. 集中制浆时，制浆站需配置两台高速搅拌机和一台低速搅拌机，而每个机组需配置一台低速搅拌机。

9.6 振孔高喷工地施工管理

工地现场是工程施工的前线阵地，是施工企业的一线窗口，是施工人员的重要舞台。

9.6.1 工地管理工作内容

振孔高喷施工工地管理工作主要包括工地资源管理（主要包括人、财、物管理）、现场环境保护、工地生产保障措施和生活保障措施。工地管理是工程项目管理的基本任务，是确保工程连续施工和均衡施工的基础工作。

保质、安全、按时完成施工任务，是项目部的最基本工作目标。工程项目的经济效益通常取决于生产效率，保证工地生产效率是保证经济效益的根本。

9.6.2 工地生产保障措施

工地生产保障主要内容如下：

（1）能源保障。包括落实生产用电、水、油料的供应渠道保证措施。

（2）设备保障。包括全部施工设备（表9-2）的安全使用、维修保养，落实相关操作规程和规定。

（3）材料保障。包括水泥及外加剂、振管系统（振管、接头、内管、钻喷头、喷嘴）、管路、电缆、轴承、密封件、机械配件等按计划采购、控制合理库存量，按规定入库、保管、出库。

（4）施工平台保障。主要是落实施工平台的测量放样、修筑质量和修筑提前量保证措施。施工平台主要包括振孔高喷机作业平台和制浆站工作平台。

（5）施工人员保障。全体工作人员（专业技术人员、职业技术人员、管理人员、力工）安全教育培训、人身保险、劳动保护用品配置。

（6）生产资金保障。项目经理按计划掌控使用。

（7）工地生活保障。住房、行李、餐饮、现场及驻地卫生设施。

（8）制度保障。一整套完善的规章制度有效落实，建立奖惩激励机制。

本 章 参 考 文 献

[1]　丁士昭，等．建设工程项目管理［M］．北京：中国建筑工业出版社，2007.

第10章 振孔高喷质量检测与工程验收

10.1 振孔高喷质量检测

振孔高喷防渗墙（桩）工程的质量应结合分析施工资料和检查测试成果，综合评定。

振孔高喷施工过程中应对施工所用的高喷灌浆材料、浆液以及单孔施工技术参数进行控制和检查，并做好记录。

施工后，对振孔高喷固结体的质量进行检测，对防渗墙的整体防渗效果进行评价。

10.1.1 振孔高喷单孔质量检查

1. 单孔质量检查项目内容

振孔高喷墙（桩）工程是由高喷孔组成的。施工时，高喷孔不分序，每个高喷孔也都是不分段连续施工的，高喷孔是构成高喷墙（桩）工程的最基本单位。由此可见，高喷墙（桩）工程质量的好坏，取决于各个高喷孔的质量。只有控制好每个高喷孔的质量，才能确保整体振孔高喷墙（桩）的质量，保证高喷墙的防渗效果和高喷桩的承载能力。

单孔质量控制检查的主要内容有高喷孔偏斜、孔深、喷射压力、浆液密度、提升速度等。

2. 单孔质量检查方法

施工过程中，要采取有效的技术措施，对单孔的施工质量进行严格控制，并如实记录有关数据。现场施工质检员要认真检查这些指标，以确保施工质量。

（1）高喷孔偏斜。孔的定位由施工技术人员根据设计要求进行测量放样，确定施工轴线和孔位。孔位要做好标记并编号。

振孔高喷机移位时，操作人员利用液压步履系统将高喷管对准孔位，定位误差不大于 5cm。

振孔高喷机就位后，由操作人员观察操作台处的水平仪气泡，利用液压支腿调整振孔高喷机的水平度和振管的垂直度。

孔位和垂直度经质检人员检查确认满足要求后，方可进行振孔施工。振动成孔过程中，合理控制振管下放速度，防止偏斜；利用报警器监测偏斜并及时矫正。

（2）孔深。施工深度按设计要求执行。孔深通过量测振管进入地层的长度进行计量，可采用在振管上刻画标记线或用钢尺量测方法。

（3）喷射压力。高喷喷射压力要满足设计要求。施工时，在高压喷射泵上安装压力表，可通过调节进浆压力调节阀或调整高压泵调速电动机的转速控制喷射压力。

（4）浆液密度。振孔高喷浆液一般为纯水泥浆，浆液密度要满足施工技术规范和设计要求。施工时，按设计要求的密度，确定浆液配合比。现场制浆各种原材料计量采用重量法或体积法，控制其误差小于 5%。

施工过程中，利用浆液密度计每 20min 量测一次浆液密度，若出现偏差及时进行调整。

（5）提升速度。提升高喷管的提升机利用调速电动机拖动，通过调整提升机调速电动机的转速，来控制振孔高喷提升速度。施工前，经过试验，标定好电动机转速与提升速度之间的对应关系。施工时，控制好调速电动机的转速，保证振管提升速度满足设计要求。

10.1.2　振孔高喷工程质量检测及评价

1. 高喷墙（桩）重点检查部位

《水电水利工程高压喷射灌浆技术规范》（DL/T 5200—2004）10.1 工程质量检查中规定，高喷墙（桩）质量检查宜在以下重点部位进行：

（1）地层复杂的部位。

（2）漏浆严重的部位。

（3）可能存在质量缺陷的部位。

2. 质量检测内容

高喷墙（桩）工程质量检测主要内容有以下几个：

（1）墙体有效厚度及整体性。

（2）墙（桩）体的强度。

（3）墙体的渗透系数（透水率）。

（4）墙体深度、桩的长度。

3. 常用质量检测方法

高喷防渗墙的质量检查仍存在一定的难度，亟须加强这方面的研究和技术开发工作。目前，对振孔高喷墙固结体质量检测常采用现场检查、室内试验和物探方法相结合进行。

（1）现场检查常用方法有开挖检查、围井检查、钻孔检查及物探等方法。

这些方法将在 10.2 节中详细介绍。

（2）室内试验检测，主要是测定防渗墙试样的抗压强度、渗透系数及渗透破坏比降。根据检测成果判断防渗墙体质量。

防渗墙质量检测的试样一般是在防渗墙墙体上现场取样。具体方法是在现场开挖出露的防渗墙墙体上凿取固结体试块，或从钻孔检查钻取的岩芯中选择上、中、下不同深度的岩样。现场试样获取后再送到实验室按规范做成标准试样，经养生后，在规定的时间进行室内试验。

做无侧限抗压强度试验，测定固结体的抗压强度；做室内渗透试验，测定固结体的渗透系数及渗透破坏比降等指标值。

4. 整体效果检查评价方法

高喷防渗工程的质量应结合分析施工资料和检查测试成果，综合评定。高喷防渗墙整体防渗效果的检查评价可采用以下方法：

（1）坝（堤）基高喷防渗墙，可在其下游侧布设测压管，观测和对比该测压管与上游水位差；亦可在坝（堤）下游安设量水堰，观测和对比施工前、后渗水量，据此分析整体防渗效果。

（2）围堰堰体和堰基中的高喷防渗墙，可在基坑开挖时测定其渗水量，并检查有无集中渗水点，据以分析整体防渗效果。

有些围堰工程的高喷防渗墙，质量检查结果渗透系数 K 虽未能完全满足设计要求，但能将基坑内的水抽干或将水位控制到所需高程。这表明高喷墙整体防渗效果基本达到了预期目的。

10.2 振孔高喷工程质量现场检查方法

10.2.1 检测方法的选择

由于高喷防渗墙工程的差异性、检查检测方法的多样性，使得在实际工程中选择适当的检查检测方法尤为重要。检测方法的选择除应考虑不同方法的特点和适用条件外，还应考虑地质条件、防渗墙的形式和施工质量要求等因素，做到多种方法的合理搭配，既达到检测方法适当、技术适用、数据准确、正确评价，又做到经济合理。

对振孔高喷墙固结体质量检查评价，应根据墙体结构形式和深度选用不同的方法，常用开挖、围井、钻孔，也可结合物探或其他方法进行检查。

对起到承载作用的旋喷桩的质量检查评价常采用顶部开挖外观检查、单桩竖向承载力载荷试验及声波检测桩身完整性方法进行。

围井法和钻孔法均属于抽样检查，有时较难全面反映高喷墙的整体质量。必要时可利用多种手段，如开挖、取样、钻取岩芯、物探、对芯样进行渗透和力学试验、查阅施工过程记录、整体效果分析等，综合地进行检查评价高喷墙工程质量。

墙体厚度、搭接效果可采用现场开挖进行检查。直观量测高喷墙的墙体厚度，量测高喷喷射长度，查看墙体搭接部位的搭接效果，查看墙体的连续性和均匀性。

固结体抗压强度可采用开挖取样或钻孔取芯进行室内试验。

渗透系数（透水率）可采用围井或钻孔注水（或抽水）试验，也可采用开挖取样或钻孔取芯进行室内试验。

墙体深度可采用钻孔法或物探法进行检查。

10.2.2 开挖检查

1. 适用条件与要求

开挖检查是当前较好的、简便易行的一种质量检查方法。但这种检查方法，因开挖工程量较大、开挖深度受地下水位的限制，一般仅适用于浅层。

振孔高喷防渗墙施工完成，待凝固具有一定强度（一般为开挖部位凝固 14d）后，即可对高喷墙进行开挖检查。

一般沿着施工轴线每 500m 开挖一处，且每项工程不少于 3 处。具体开挖位置可在满足《水电水利工程高压喷射灌浆技术规范》（DL/T 5200—2004）要求的情况下，由业主、监理工程师或设计人员确定。

2. 检查方法

开挖方法一般采用机械开挖、人工配合的方法。开挖的长度至少能够清楚地看到 3 个完整的高喷孔，以便查看量测高喷喷射长度，查看墙体搭接部位的搭接情况，查看墙体的连续性和均匀性。开挖深度由于受地下水位的限制，通常开挖至地下水位以下一定深度，无法开挖太深。

此方法由于高喷固结体完全暴露出来，因此能比较全面地检查高喷固结体质量。能够直观量测高喷墙墙体的有效厚度，量测高喷喷射长度，查看墙体搭接部位的搭接效果，查看墙体的连续性和均匀性。也是检查固结体垂直度和固结形状的良好方法。

在开挖出露的墙体上还可进行取样，做成试样进行室内试验，检测高喷固结体的抗压强度、渗透系数及渗透破坏比降。

墙体取样后，有条件的应及时送实验室养生，做成标准试样进行室内试验；不具备及时送样条件的，要就地进行养生，可在现场附近暂时掩埋进行养生，寻机尽快送实验室进行室内试验。临时掩埋和送样过程中，要注意对样品的保护，防止出现暴晒、冷冻、撞击、摔裂等损坏现象。

3. 注意事项

（1）采用机械开挖时，要注意开挖机械不要损坏墙体。

（2）开挖时，要注意墙体和开挖边坡的稳定，避免坍塌。

（3）开挖后要注意墙体的保护，避免暴晒、冷冻或其他人为破坏。

（4）若在墙体上取样，取样部位要用水泥砂浆回填封堵，避免渗漏。检查后要回填整平，恢复原貌。

10.2.3 围井检查

1. 适用条件与要求

围井检查法是一种比较理想的高喷墙质量检测方法，适用于所有结构形式的高喷墙。

《水电水利工程高压喷射灌浆技术规范》（DL/T 5200—2004）10.1 工程质量检查中，对采用围井法检查高喷墙质量提出了一些前提条件和要求。主要内容如下：

（1）围井检查宜在围井的高喷灌浆结束 7d 后进行，如需开挖或取样，宜在 14d 后进行。

（2）围井各面墙体轴线围成的平面面积，在砂土、粉土层中不宜小于 $3m^2$，在砾石、卵（碎）石层中不宜小于 $4.5m^2$。

（3）围井边墙和被检查墙体的技术条件、施工技术参数应一致。

（4）悬挂式高喷墙围井底部应进行封闭。

（5）注水水位高于围井顶部时，围井顶部应予以封闭。

2. 检查方法

采用围井法检查时，可在井内开挖进行直观检查和取样，并做注水或抽水试验；亦可在围井中心处钻孔，做注水或抽水试验。在围井内进行抽水还是注水试验主要根据地下水位的高低而定。

因为要检测高喷防渗墙的渗透性，围井的一面侧墙必须为高喷防渗墙。其他边墙和被检查墙体的技术条件、施工技术参数应一致。

围井的具体位置，可在满足《水电水利工程高压喷射灌浆技术规范》（DL/T 5200—2004）要求的情况下，由业主、监理工程师或设计人员确定。

采用围井法检查高喷墙的防渗性能，可用以下两种方法进行：

（1）将围井开挖一定深度，然后在围井内进行注水（或抽水）试验，如图 10-1（a）所示。

注水（或抽水）试验后，也可在开挖出露的墙体上取样做室内试验。

（2）也可在井中心部位钻孔，下入过滤管，在管内进行注水（或抽水）试验，如图 10-1（b）所示。

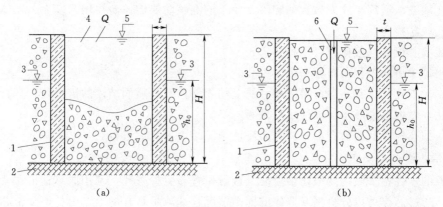

图 10-1 围井注水试验示意图

1—围井；2—相对隔水层；3—地下水位；4—井内开挖；5—注水稳定水位；6—钻孔

3. 渗透系数 K 的计算

《水电水利工程高压喷射灌浆技术规范》（DL/T 5200—2004）的附录 B 给出了在透水地层中进行围井注水试验，高喷防渗墙的渗透系数 K 的计算公式。

渗透系数 K 的计算式为

$$K = \frac{2Qt}{L(H+h_0)(H-h_0)}$$

式中 K——渗透系数，m/d；

　　　Q——稳定流量，m^3/d；

　　　t——高喷墙平均厚度，m；

　　　L——围井周边高喷墙轴线长度，m；

　　　H——围井内试验水位至井底的深度，m；

　　　h_0——地下水位至井底的深度，m。

4. 围井试验应注意的问题

（1）为保证水流畅通，在围井中进行试验孔钻进时，不应使用泥浆护壁。为防止塌

129

孔，可以在孔中下花管。

（2）在做注水（或抽水）试验前，必须反复冲洗试验孔，直至洗孔水清澈并且无细砂带出，目的是保证试验数据的真实、准确性。

（3）注水（或抽水）试验的流量一定要采集稳定后的数值。

（4）围井内钻孔注水（或抽水）检查后要对钻孔进行封堵。

（5）围井开挖检查，宜先进行注水（或抽水）试验，然后再在开挖的墙体上进行取样。取样部位要用水泥砂浆回填封堵，避免渗漏。检查后围井部位要回填整平，恢复原貌。

10.2.4　钻孔检查

1. 适用条件与要求

钻孔检查法适用于厚度较大的和深度较小的高喷防渗墙。防渗墙深度大、墙体薄的不适于钻孔取芯检查。

钻孔取芯检查一般应符合下列要求：

（1）每个单元工程可布置一个检查孔。

（2）检查孔孔位宜布置在墙体中心线上的相邻两孔高喷固结体的搭接处，宜自上而下分段钻孔，做取芯和压水（或注水）试验。

（3）钻孔检查宜在检查部位高喷防渗墙施工结束 28d 后进行。

2. 钻孔检查法检查的内容

一般的，在检查段内高喷防渗墙交叉接触位置布置检查孔。利用取芯钻机在墙体上钻孔取芯，通过芯样可以分析判断墙体的固结情况；选取检查孔的上、中、下部位芯样做成试样进行室内试验，测定其抗压强度和渗透系数；也可在钻孔内进行压水或注水试验，确定墙体的透水率；若钻孔至施工墙体以下可检测墙体深度。

3. 现场钻孔注水检查方法

现场钻孔注水试验检查方法是利用取芯钻机钻孔进行注水试验以求得高喷防渗墙的渗透系数，评价高喷防渗墙的防渗效果。

钻孔注水检测步骤如下：

（1）利用浅孔取芯钻机进行钻孔，钻孔直径一般为 110mm。钻进时禁止使用泥浆护壁，钻取并保留芯样。

（2）钻孔至预定深度后利用钻机进行清孔和洗孔。

（3）洗孔完毕下套管并将管口引出地面 0.5m 左右，套管在孔内部分与孔壁之间采用有效的止水措施，套管直径为 91mm（套管下部至孔底可视为渗水试验段 L，管内水柱可视为试验水头高度 H）。

（4）地下水位观测。在进行注水试验前，应进行地下水位观测，水位观测间隔为 5min，当连续两次观测数据变幅小于 10cm 时，水位观测即可结束，用最后一次观测值作为地下水位计算值。

（5）试验开始时，先向孔内注满水至管口，然后控制注水容器连续向管内注水，并使管内水位始终保持与管口平齐，待管内水位稳定后，再分阶段地注水并记录注水时间，同时用流量计或量筒量测注入流量 Q。

（6）量测规定。开始每隔5min量测一次，连续量测5次；以后每隔20min量测一次并至少连续量测6次。当连续两次量测的注入流量之差不大于最后一次注入流量的10%时，试验即可结束，取最后一次注入流量作为计算值。

4．检查结果

（1）整理记录资料，利用渗透系数计算公式计算墙体的渗透系数。

1）采用注水试验时，渗透系数的计算公式可采用《水利水电工程注水试验规程》（SL 345—2007）中式（6.3.1）或式（6.3.2）计算。

钻孔降水头注水试验渗透系数应按下式计算，即

$$K = \frac{0.0523 r^2}{A} \frac{\ln \frac{H_1}{H_2}}{t_2 - t_1}$$

式中　K——试验岩土层的渗透系数，cm/s；

　　t_1，t_2——注水试验某一时刻的试验时间，min；

　H_1，H_2——在试验时间 t_1、t_2 时的试验水头，cm；

　　　　r——套管内半径，cm；

　　　　A——形状系数，cm；按《水利水电工程注水试验规程》（SL 345—2007）中附录B选用。

2）采用压水试验时，其水位观测和试验量测等按相关规范执行，渗透系数的计算公式可采用《水利水电工程钻孔压水试验规程》（SL 31—2003）中附录C的公式，即

$$K = \frac{Q}{2\pi H L} \ln \frac{L}{r_0}$$

式中　K——渗透系数，m/d；

　　　Q——稳定注水量，m³/d；

　　　H——试验水头高度，m；

　　　L——试验段或过滤器长度，m；

　　　r_0——钻孔半径，m。

（2）根据求解得出的渗透系数，评价高喷防渗墙的防渗效果。

10.2.5　物探检测

传统的常用的开挖、围井、钻孔等检测方法，属于抽样检测方法，具有一定的局限性。对于防渗工程量大、施工轴线长的江河堤防，仅采用传统的检测方法费时费力。而采用传统方法抽样检测、利用物探手段进行整体检测，综合评价防渗墙的质量成为必然的发展方向。

近年来，全国不少检测单位和研究机构已经进行了大量的研究与实践，甚至立项进行科研攻关，研究利用物探手段进行防渗墙质量检测的方法，取得了一定的成果。但鉴于防渗墙的空间形态和物性特点，以及复杂的现场检测环境条件，如何针对防渗墙的特点，优化检测方案，高效、准确地进行检测，至今仍处于探索阶段，仍旧是一个

值得深入研究的课题。既不能轻易否定一种方法，也不能盲目相信某种手段检测的结果。应该根据工程及现场的具体情况，尽可能地经过试验采用多种方法进行检测，并在充分考察工程实际情况、分析施工记录、结合传统检测方法的基础上，对工程质量进行综合分析判断和评价。

下面简单介绍几种物探检测方法。

1. 可控源音频大地电磁测深法

可控源音频大地电磁测深（CSAMT）法是一种人工场源低频率域测深方法。

其主要优点是：工作效率高，在发射偶极子两侧很大的扇形区域内都可进行测量，每一测量点都是测深点；探测深度范围大；垂直分辨率高，探测对象厚度与埋深之比为10%～20%；水平分辨能力与收发距无关，约等于接收偶极子距离；地形影响小，且易于校正；高阻层屏蔽作用小。

检测时，通过发射机将交变电流供入大地，在距场源相当远处测量电场的 x 分量和 y 分量，计算视电阻率，通过视电阻率值对检测对象质量好坏进行评价。同时，根据电磁波的趋肤效应得知电磁波的探测深度 H 与频率 f 成反比。因此，通过控制频率的高低可以控制探测深度的大小，实现控源探测的目的。

CSAMT 法检测仪器包括发射装置和接收装置两部分。发射装置为大功率发电机及发射机，接收系统包括数字化多功能接收机和磁探头。发射机与接收机之间通过电台或其他通信工具进行联系，保证频率改变准确无误。工作剖面一般按纵横布置，纵剖面沿防渗墙走向布置于墙顶端，横剖面与纵剖面正交。

该方法探测效果较好，工作效率高。但探测精确性较差。

CSAMT 法具体操作可参考《水利水电工程物探规程》（SL 326—2005）中 3.2 的相关规定执行。

2. 探地雷达法

探地雷达是基于地下介质的电性差异，通过发射高频电磁波探测地下物体状态、结构和特征的物探技术。

在探测过程中，探地雷达通过发射天线将高频电磁波（主频 10～103MHz）以宽频带短脉冲形式，由地面通过天线 T 送入地下。电磁波在地下传播的过程中，当遇到存在电性差异的地下地层或目标体时，便发生反射返回地面，被另一天线 R 所接收。当地下介质的波速 v(m/ns) 已知时，可根据测得的脉冲波旅行时间 t(ns)，求出反射体的深度 h (m)。电磁波在介质中传播时，其电磁波强度与波形将随所通过介质的电性及几何形态而变化。因此，根据所接收电磁波的旅行时间（亦称双程走时）、幅度及波形资料，可推断介质结构。

探地雷达具体操作可参考《水利水电工程物探规程》（SL 326—2005）中 3.3 的相关规定执行。

探地雷达技术的应用前提是目标体与周围介质之间具有明显的电性差异及目标体的适当深度和足够大小。其探测深度主要取决于天线的中心频率和介质的电导率。对于一定的介质和目标体深度，分辨率主要由天线中心频率 f_0 决定。因此，在实际探测工作中，应针对介质条件和目标体性质、深度和尺寸，选择合适的天线频率，在确保分辨率的前提下，一般尽量选择较低频的天线。

3. 瑞雷波法

瑞雷波是在弹性分界面处由于波的干涉而产生，并沿界面传播，波动现象集中在界面附近的一种弹性波，其具有以下主要特性：①波在自由表面附近传播时，质点在波传播方向的垂直面内振动，振幅随深度呈指数函数急剧衰减，质点的振动轨迹在波的传播方向的铅垂面内做顺时针或逆时针方向的椭圆运动；②波的水平和垂直振幅从弹性介质的表面向内部呈指数函数急剧衰减，大部分能量损失在 $\lambda/2$ 的深度范围内，这说明某一波长的波速主要与深度小于 $\lambda/2$ 的地层物性有关；③在多层介质中，瑞雷波具有明显的频散特性，它沿地面表层传播，影响表层的深度约一个波长，不同波长瑞雷波的传播特性反映不同深度的地质情况。其速度值的大小与介质的物理特性有关，由此可对岩土的物理性质做出评价。

4. 弹性波 CT 法

工程检测中的弹性波 CT 法是用激发弹性波对被测地质体或工程体剖面进行透射，然后利用各个方向的投影值（弹性波走时）来重构地质体、工程体剖面内部物性（弹性波波速）图。

检测时，沿墙边土层钻检测孔，于孔间进行检测工作。在其中一孔安放检波器，另一孔中安放震源，激发点距和接收点距根据实际情况确定。该方法对检测仪器、震源和接收传感器要求都比较高，要求大能量、高频率，以保证检测效果。

10.2.6　单桩载荷试验

通过单桩竖向抗压静载荷试验检测，确定单桩竖向抗压承载力的极限值。

单桩竖向抗压静载荷试验检测，采用慢速维持荷载法，反力采用锚桩横梁反力装置。试验加载，采用 4 台 500tf（吨力，1tf＝9.8×10^3N）千斤顶作为加压装置，试验过程中全程采用 FDP204 - JY 静载仪自动加压，自动测读装置，荷载测量由维系在千斤顶油泵上的压力传感器控制。沉降观测，由正交直径方向对称安装 4 块大量程位移传感器测读沉降。

试验时，先按试验要求的数量施工与工程桩相同的试验桩。荷载分级、测读沉降时间、各级荷载下的沉降稳定标准、终止加荷条件等情况，依据《建筑基桩检测技术规范》（JGJ 106—2014）的规定，进行单桩竖向抗压静载试验。

（1）加载分级进行，采用逐级等量加载；分级荷载为最大加载量的 1/10，其中第一级可取分级荷载的 2 倍，最大加载量按设计单桩竖向抗压承载力特征值的 2 倍考虑。

（2）慢速维持荷载法试验步骤：每级荷载施加后，按第 5min、15min、30min、45min、60min 测读桩顶沉降量，以后每隔 30min 测读一次；当每 1h 内的桩顶沉降量不超过 0.1mm，并连续出现两次（从分级荷载施加后第 30min 开始，按 1.5h 连续 3 次每30min 的沉降观测值计算），即可加下级荷载。

（3）当出现下列情况之一时，终止试验：

1）在某级荷载作用下，桩顶沉降量大于前一级荷载作用下沉降量的 5 倍（当桩顶沉降能稳定且总沉降量小于 40mm 时，宜加载至桩顶总沉降量超过 40mm）。

2）某级荷载作用下，桩顶沉降量大于前一级荷载作用下沉降量的 2 倍，且经 24h 尚未达到相对稳定标准。

3）当荷载—沉降曲线呈缓变型时，可加载至桩顶总沉降量 60～80mm。

4）已达到要求的最大加载量。

（4）卸载时，每级荷载维持 1h，按第 15min、30min、60min 测读桩顶沉降量后，即可卸下一级荷载。卸载至零后，应测读桩顶残余沉降量，维持时间为 3h，测读时间为第 15min、30min，以后每隔 30min 测读一次。

（5）单桩竖向抗压承载力极限的确定：

1）根据沉降随荷载变化的特征确定。对于陡降型 $Q\text{-}s$ 曲线，取其发生明显陡降的起始点对应的荷载值。

2）根据沉降随时间变化的特征确定。取 $s\text{-}\lg t$ 曲线尾部出现明显向下弯曲的前一级荷载值。

3）出现终止试验前 3 种情况时，取终止试验荷载前一级荷载值。

4）对于缓变型 $Q\text{-}s$ 曲线可根据沉降量确定，取 $s=40\text{mm}$ 对应的荷载值。

5）当按上述 4 款判定桩的竖向抗压承载力未达到极限时，桩的竖向抗压极限承载力应取最大试验荷载值。

10.3　工程质量评定与验收

10.3.1　有关规定和说明

振孔高喷防渗墙工程施工，按有关规程规范的要求应进行单孔质量检验、单元工程质量评定和分部工程（或竣工）验收。

单孔质量检验、单元工程质量验收评定要随着施工的进展及时进行。施工结束、工程具备验收条件时，组织验收的单位应按有关规定及时组织进行分部工程（或竣工）验收。

工程验收应在施工质量检验与评定的基础上，对工程质量提出明确的结论意见。验收的成果性文件是验收鉴定书，验收委员会（工作组）成员应在验收鉴定书上签字。

验收资料制备由项目法人统一组织，有关单位应按要求及时完成并提交。项目法人应对提交的验收资料进行完整性、规范性检查。

验收资料分为应提供的资料和需备查的资料。有关单位应保证其提交资料的真实性并承担相应责任。各阶段验收应提供和准备的资料在《水利水电建设工程验收规程》（SL 223—2008）附录 A 和附录 B 列出了详细的清单。

工程验收的图纸、资料和成果性文件应按竣工验收资料要求制备。

振孔高喷工程质量评定和验收工作应遵守《水电水利工程高压喷射灌浆技术规范》（DL/T 5200—2004）、《水利水电工程单元工程施工质量验收评定标准——地基处理与基础工程》（SL 633—2012）和《水利水电建设工程验收规程》（SL 223—2008）以及国家现行有关标准的规定。

10.3.2　单元工程划分

分部工程开工前应由建设单位或监理单位组织设计、施工等单位，根据有关规程规范和标准的要求，共同划分单元工程。

建设单位应根据工程性质和部位确定重要隐蔽单元工程和关键部位单元工程。

振孔高喷防渗墙单元工程由若干个孔组成，而每个单孔不划分工序。

高喷防渗墙单元划分，对于孔深小于 20m 的防渗墙宜以相邻的 30～50 个高喷孔划分为一个单元工程；对于孔深大于 20m 的防渗墙宜按成墙面积连续 600～1000m² 的防渗墙体划分为一个单元工程。

10.3.3　单孔施工质量验收评定

1. 单孔施工质量标准

按《水利水电工程单元工程施工质量验收评定标准——地基处理与基础工程》（SL 633—2012）的要求，高压喷射灌浆防渗墙单孔施工质量标准见表 10-1。

表 10-1　　　　　　　　高压喷射灌浆防渗墙工程单孔施工质量标准

项次		检验项目	质量要求	检验方法	检验数量
主控项目	1	孔位偏差	不大于 50mm	钢尺量测	逐孔
	2	钻孔深度	大于设计墙体深度	测绳或钻杆、钻具量测	
	3	喷射管下入深度	符合设计要求	钢尺或测绳量测喷管	
	4	喷射方向	符合设计要求	罗盘量测	
	5	提升速度	符合设计要求	钢尺、秒表量测	
	6	浆液压力	符合设计要求	压力表量测	
	7	浆液流量	符合设计要求	体积法	
	8	进浆密度	符合设计要求	比重秤量测	
	9	摆动角度	符合设计要求	角度尺或罗盘量测	
	10	施工记录	齐全、准确、清晰	查看	抽查
一般项目	1	孔序	按设计要求	现场查看	逐孔
	2	孔斜率	不大于 1%，或符合设计要求	测斜仪、吊线等量测	
	3	摆动速度	符合设计要求	秒表量测	
	4	气压力	符合设计要求	压力表量测	
	5	气流量	符合设计要求	流量计量测	
	6	水压力	符合设计要求	压力表量测	
	7	水流量	符合设计要求	流量计量测	
	8	回浆密度	符合设计要求	比重秤量测	
	9	特殊情况处理	符合设计要求	根据实际情况定	

（1）合格标准。

1）主控项目，检验结果应全部符合 SL 633 的要求。

2）一般项目，应逐项有 70% 及以上的检验点合格，不合格点不应集中分布，且不合格点的质量不应超出有关规范或设计要求的限值。

3）各项报检资料应符合 SL 633 的要求。

（2）优良标准。

1）主控项目，检验结果应全部符合 SL 633 的要求。

2）一般项目，应逐项有 90％及以上的检验点合格，不合格点不应集中分布，且不合格点的质量不应超出有关规范或设计要求的限值。

3）各项报检资料应符合 SL 633 的要求。

2. 单孔施工质量验收评定表

高压喷射灌浆防渗墙单孔的施工质量验收评定采用表 10 - 2。

表 10 - 2　　　　　　高压喷射灌浆防渗墙工程单孔施工质量验收评定表

单位工程名称					孔（桩、槽）号					
分部工程名称					施工单位					
单元工程名称、部位					施工日期	年　月　日—		年　月　日		
项次		检验项目	质量标准		检查（测）记录				合格数	合格率
主控项目	1	孔位偏差	不大于 50mm							
	2	钻孔深度	大于设计墙体深度							
	3	喷射管下入深度	符合设计要求							
	4	喷射方向	符合设计要求							
	5	提升速度	符合设计要求							
	6	浆液压力	符合设计要求							
	7	浆液流量	符合设计要求							
	8	进浆密度	符合设计要求							
	9	摆动角度	符合设计要求							
	10	施工记录	齐全、准确、清晰							
一般项目	1	孔序	按设计要求							
	2	孔斜率	不大于 1％，或符合设计要求							
	3	摆动速度	符合设计要求							
	4	气压力	符合设计要求							
	5	气流量	符合设计要求							
	6	水压力	符合设计要求							
	7	水流量	符合设计要求							
	8	回浆密度	符合规范要求							
	9	特殊情况处理	符合设计要求							
施工单位自评意见		主控项目检验点 100％合格，一般项目逐项检验点的合格率不低于　　，且不合格点不集中分布。 工序质量等级评定为： 　　　　　　　　　　　　　　　（签字，加盖公章）　　年　　月　　日								
监理单位复核评定意见		经复核，主控项目检验点 100％合格，一般项目逐项检验点的合格率不低于　　，且不合格点不集中分布。 工序质量等级评定为： 　　　　　　　　　　　　　　　（签字，加盖公章）　　年　　月　　日								

注　本质量标准适用于摆喷施工法，其他施工法可调整检验项目。

10.3.4 单元工程质量验收评定

1. 单元工程质量验收评定程序及要求

高压喷射灌浆防渗墙单元工程质量验收评定，应在单孔施工质量验收评定合格的基础上进行。

单元工程所有施工项目已完成，单孔施工质量验收评定合格。

施工单位专职质检部门应首先对已经完成的单元工程施工质量按单元工程质量验收评定标准进行自检，并做好检验记录。

施工单位自检合格后，填写单元工程施工质量验收评定表，质量责任人履行相应签认手续后，向监理单位申请复核。

施工质量验收评定表是检验与评定工程施工质量的基础资料，也是进行工程维修和事故处理的重要参考，是水利水电工程验收的备查资料，在工程验收时作为施工质量检验与评定的依据。工程竣工验收后，施工质量验收评定表应归档长期保存。

2. 单元工程质量验收评定资料

施工单位应提交单元工程中所含单孔（或检验项目）验收评定的检验资料，各项实体检验项目的检验记录资料，施工中的见证取样检验及记录结果资料。

监理单位应提交对单元工程施工质量的平行检查资料。

3. 单元工程质量验收评定标准

（1）合格标准。

在单元工程效果检查符合设计要求的前提下，高喷孔100％合格，优良率小于70％；各项报检资料应符合 SL 633 的要求。

（2）优良标准。

在单元工程效果检查符合设计要求的前提下，高喷孔100％合格，优良率不小于70％；各项报检资料应符合 SL 633 的要求。

4. 单元工程施工质量验收评定表

单元工程施工质量验收评定采用《水利水电工程单元工程施工质量验收评定标准——地基处理与基础工程》（SL 633—2012）中表 A.0.2-1 的样式。高压喷射灌浆防渗墙单元工程施工质量验收评定采用表 10-3。

表 10-3 　　　　　　　　高压喷射灌浆防渗墙单元工程施工质量验收评定表

单位工程名称						单元工程量				
分部工程名称						施工单位				
单元工程名称、部位						施工日期	年　月　日—		年　月　日	
孔　号	1	2	3	4	5	6	7	8	9	…
单孔（桩、槽）质量验收评定等级										
	本单元工程内共有　　孔，其中优良　　孔，优良率　　％									
单元工程效果（或实体质量）检查	1									
	2									
	⋮									

137

续表

施工单位 自评意见	单元工程效果（或实体质量）检查符合　　　要求，　　孔（桩、槽）100％合格， 其中优良孔占　　％。 单元工程质量等级评定为： （签字，加盖公章）　　　　年　　月　　日
监理单位 复核评定意见	经进行单元工程效果（或实体质量）检查，符合　　　要求，　　孔（桩、槽）100％合格， 其中优良孔占　　％。 单元工程质量等级评定为： （签字，加盖公章）　　　　年　　月　　日

注　1. 对关键部位单元工程和重要隐蔽单元工程的施工质量验收评定应有设计、建设等单位的代表签字，具体要求应满足 SL 176 的规定。

2. 本表所填"单元工程量"不作为施工单位工程量结算计量的依据。

10.3.5　分部工程验收

1. 验收组织

分部工程验收应由项目法人（或委托监理单位）主持。验收工作组应由项目法人、勘测、设计、监理、施工等单位的代表组成。

2. 验收应具备的条件

分部工程验收应具备的条件如下：

（1）分部工程内所有单元工程已经完成。

（2）已完单元工程施工质量经评定全部合格，有关质量缺陷已处理完毕或有监理机构批准的处理意见。

（3）合同约定的其他条件。

3. 验收申请

分部工程具备验收条件时，施工单位应向项目法人提交验收申请报告，其内容要求包括验收范围、工程验收条件、建议验收时间（年　月　日）。

4. 验收应提供的文件和资料

高喷防渗墙分部工程的验收应提供的文件和资料如下：

（1）设计说明书、图纸、施工技术要求及设计修改通知等。

（2）施工原始记录、成果资料、检验测试资料、施工报告或施工技术总结等。

（3）质量检查记录、单元工程验收资料、重大质量事故报告等。

5. 验收主要内容

（1）检查工程是否达到设计标准或合同约定标准的要求。

（2）评定工程施工质量等级。

（3）对验收中发现的问题提出处理意见。

6. 验收程序

（1）听取施工单位建设和单元工程质量评定情况的汇报。

（2）现场检查工程完成情况和工程质量。

（3）检查单元工程质量评定及相关档案资料。

（4）讨论并通过分部工程验收鉴定书。

7. 验收结论

分部工程验收鉴定书，由项目法人发送有关单位，并报送法人验收监督管理机关备案。

分部工程验收遗留问题处理情况应有书面记录并有相关责任单位代表签字，书面记录应随分部工程验收鉴定书一并归档。

本 章 参 考 文 献

［1］ 中华人民共和国国家发展和改革委员会．水利水电工程高压喷射灌浆技术规范（DL/T 5200—2004）．北京：中国电力出版社，2005.

［2］ 中华人民共和国水利部．水利水电工程钻孔压水试验规程（SL 31—2003）．北京：中国水利水电出版社，2003.

［3］ 中华人民共和国水利部．水利水电工程物探规程（SL 326—2005）．北京：中国水利水电出版社，2005.

［4］ 中华人民共和国住房与城乡建设部．建筑基桩检测技术规范（JGJ 106—2014）．北京：中国建筑工业出版社，2014.

［5］ 中华人民共和国水利部．水利水电工程单元工程施工质量验收评定标准——地基处理与基础工程（SL 633—2012）．北京：中国水利水电出版社，2012.

［6］ 中华人民共和国水利部．水利水电建设工程验收规程（SL 223—2008）．北京：中国水利水电出版社，2008.

［7］ 吉林省水利工程质量监督中心站．水利水电工程施工质量验收评定表及填报说明 ［M］．北京：中国水利水电出版社，2013.

第 11 章　振孔高喷灌浆施工技术规范

11.1　总则

（1）振孔高喷灌浆是近 30 年发展起来的地基处理新技术，包括定喷、摆喷、旋喷 3 种基本工艺形式。振孔高喷工艺主要特点是孔距小、提升速度快、质量好、节省材料。

（2）为加强振孔高喷灌浆技术的施工管理、统一技术要求、保证工程质量，特制定本规范。

（3）本规范适用于粉土、砂土、黄土、淤泥质土、黏性土、砂砾石、含漂石的卵砾石等第四系地层中，进行止水防渗、地基加固、基坑挡土墙振孔高喷灌浆施工。

（4）本规范为中水东北勘测设计研究有限责任公司企业标准，振孔高喷施工除应遵守本规范外，尚应符合国家和行业有关标准，并在使用中不断补充和完善。

11.2　施工准备工作

11.2.1　技术准备

（1）收集设计文件、有关施工技术要求、测量控制点坐标和高程资料、施工区有关的工程地质、水文地质、水文以及气象等资料，了解设计意图、掌握设计要求，收集施工中应使用的标准及有关文件。

（2）进行施工现场调查，内容应包括施工条件、生活条件、水电线路、地下埋设物状态、建筑物分布、原材料供应及市场价格、劳动力市场情况等。调查要有针对性，特别应注意了解可能影响施工的各种特殊问题。

（3）编写施工组织设计和施工技术要求。施工组织设计内容应包括工程概况、编制依据、设计要求、施工条件、施工总布置、设备及材料计划、施工总进度、施工方法、施工组织、质量和安全保证措施、资料整编等。施工组织设计内容应详细、可行。

（4）对主要操作人员进行技术培训，颁发上岗证。

（5）建立现场质量保证体系，制定安全操作规程和劳动保护措施。

（6）应与监理工程师共同做好单元工程划分工作。防渗工程宜以 $600\sim1000\mathrm{m}^2$ 防渗面积为一个单元工程，地基加固工程宜以累计桩长 $300\sim500\mathrm{m}$ 为一个单元工程。一个分部工程的单元个数不宜少于 3 个。

11.2.2　施工组织

（1）成立项目经理部，由项目经理做好施工人员的组织工作，建立施工机构和质检机构。

（2）根据合同和设计要求，针对工程特点做好施工设备的配备和准备工作，主要关键设备应配有备用设备，应备有充足的易损件，并对准备投入施工的设备进行检修，使其能够保证良好的正常使用状态。

（3）制定主要施工材料计划，并对预购材料的生产厂家进行调查与评价，确保施工材料的质量和数量满足工程需要。

（4）根据合同要求，制定施工总进度计划。总进度计划应考虑各种影响施工因素，切实可行。

11.2.3　施工现场布置

（1）施工平台应平整坚实，起伏差应小于 10cm，DY-60 型振孔高喷机要求平台宽度不小于 6m，DY-90 型振孔高喷机要求平台宽度不小于 8m。

（2）建立供电系统，有条件可利用现场附近的供电电网，一般间隔约 500m 设置一台变压器，单机要求变压器容量一般为 200～300kVA，输出电压为 400V。亦可自备发电机组供电，要求发电机组功率为 200～300kW。现场应有备用电源，备用电源功率应大于 50kW。

（3）建立供水系统，供水站可选在现场附近合适位置，应有 24h 连续供水能力，单机要求供水量不宜小于 12m³/h。

（4）供气站应尽量布置在高喷机附近，宜选用可移动式空压机。

（5）制浆站应布置在进料方便、有存料场地的适当位置，并有防雨设施，内设搅拌机、储浆桶和供浆泵。应有连续供浆能力，供浆量不宜小于 4.5m³/h。防渗工程一般间隔 200～300m 设置一个制浆站。

（6）选择合适位置设立现场材料库或堆放场，有防雨、防潮要求的材料库必须设有防雨和防潮设施，现场保持够用 3～5d 的库存量，以保证施工用料需要。

（7）工地值班室、修理间等应设在施工区内。

11.3　制浆材料和浆液配制

11.3.1　制浆材料

（1）振孔高喷所用水泥的品种和等级，应根据工程目的、需要确定。一般宜采用普通硅酸盐水泥，水泥等级不应低于 32.5MPa。

（2）一个工程宜使用同一厂家的同一品种、同标号的水泥。

（3）所用的水泥必须符合国家有关质量标准，有产品合格证或出厂质量报告的水泥方能使用。在施工过程中，施工单位应对所用水泥进行抽检，一般以 200～400t 同品种、同等级的水泥为一个取样单位，如不足 200t 也作为一个取样单位。

（4）禁止使用受潮结块的水泥。出厂日期超过 3 个月的水泥，须对其进行复检确定其等级能够满足要求后方可使用。

（5）振孔高喷灌浆用水一般应符合水工混凝土拌和用水的要求。

（6）振孔高喷浆液宜使用水泥浆。有特殊要求时，可掺入下列掺和料：

1）膨润土。其质量标准可参照石油天然气行业标准《钻井液用膨润土》（SY/T 5060），一般可以用Ⅱ级膨润土，具体指标参考表 11-10。

2）黏性土。塑性指数不宜小于 14。

3）砂。应为质地坚硬的天然砂或人工砂。

4）粉煤灰。一般可选用Ⅱ级粉煤灰，颗粒不宜粗于同时使用的水泥，烧失量宜小于 8%，SO_3 含量宜小于 3%。

5）其他掺合料。

（7）根据需要，可在浆液中加入减水剂、早强剂、速凝剂或其他外加剂。外加剂的种类及掺入量应通过试验确定。参见表 11-1。

表 11-1　　　　　　　　　　振孔高喷板墙一般可达到的指标

地　层 ＼ 性　能	渗透系数 K /(cm/s)	抗压强度 /MPa
粉土层	$i \times 10^{-6} \sim i \times 10^{-7}$	0.5～3
砂土层	$i \times 10^{-6}$	3～10
砾石层	$i \times 10^{-5} \sim i \times 10^{-6}$	4～12
卵（砾）石层	$i \times 10^{-5} \sim i \times 10^{-6}$	4～12

注　$1 \leqslant i \leqslant 9$。

11.3.2　浆液配制

（1）配制的浆液应符合下列要求：

1）具有良好的流动性、可喷性，黏度不大于 40s。

2）稳定性好，初凝前失水率小。

3）浆液密度。双管高喷宜控制在 1.40～1.45g/cm³，三管高喷宜控制在 1.60～1.70g/cm³。

（2）制浆材料称量可采用称重法或体积法，其误差应小于 5%。

（3）浆液的搅拌时间，使用高速搅拌机应不少于 30s，使用普通搅拌机应不少于 90s。搅拌后时间超过 4h 的浆液不得使用。

（4）浆液应在过筛后使用，并定时检测其密度。

（5）浆液温度应控制在 5～40℃之间。

（6）在非黏性土或低黏性土层中进行三管振孔高喷灌浆，孔口回浆经处理后密度为 1.20～1.30g/cm³ 时方可回收利用。利用回浆配置的浆液密度应控制在 1.70～1.80g/cm³。

11.4　施工设备和机具

11.4.1　振孔高喷灌浆设备

（1）振孔高喷机型号的选择应与高喷深度、施工场地、地质条件相适应。

（2）搅拌机的性能和搅拌能力应保证浆液拌制均匀，制浆效率满足工程需要，宜两台交替使用。一般可选择 DYJ-300 型高速搅拌机。高速搅拌机应设置定量配水装置，以保证所拌制浆液配合比的准确性。

（3）低速搅拌机（储浆搅拌桶）的储浆容量应不小于 500L，应具有低速搅拌性能，以保持高速搅拌机所拌制浆液的性能，保证浆液在使用前不絮凝、不沉淀。

（4）高压浆泵（或高压水泵）和灌浆泵的性能应与工作介质的类型、浓度和用量相适应，其额定压力不小于设计规定压力的 1.2 倍。

（5）各工作介质系统均应安装压力表，宜选用耐震型压力表，使用压力值应在压力表最大标定值的 1/3～3/4 之间。压力表应定期检定，不合格的严禁使用。

（6）空气压缩机宜选用可移动式，供气量和额定压力不小于设计值，供气管路上应设有流量计。

11.4.2 振孔高喷灌浆机具

（1）导流器结构和工作压力应满足喷射工艺要求，摆喷和旋喷导流器应转动灵活、耐用、密封可靠。

（2）振管应选用抗弯、耐振的钢材制作，并根据工艺、地层、深度情况选择合适直径的厚壁无缝钢管，一般要求振管壁厚不小于 8mm，振管应采用丝扣和焊接方式连接，必要时可采用加强板或加强筋连接。

（3）喷射管为无缝钢管，内径一般不小于 19mm，喷射管并列安装时管体间宜采用焊接方式加固连接。

（4）喷头体应为耐磨材料，其底部应镶有硬质合金，具有岩层钻孔能力。

（5）高压喷嘴应选用硬质合金制造，喷嘴收敛角应为 13°～15°、内表面粗糙度应小于 0.8μm。

（6）高压管路的额定工作压力应不小于 45MPa，宜选用内径不小于 19mm 的无缝钢管或钢丝编织高压胶管。

（7）输气管和低压输浆管额定压力应不小于 1.5MPa，内径应不小于 25mm。

11.5 固结体结构形式

（1）振孔高喷分定喷、摆喷、旋喷、快慢旋 4 种工艺方法。高喷固结体结构形式主要有定喷折接 [图 11-1（a）]、摆喷对接 [图 11-1（e）]、摆喷折接 [图 11-1（f）]、旋喷套接 [图 11-1（g）、（h）]。

（2）高喷固结体结构形式应根据工程性质、重要程度、地质条件等进行选择。

（3）定喷、摆喷或快慢旋喷主要用于地基防渗工程，旋喷主要用于地基加固、挡土墙工程，也可用于地基防渗工程。

（4）振孔高喷一般可直接用于深度不大于 26m 的工程，深度较大的工程可采用接管工艺。深度大于 30m 的高喷工程应进行专门试验。

（5）单排孔振孔高喷板墙在不同地层中一般可达到的技术指标见表 11-1。

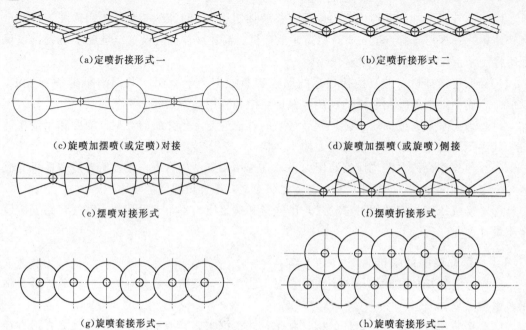

（a）定喷折接形式一　　　　　　　　　　（b）定喷折接形式二

（c）旋喷加摆喷（或定喷）对接　　　　　（d）旋喷加摆喷（或旋喷）侧接

（e）摆喷对接形式　　　　　　　　　　　（f）摆喷折接形式

（g）旋喷套接形式一　　　　　　　　　　（h）旋喷套接形式二

图 11-1　固结体结构形式

（6）振孔高喷板墙的允许坡降一般为 80～150，施工中应根据墙体取样做渗透试验、配合比试验和经验值综合确定。

11.6　主要技术参数

（1）振孔高喷常用的技术参数见表 11-2 和表 11-3。重要的或地层复杂的工程应根据高喷试验确定技术参数。

表 11-2　　　　　　　　　　三管振孔高喷常用施工技术参数表

参数及条件	方　法	定　喷	摆　喷	旋　喷
孔距/m		0.6～0.8	0.6～0.8	0.5～0.8
水	压力/MPa	35～40	35～40	35～40
	流量/(L/min)	70～80	70～80	70～80
	喷嘴数量/个	2	2	2
	喷嘴直径/mm	1.65～1.90	1.65～1.90	1.65～1.90
气	压力/MPa	0.5～0.7	0.5～0.7	0.5～0.7
	流量/(L/min)	1～3	1～3	1～3
	气嘴数量/个	2	2	2
	环状间隙/mm	1.0～1.5	1.0～1.5	1.0～1.5
浆	压力/MPa	0.3～1.5	0.3～1.5	0.3～1.5
	流量/(L/min)	70～80	70～80	70～80
	密度/(g/cm³)	1.60～1.70	1.60～1.70	1.60～1.70

参数及条件	方法	定 喷	摆 喷	旋 喷
浆	浆嘴数量/个	1~2	1~2	1~2
	浆嘴直径/mm	6~10	6~10	6~10
回浆密度/(g/cm³)		1.20~1.30	1.20~1.30	1.20~1.30
提升速度 v/(cm/min)	粉土层	50~70	30~50	15~25
	砂土层	50~70	30~50	10~25
	砾石层	30~50	20~40	10~20
	卵（碎）石层	—	20~30	8~15
旋转速度/(r/min①)		宜取 v 值的 0.8~1.0 倍		
摆动速度/(次/min②)		宜取 v 值的 0.8~1.0 倍		
摆角/(°)			20~90	
振管直径/mm		108~168		

① 快慢旋喷的旋转速度以连续转过360°为1转。

② 摆喷时以摆动单程为1次。

（2）振孔高喷孔距一般为 0.6~0.8m，施工中应根据工程特点、地层情况及施工条件综合确定。

（3）一般性工程，可在施工初期结合生产性试验，对孔距等施工技术参数进行调整和完善。重要或特殊工程，应通过现场试验确定振孔高喷施工参数。

（4）振孔高喷需要入岩时，入岩深度宜控制在进入风化层 0.2~0.5m 之间。

表 11-3 双管振孔高喷常用施工技术参数表

参数及条件	方法	定 喷	摆 喷	旋 喷
孔距/m		0.6~0.8	0.6~0.8	0.5~0.8
浆	压力/MPa	35~40	35~40	35~40
	流量/(L/min)	70~100	70~100	70~100
	密度/(g/cm³)	1.40~1.45	1.40~1.45	1.40~1.45
	喷嘴数量/个	1~2	1~2	1~2
	喷嘴直径/mm	2.95~1.80	2.95~1.80	2.95~1.80
气	压力/MPa	0.5~0.7	0.5~0.7	0.5~0.7
	流量/(L/min)	1~3	1~3	1~3
	气嘴数量/个	1~2	1~2	1~2
	环状间隙/mm	1.0~1.5	1.0~1.5	1.0~1.5
回浆密度/(g/cm³)		1.20~1.50	1.20~1.50	1.20~1.50
提升速度 v/(cm/min)	粉土层	50~70	30~50	15~25
	砂土层	50~70	30~50	10~25
	砾石层	30~50	20~40	10~20
	卵（碎）石层		20~30	8~15

续表

方　法 参数及条件	定　喷	摆　喷	旋　喷
旋转速度/(r/min)		宜取 v 值的 0.8～1.0 倍	
摆动速度/(次/min)		宜取 v 值的 0.8～1.0 倍	
摆角/(°)		20～90	
振管直径/mm		108～168	

注　1. 摆喷时以摆动单程为 1 次。

　　2. "快慢旋"比照摆喷参数执行，其旋转速度以转过 360°为 1 转，每转含"快—慢—快—慢"一个完整循环。

　　3. 当地下水水位较高或流速较大时，应主要控制和调整气量和气压，以避免浆液的过度流失。

11.7　振孔高喷灌浆施工

（1）高喷孔定位与设计孔位偏差不大于 3cm。因故变更孔位时，应征得监理工程师或设计代表同意。

（2）振孔时应采取预防孔斜的措施，随时监测孔斜率（或高喷机主立柱倾斜度），钻孔偏斜超过规定值应及时进行纠正。不同深度下的钻孔偏斜率按表 11-4 控制。

表 11-4　　　　　　　　　　钻孔深度与孔底偏斜率对应表

钻孔深度/m	<20	20～30	≥30
孔底偏斜率/%	<1	0.8～0.6	0.5

（3）有入岩要求的工程，设计单位应提供详细的工程地质资料，勘探点的间距不宜大于 100m。基岩为软岩时可利用喷头体的取样功能进行取样，确定基岩面的埋深、起伏情况，取样孔间距宜为 20～30m。

（4）振孔前，应进行地面试喷并调准喷射方向，当水、气、浆达到要求后，即可开始振孔。

（5）振孔时，射流压力控制在 5～10MPa。按浆、水、气的顺序（双管高喷时按先浆后气顺序）供给高喷介质，浆、水、气畅通后，下放振管使喷头抵地触孔位点，启动振动锤（亦可启动摆动或旋转装置），振动成孔至设计深度。

（6）以入岩深度控制的高喷钻孔，应根据勘探孔或振孔取样资料，并以喷头进入基岩内振管开始明显反弹作参考来控制入岩深度。

（7）当振动钻孔至设计深度后，应将浆、水、气调到设计值，待浆液返出孔口、情况正常后方可按设计参数开始高喷灌浆。

（8）制浆站负责人应严格控制浆液配比，经常检查配浆材料的掺加量，超标或未达标者应及时调配。一般要求间隔 20～30min 测定一次灌浆量和浆液密度，每个高喷孔至少测定一次孔口返浆密度。

（9）施工技术人员或质检人员应经常检查各项施工参数，对参数不符合要求的孔、段应及时采取措施或进行复喷处理。检查参数一般包括孔位偏差、振管垂直度、振孔深度、提升速度、旋转（或摆动）速度、水压、浆压、气压、进浆量、进浆密度、返浆密度等。

（10）在高喷灌浆过程中，出现压力突降或骤增、孔口返浆浓度或返浆量异常等情况时，应查明原因，及时处理。

（11）保持振管垂直度和直线度，发现振管弯曲应及时矫直或更换。

（12）经常检查喷嘴完好状态，出现射流异常应立即更换或处理。

（13）孔内严重漏浆，可采取以下措施进行处理：

1）降低提升速度或停止提升。

2）降低射流压力和流量，进行原地灌浆。

3）在射流或浆液中掺加速凝剂。

4）加大浆液浓度、灌注水泥砂浆或水泥黏土浆、孔口投砂。

5）改用特殊三管法施工。

6）必要时，采用间歇灌浆法。

（14）供浆正常情况下，孔口回浆密度小且不能满足设计要求时，应加大进浆密度或进浆量。

（15）在富水地层及地下水埋深很浅地区，应注意观测回浆量和回浆密度，必要时可适当降低气压，减少给气量。

（16）高喷灌浆因事故中断后恢复施工时，应进行复喷处理，复喷搭接长度可控制在0.3~0.5m之间。

（17）高喷结束后，应利用孔口回浆或配制的浆液及时回灌，直至将浆液灌满孔且液面不再下降为止。

（18）应定期冲洗输浆管路和喷浆管，一般间隔2h用清水冲洗一次，冲至浆嘴喷出清水为止。

（19）施工中应如实记录高喷灌浆的各项施工技术参数、浆液材料用量、异常现象及处理情况等。

11.8 工程质量检查

（1）施工过程中，应由专职质检人员或施工人员对主要施工材料和施工技术参数进行全面检查与控制，并填写有关记录。

（2）振孔高喷灌浆工程的主要质量检查方法有开挖检查、围井检查、钻孔检查、物探检查和室内试验等，检查方法应根据工程特点、设计要求进行选择。

（3）检查宜布置在地层复杂的部位、漏浆严重的部位、可能存在质量缺陷的部位。

（4）开挖检查能够直观固结体的形状、完整性、均匀性、有效喷射长度、水泥浆结石、垂直度等，在条件允许的情况下，宜优先采用。

（5）围井检查适用于防渗工程，其检查方法与布置形式一般要求如下：

1）围井形状宜布置成正方形或长方形，且各孔轴线组成的平面面积不宜小于4.5m²。

2）围井各孔的技术参数应与被检查孔一致。

3）在围井内开挖检查，除直观检查、照相和录像，还可做井内注水或抽水试验。

4）在围井中心布置注水孔或抽水孔，围井内、外分别布设水位观测孔，做钻孔注水试验或抽水试验。

（6）钻孔检查适用于厚度较大的高喷板墙或旋喷桩，其检查方法和布置形式一般要求如下：

1）在高喷灌浆部位采取芯样，初步检查固结体性状。

2）宜自上而下分段进行压水，可取各段试验成果对高喷板墙（或旋喷桩）进行综合质量评定。

3）单排孔高喷板墙的检查孔深度不宜大于 15m。

（7）物探检查适用于厚度较大的高喷板墙或旋喷桩，可视工程特点选择采用地质雷达或超声波检查。

（8）结合开挖检查和钻孔检查，对墙体进行取样，按照设计要求做室内试验，测定其抗压强度、渗透系数、渗透坡降等技术指标。

（9）围井注水（或抽水）试验宜在围井施工结束 14d 后进行；开挖检查、钻孔检查、物探检查宜在该部位完成 28d 后进行。

11.9　竣工资料

（1）工程竣工后，施工单位应及时组织有关技术人员进行资料整编，做好工程验收准备，并在合同规定期限内提交有关验收资料。

（2）施工单位提交的竣工验收资料一般包括以下内容：

1）工程竣工报告（或施工技术总结报告），附竣工平面图、竣工剖面图及必要的试验成果汇总表等。

2）单元工程质量评定资料、分部工程质量评定资料。

3）开挖检查、围井实验、钻孔取样等检查记录、照片或摄像资料。

4）施工中有关设计变更的说明和记录。

5）测量成果资料。

6）主要施工材料质量保证资料。

7）水泥及其他材料出厂质量报告单。

8）施工有关函件及会议纪要。

9）施工大事记。

10）各项施工原始记录等。

（3）竣工资料应按国家有关规程、规范，以及中水东北勘测设计研究有限责任公司质量体系文件进行整编。

11.10　附录

1. 附录一——施工主要表格

（1）振孔高喷灌浆施工记录表，见表 11-5。

表 11-5

振孔高喷灌浆施工记录表

单元编号： 桩号： 孔距： m 喷射方式： 201 年 月 日 时至 时 完成工程量：

孔号	孔位偏差 /cm	振孔时间 /(h: min) 起	止	孔深 /m	孔斜率 /%	喷灌时间 /(h: min) 起	止	喷灌深度 /m 起	止	喷灌段长 /m	喷射参数 提升速度 /(cm/min)	摆角 /(°)	摆速 /(次/min)	转速 /(r/min)	压力/MPa 水浆	气浆	气	流量/(L/min) 水气	气	进浆	浆液密度 /(g/cm³) 返浆	备注

施工员： 机长： 班长： 记录：

（2）振孔高喷制浆记录表，见表 11-6。

表 11-6　　　　　　　　　　　　　**振孔高喷制浆记录表**

浆液配比：　　　　　　　　　　　　　　　　　　　年　　月　　日　　时至　　时

孔号	灌浆时间/(h：min)		灌浆压力 /MPa	浆液流量 /(L/min)	浆液密度 /(g/cm³)	水泥用量 /t	备注
	起	止					
合计							

机长：　　　　　　　　　　　　　　班长：　　　　　　　　　　　　记录：

（3）振孔高喷墙体（桩体）检查记录表，见表 11-7。

表 11-7　　　　　　　　**振孔高喷墙体（桩体）检查记录表**

检查点编号：

工程名称		施工单位	
检查部位		高喷日期	
检查方式		检查日期	

检 查 项 目	检 查 结 果	备 注
墙体（桩体）连续性		
墙体（桩体）垂直度		

检 查 项 目	检 查 结 果	备 注
钻孔间距		
有效喷射距离		
墙体厚度		
桩体直径		
浆液结石性状		

质量评定：

检查单位人员签字：	施工单位人员签字：	监理单位人员签字：

（4）振孔高喷灌浆单元工程质量评定表，见表11-8。

表 11-8　　　　　　　　　　振孔高喷灌浆单元工程质量评定表

合同编号			单元编号		
单位工程名称			施工单位		
分部工程名称			监理单位		
单元工程部位			检验日期		年 月 日

	检查项目	质量标准	各孔检测结果							
1	孔位偏差									
2	△孔深									
3	孔斜率									
4	水压									
5	气压									
6	浆压									
7	△进浆量									
8	△进浆密度									
9	△提升速度									
10	旋摆速度									
11	△高喷记录									
	各孔质量评定									

本单元工程共有　　孔，其中优良　　孔，优良率　　%

围井抽（注）水试验 $K=$ 　　cm/s	固结体取样室内试验 $R_{28}=$ 　　MPa，$K=$ 　　cm/s

续表

评定意见		单元工程质量等级	
施工单位 人员签字		监理单位 人员签字	

2. 附录二——振孔高喷机主要参数表（表 11-9）

表 11-9　　　　　　　　　　　振孔高喷机主要参数表

技术参数 ＼ 型号	DY-90	DY-60
钻孔直径/mm	120～230	110～230
钻孔深度/m	28～45	22～35
立柱垂直度/%	0.1～0.5	0.1～0.5
振动锤功率/kW	60～90	60
外形尺寸/m	10.5×7.6×31	9×5.5×25
质量/t	29	23
轨距/m	5～6	4～5
要求平台宽度/m	7～8	5～6
要求电源容量/kVA	250	200

3. 附录三——膨润土技术指标（表 11-10）

表 11-10　　　　　　　　　　　膨 润 土 技 术 指 标

项　目	指　标		
	一级膨润土	二级膨润土	三级膨润土
ϕ_{600} 读值	≥30.0	≥30.0	≥23.0
滤失量/mL	≤15.0	≤17.0	≤22.0
动切力/Pa	≤1.5×p_v 值*	≤3×p_v 值	
湿度/%	≤10.0	—	≤12.0
湿筛分析，0.075 筛余/%	≤4.0	—	≤4.0

注　p_v 为塑性黏度（ϕ_{600}－ϕ_{300}），仅取其读数值，不考虑其原单位（MPa·s）。

4. 附录四——浆液常用外加剂配方表（表 11-11）

表 11-11 浆液常用外加剂配方表

序号	外加剂成分及比例	特 性
1	氯化钙 2%～4%	促凝、早强、可灌性好
2	铝酸钠 2%	促凝、强度增长慢、稠度大
3	水玻璃 2%～3%	初凝快、终凝时间长、成本低、抗渗性能提高
4	三乙醇胺 0.03%～0.05%，氯化钠 1%	有早强作用
5	三乙醇胺 0.03%～0.05%，氯化钠 1%，氯化钙 2%～3%	促凝、早强、可喷性好
6	氯化钙（或水玻璃）2%，"NNO" 0.5%	促凝、早强、强度高，浆液稳定性好
7	氯化钠 1%，亚硝酸钠 0.5% 三乙醇胺 0.03%～0.05%	防腐蚀、早强，后期强度高
8	木质素磺酸钙 0.5%～2%	缓凝、后期强度高

第 12 章　振孔高喷施工安全生产与管理

　　安全管理就是针对人们在生产过程中的安全问题，运用有效的资源，发挥人们的智慧，通过人们的努力，进行有关决策、计划、组织和控制等活动，实现生产过程中人与机械设备、物料、环境的和谐，达到安全生产的目标。

　　安全生产管理的目标是，减少和控制危害，减少和控制事故，尽量避免生产过程中由于事故所造成的人身伤害、财产损失、环境污染以及其他损失。

　　安全生产管理的基本对象是企业的员工，涉及企业中的所有人员、设备设施、物料、环境、财务、信息等各个方面。针对振孔高喷安全生产的管理内容包括项目部的安全生产管理机构及职责、各岗位的安全职责、各类人员的操作规程、工艺安全生产管理规章制度、振孔高喷工艺危险源的辨识及其控制措施、安全生产技术措施等。

12.1　安全管理组织机构及其职责

　　根据《中华人民共和国安全生产法》等法律法规的规定，结合施工项目的实际情况，要求施工项目必须建立安全管理组织机构，配备专（兼）职安全员。

12.1.1　建立安全生产保障体系

　　安全生产保证体系见图 12-1。

12.1.2　安全管理组织机构

　　项目经理为安全生产第一责任人，制定安全方针，完善工作制度，制定安全防护规程。建立健全各项安全生产责任制度，设立专（兼）职安全员。项目安全组织，在项目经理的领导下，在地方政府安全监察机构及业主、工程监理的指导下进行安全工作。其主要任务是：根据国家安全生产方针、政策和安全工作的中心任务，提出项目部的执行方案，组织生产施工单位贯彻执行。结合工程实际情况制定安全文明施工细则；采取各种对策及时排除事故隐患；完成安全生产目标。图 12-2 所示为安全管理组织机构框图。

12.1.3　安全管理组织机构的职责

　　1. 安全生产领导小组的主要职责

　　（1）认真贯彻执行有关安全生产的方针、政策、法律、法规，结合企业实际，制定企业安全生产、文明施工制度，并监督其执行情况。

　　（2）贯彻公司制定安全生产管理制度并监督实施；参与审核安全技术方案与措施，并监督检查其执行情况。

　　（3）编制生产安全事故应急救援预案并组织演练。

　　（4）负责监督检查施工现场各类机械设备的安全使用管理工作。定期组织对各种机械

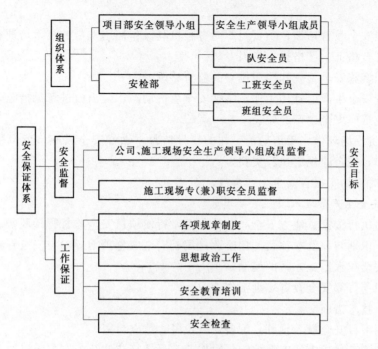

图 12-1 安全生产保证体系框图

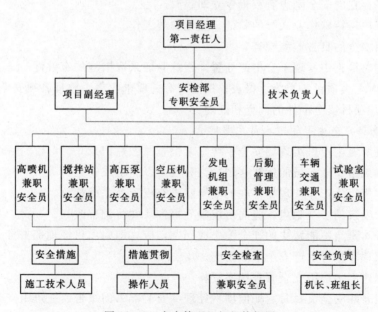

图 12-2 安全管理组织机构框图

设备、电气设备、车辆的安全检查，对不符合安全技术规程、标准的不准使用，应采取措施，消除隐患。

（5）保证安全生产费用的有效使用。

（6）定期组织召开安全生产例会；负责安全检查工作，对查出的事故隐患限期解决。制止违章指挥、违章操作，遇有严重险情，有权暂停生产，并令人员撤离危险区，事后向领导汇报。

（7）开展安全教育培训；负责组织对各种机具操作使用人员的技术培训和考核，对考试合格者签订合格证，严格执行专人专机制。

（8）组织实施安全检查和隐患排查并监督整改。

（9）负责安全生产的宣传工作，掌握安全生产动态，提出改进意见措施，组织安全活动，总结交流推广安全生产经验。

（10）负责现场环保、噪声防治工作的指导监督，做好安全设施、劳保用品的鉴定和监督检查工作，按企业规定执行奖罚。

（11）及时、如实报告安全生产事故。

2. 专职安全生产管理人员主要职责

（1）严格执行国家、地方安全和其他要求，行使项目安全监督管理职能。

（2）负责识别与评价本项目的危险源；编制安全应急预案；参与安全专项方案、施工组织设计中安全技术措施方案的编制。

（3）组织项目部安全教育培训工作。

（4）安全技术措施交底。

（5）编制项目安全投入预算，配备安全设备，建立台账。

（6）负责施工过程中的安全控制。对作业人员违规违章行为有权予以纠正或查处；对生产作业现场存在的安全隐患有权责令立即整改。

（7）做好项目特殊作业人员的验证、登记管理工作。

（8）项目安全的日常监测检查。

（9）负责对检查中发现不合格的处置。跟踪验证采取措施的有效性。

（10）按时上报项目各类统计报表；按上级有关要求收集、整理各项安全管理资料。

（11）参加项目安全事件的调查和处理。

3. 班组兼职安全生产管理人员主要职责

（1）负责所属生产班组现场安全生产日常检查并做好记录。

（2）对本班组作业人员的违章违规行为有权予以纠正或查处。

（3）对本班组生产作业现场存在的安全隐患有权责令立即整改。

（4）对于发现的安全隐患，应向班组领导报告，并协调整改。

（5）对于本班组不能解决的安全隐患或问题，应立即向项目经理部报告。

（6）按照程序报告生产安全事故情况。

（7）组织建立本班组安全管理档案资料。

（8）班组兼职安全员每月定期向项目经理部安监部书面报告所在班组安全生产实际情况的简要总结。

12.2　振孔高喷工艺施工各岗位安全职责

安全生产责任制是企业安全管理的重要组成部分，建立周密、完善的安全生产责任制，是现代企业安全管理的必然。

从上到下建立起严格的安全生产责任制，责任分明，各司其职，各负其责，将法规赋予生产经营单位和企业的安全生产责任由大家来共同承担，安全工作才能形成一个整体，各类生产中的事故隐患无机可乘，从而避免或减少事故的发生。

1. 项目经理岗位安全职责

（1）对项目部的安全生产工作全面负责。

（2）认真贯彻执行国家有关安全生产的法律、法规、规程和标准，有效地落实公司的各项安全生产管理制度，并根据实际情况组织制定本项目部安全生产管理制度实施细则和其他员工的安全生产责任制。

（3）认真落实施工组织设计中安全技术管理的各项措施，严格执行安全技术措施的审批、施工项目安全技术交底和设施（设备）的验收、特种设备定期检验的规定，保证安全投入专款专用。

（4）按规定设立安全质量管理部门，配备专职安全生产管理人员，应督促其经常深入现场开展安全施工的检查与整改。

（5）组织各类安全生产检查，定期研究承包和分包项目施工中的不安全问题并加以解决。

（6）根据公司制定的安全事故应急救援预案成立应急组织，保证应急人员、物资和设备的到位及完好，并定期进行训练和演习。

（7）保证项目部所有人员（包括临时用工）都必须经过相应的安全培训并考核合格，持有效证件上岗工作。

（8）伤亡事故发生后要立即组织抢救，并保护好现场，按照有关程序及时报告，在职权范围内主持或参与事故的调查与处理。

（9）确保公司和业主提出的安全生产目标的实现。

2. 项目副经理岗位安全职责

（1）对本项目的安全生产、劳动保护工作负第二位责任。

（2）协助经理认真贯彻落实国家有关安全生产、劳动保护的方针、政策、法令和公司有关安全生产的规章制度。

（3）贯彻执行管生产必须管安全的原则。

（4）协助经理组织本项目安全生产大检查，对查出的安全隐患等，指定专人或部门限期整改。

（5）参加和主持项目生产调度会议，当生产和安全发生矛盾时，必须服从安全，确保安全生产。

（6）加强对职工遵纪守法教育，提高职工素质，强化职工安全意识，总结推广安全生产先进经验。

（7）本项目发生人身、机械、火灾等事故时，要亲临现场，组织调查事故原因及责任，对事故责任人提出处理意见，并制定预防措施。

（8）参加项目安全生产会议，督促检查项目安全技术部门的工作，在经理外出期间，承担和行使经理的安全职责，努力实现本项目的安全生产目标。

3. 项目技术负责人岗位安全职责

（1）对项目工程施工中的安全生产负技术责任，严格执行安全技术规程、规范、标准，结合工程特点，主持工程的安全技术交底。

（2）参加或组织编制施工组织设计，在编制和审查施工方案时，制定、审查安全技术措施，保证其可行性和针对性，并在施工过程中检查、监督、落实。

（3）项目工程应用新材料、新技术、新工艺要及时上报，经批准后方可实施，同时要组织上岗人员的安全技术培训、教育，认真执行相应的安全技术措施和安全操作工艺。

（4）主持安全防护设施和设备的验收，发现不正常情况及时采取措施，严格控制不合标准要求的防护设施、设备投入使用。

（5）参加安全生产检查，对施工中存在的不安全因素，从技术方面提出整改意见和予以消除。

（6）参加因工伤亡及重大未遂事故的调查，从技术方面分析事故原因，提出防范措施和意见。

4. 机长岗位安全职责

（1）认真落实公司和项目部下达的安全生产管理目标和安全生产规章制度。坚持"安全第一，预防为主"的方针，对职工在生产中的安全和健康负全面责任。

（2）定期组织安全检查，对事故隐患及时整改，督促班组做好安全生产工作，防止事故和职业病的发生。

（3）经常对职工进行安全生产教育，负责组织对新职工（包括临时工）的安全教育，抓好班组安全建设。

（4）组织召开安全生产会议，研究解决安全生产中出现的问题，表扬奖励安全生产中的先进，推动安全生产工作。

（5）认真执行上级安全计划，坚持安全工作与生产同计划、同布置、同检查、同总结、同评比。杜绝违章指挥，不断改善劳动条件。抓好交通安全管理。

（6）发生工伤事故应立即向项目部汇报，并按"三不放过"的原则进行处理。重伤以上事故要保护现场。

5. 班长岗位安全职责

（1）对本班组的安全生产工作负直接责任。

（2）模范遵守安全制度和操作规程，检查、维护好安全防护设计。做好班前、班后安全检查，发现隐患及时整改。

（3）负责组织对新职工（包括临时工）进行上岗前的安全教育和培训，定期组织安全活动，不断提高职工的安全素质和安全操作技能。

（4）严格执行"交接班制度"，交接班时须详细检查、全面交代施工现场的安全情况。交接双方对机电设备及运转情况做到心中有数。

（5）有权制止任何人违章作业，有权拒绝任何人违章指挥。

（6）发生工伤事故应立即向领导报告并组织抢救，做好事故原因分析，明确责任，提出预防事故的具体措施。

6. 职工安全生产职责

（1）认真学习和严格遵守各项规章制度，不违反劳动纪律，不违章作业，对本岗位的安全生产负直接责任。正确使用劳动保护用品，积极参加安全活动。

（2）精心操作，严格执行操作规程，做好各项记录，交接班必须交接安全情况。及时反映生产中的不安全因素，有权制止任何人违章作业，有权拒绝任何违章指挥，实现"三不伤害"（不伤害自己、不伤害他人、不被他人伤害）。

（3）正确分析、判断和处理各种事故隐患，把事故消灭在萌芽状态，如事故发生，要正确处理，及时、如实地向上级汇报，并保护好现场，做好详细记录。

（4）按时认真进行巡回检查，发现异常情况，及时处理和报告。

（5）正确操作，精心维护设备，保持作业环境整洁，搞好文明生产。

12.3 振孔高喷施工作业人员安全技术操作规定

为了贯彻执行国家"安全第一、预防为主、综合治理"的安全生产方针，坚持"以人为本"的安全理念，规范振孔高喷工艺施工现场作业人员的安全、文明施工准则，以控制各类事故的发生，确保施工人员的安全、健康，确保安全生产，特制定各种技术操作规定。

12.3.1 一般规定

（1）凡从事振孔高喷工艺施工相关人员，均应熟悉本岗位的安全技术规程及相关专业安全技术规程。

（2）作业人员应执行国家安全生产、劳动保护的法律法规。

（3）遵守劳动纪律、做好交接班作业，不得擅自离开作业岗位。作业中不得说笑打闹，不得做与作业无关的事，上班前不得喝酒。

（4）未经许可，不得将自己的工作交给别人，更不得随意操作别人的机械。

（5）作业前应按规定穿戴好个人防护用品。作业时不得赤膊、赤脚、穿拖鞋、凉鞋、高跟鞋、敞衣、戴头巾、围巾、穿背心。

（6）不得靠在机器的栏杆、防护罩上，以及在皮带机上休息。

（7）非施工人员不得在振动锤振动区域逗留，防止发生危险。

（8）上下班应按规定的道路行走，注意各种警示标志和信号，遵守交通规则。

（9）不得在吊物下通过和停留。

（10）易燃、易爆等危险场所不得吸烟和明火作业。不得在有毒、粉尘生产场所进食、饮水。

（11）不得在振孔高喷机桩架上和可掉下物件的范围内，同时进行作业。若无法避免时，应有可靠的安全措施。

（12）施工现场所有的材料，应按指定地点堆放；进行拆除作业，拆下的材料应随拆随清，不得妨碍交通。

（13）机械设备不得带病运转或超负荷运转。试运转应按照安全技术措施进行。

(14) 电气设备和线路应绝缘良好，各种电动机应按规定接零、接地，并设置单一开关，遇有临时停电或停工休息时，应拉闸加锁。

(15) 检查、修理机械电气设备时，应停电并挂标志牌，标志牌应谁挂谁取。检查确认无人操作后方可合闸。不得在机械运转时加油、擦拭或修理作业。

(16) 作业前应检查所使用的各种设备、附件、工具等是否安全可靠，发现不安全因素时应立即检修，不得使用不符合安全要求的设备和工具。

(17) 各种机电设备上的信号装置、防护装置、保险装置应经常检查其灵敏性，保持齐全有效。

(18) 使用电钻、角磨机等手持电动工具，除有良好的接地保护等安全措施外，还应戴绝缘手套。

(19) 非电气人员不得安装、检修电气设备。不得在电线上挂晒衣服及其他物品。

(20) 机械的运转部分及导轨面上等部位不得放置各种物品，设备运转中不得调整安全防护装置及给转到部位加润滑油，操作者离开岗位时，应停机、停电。

(21) 按设备维修、保养制度规定，进行设备维修保养作业，应保持设备整洁、润滑良好。

(22) 作业地点及通道应保持整洁通畅，物件堆放应整齐、稳固。行车道、厂区重要通道不得堆放杂物，并按规定保持一定距离。

(23) 严格执行消防制度，各种消防工具、器材应保持良好，不得乱用、乱放。

(24) 变电室、配电室、氧气和乙炔存放处、煤气存放处、空气压缩机站、发电机房、柴油存放处、危险品等要害部位非本岗位人员未经批准不得入内。

(25) 非特种设备操作人员和维修人员，不得安装、维修和操作特种设备。

(26) 当班作业完成后，应及时对工具、设备进行清点和维护保养，并按规定做好交接班工作。

(27) 发生事故时，应及时抢救和报告，并保护好现场。

12.3.2 振孔高喷机操作人员安全技术操作规定

1. 液压系统的操作规定

(1) 操作准备。

1) 操作人员必须熟悉并掌握液压机设备的基本工作要求和安全操作规程。

2) 启动油泵前应检查油箱油量是否正常，如不足应立即补充。

3) 检查电气仪表等控制系统是否正常。

4) 检查各油路组件是否完好，有无异常情况，确认是否具备启动条件。

5) 加入油箱内的液压油必须清洁或经过过滤，并保持不低于油标，油泵吸油口处的滤油器必须经常拆洗，去除滤网上的纤维杂质，要定期清除油箱底沉淀水、污垢。

6) 启动油泵前应检查油箱油量是否正常，如不足应立即补充。

7) 开动前应先检查各紧固件是否牢靠，各运转部分及滑动面有无障碍物，限位装置及安全防护装置是否完善。

(2) 开机运行。

1) 首先打开电源开关，电源指示灯亮，按下"电机启动"按钮，电机启动。

2) 启动油泵后，首先确认油泵旋转方向是否正确、有无异响、油压是否达到技术要求。监视油泵及油压系统各组件运转情况，温升、振动是否正常。

3) 检查液压站运转是否正常，特别是油泵声响、工作是否正常，液压系统是否畅通完好，应无渗漏现象。

4) 工作前先做空行程试运转 10min，检查各按钮、电磁开关、行程开关、操纵阀、马达等是否灵活可靠，确认液压系统压力正常方可进行操作。

5) 操作操纵阀，测试 4 个支腿油缸、2 个行走油缸、液压马达。检查行走、回转是否正常。

6) 液压系统正常工作后，必须检查各油缸工作情况，经常检查油管路及油缸是否有漏油及不换向现象。

7) 注意观测油温，按要求启用换热冷却器，油箱内油温不超过 60℃。

8) 溢流安全阀由修理工调整后，岗位工不得随意调节。

9) 操作过程中发现有异常现象，应立即关闭电源，检查排除故障。

10) 要经常注意油箱，观察油面是否合适，如果油面过高须检查回油管路，调节回油阀门，严禁溢出油箱。

11) 调节阀及压力表严禁非操作人员私自乱调乱动，压力表应定期校正。操作阀和安全阀失灵或安全保护装置不完善时，不许进行工作。

12) 工作中若设备出现异常现象或声音时应停机检查。

（3）停机。

1) 关机前，按下"电机停止"按钮，关闭电源开关。

2) 工作完毕，应切断电源，擦拭、保养设备，整理、清扫工作场地。

3) 遇到停电时，应将操作手柄置于停止位置上，并立即将电源开关切断。

（4）维护保养。

1) 工作用油使用抗磨液压油，使用环境温度在 15～40℃ 范围内。

2) 油液应进行严格过滤后才许加入油箱。

3) 工作油液每一年更换一次，其中第一次更换时间不应超过 3 个月。

4) 每半年校正检查一次压力表。

5) 机器较长时间不使用，应将液压站用防水布包好，防止长时间日晒雨淋。

（5）检修安全。

1) 在检修液压系统，液压元件、油缸、管路泄漏油，必须停泵，并需放泄压力至零，才能进行检修，以免发生事故。

2) 在与其他工种配合时，应严格遵守其他工种的安全操作规程。

3) 液压站除专职人员外，不熟悉设备性能的人员不准乱动设备，以免发生危险。

4) 液压站属设备危险源，在液压站附近明火作业必须采取安全防范措施，并配备适当的灭火设备。

2. 卷扬系统的操作规定

（1）作业前，应检查卷扬系统中的钢丝绳两端固定接头连接牢固；制动装置、离合器、滑轮、限位装置等应灵活可靠；钢丝绳损伤、保养状况。检查副卷扬钢丝绳的缠绕方向，安装时按逆时针方向缠绕。主卷扬钢丝绳的缠绕方向，安装时按顺时针方向缠绕。

（2）操作时，操作者应听从指挥人员所发出的信号。

（3）卷扬机不得超负荷作业，卷扬机启动或停止时，速度须逐渐增大或减小。

（4）钢丝绳在卷筒上应排列整齐，作业中卷出时不可全部放完，在卷筒上至少应保留5圈。收绕钢丝绳时不得用手引导。

（5）钢丝绳应经常进行检查，不得有结节、扭拱现象。

（6）开动卷扬机前的准备和检查工作应遵守以下规定：

1）清除工作范围内的障碍物。

2）指挥人员和操作者应预先确定联系信号，并熟悉记牢，以便工作协调。

3）检查各起重部件，如钢丝绳、滑轮、卡扣等，如有损坏应及时修理。

4）检查转动部分，特别是刹车装置应灵敏可靠。如有问题，应及时修理或调整。

（7）制动带不得受潮和沾染油污，如因打滑制动失灵时，应立即停止工作，进行清洗和调整。

（8）卷扬机在运转时不得进行任何修理、调整或保养清洁工作。

（9）作业时操作人员不得擅自离开卷扬机，如需离开时应经现场施工主管人员同意，并指派有操作能力的人员现场交接后方可离开。

（10）卷扬机在工作中，如遇停电或检查保养时，应将操作手柄置于停止位置上，并立即将电源开关切断。

（11）操作者应按指挥人员的信号进行操作，如指挥人员所发信号不够清楚或察觉有安全隐患时，操作者可拒绝执行，并通知指挥人员。

（12）操作者对任何人员发出的危险信号均应听从。

（13）工作停工后应切断电源，锁上开关箱。

12.3.3　空压机操作人员安全技术操作规定

（1）作业人员应经过专业培训考试合格后，方可上岗作业。

（2）空气压缩机应保持清洁和干燥。

（3）不得将汽油、油棉纱等易燃易爆物品存放在空压机旁边和储气罐附近，并定期检查消防设施。

（4）储气罐存放处应通风良好。距储气罐15m以内不得进行焊接或热加工作业。

（5）空气压缩机在运行过程中不得对其进行维护保养及检修作业。

（6）安装或检修后的空气压缩机，应进行试运转，确认性能可靠后方可带负荷运行。

（7）不得使用汽油或煤油清洗空气压缩机的空气滤清器、汽缸和其他压缩空气管路等零件。不得用燃烧方法清除管道油污。

（8）用压缩空气吹洗零件时，不得将管口对着人体或其他设备。

（9）内燃机冷却水温过高需要打开水箱盖时，应戴手套或用厚布衬垫，人的面部应避开水箱口。

（10）不得接近明火源加油。

（11）操作固定式电动空气压缩机，应遵守下列规定：

1）启动前的检查与准备。

a. 清除机体和电动机附近的工具和杂物，并清扫干净。

b. 曲轴箱中的油质和油量应符合要求。

c. 压气管路各阀门开闭应灵活，并处于开机前的位置。

d. 长期停机后，应向齿轮油泵内注满机油，摇动齿轮油泵使油压升到100kPa以上。

c. 各连接部位应无松动现象，安全防护装置应齐全可靠，电动机及电气设备应正常并应保证电气设备的外壳有良好接地装置；接地电阻不大于4Ω；启动设备动作灵活，操作把手应置于零位，油断路器在断开位置，可控硅励磁装置所有开关均处于停机位置。

f. 中间冷却器如有气压，应进行排放；调节卸荷器，使空气压缩机处于无负荷状态。

g. 打开冷却器进水阀，并调至适宜流量；向注油器内注入清洁的压缩机油至规定高度，摇动注油器手柄，向汽缸内注油，并确认已进入汽缸。

2）运转作业。

a. 各仪表指示，各部油位、油温、油压、水温、排气温度及气压等应符合要求。

b. 电动机及机械部分应无异常声响和振动，电气各部运行正常无过热现象，电流表、电压表的指示应在规定范围内。

c. 注油器工作应正常。

d. 中间冷却器及各管路等部位无漏水、漏气等现象。

e. 冷却水流量应均匀，不得有间歇性的排气及冒气泡等现象。

f. 卸荷器和安全阀压力调定后不得变动。

g. 中间冷却器及储气罐内积水和油每班应排放2～3次。

h. 各部位螺钉、销子无松动现象。

3）空气压缩机运行中发现下列情况之一时，作业人员应停机检查。

a. 压缩机发生严重漏气或漏水；冷却水突然中断。

b. 润滑油压力降到100kPa以下或突然中断；润滑油温度过高。

c. 中间压力、二级排气压力或排气温度超过允许范围。

d. 电流表、压力表、温度表指示值突然超过规定。

e. 压缩机或电动机有不正常声响。发动机的滑环和电刷间有严重跳火现象。

4）作业人员在停机时，应做到以下几方面：

a. 应逐渐关闭减荷阀门，使空气压缩机空载运转。

b. 应先关小冷却水的进水阀门，15min后全部关闭。

c. 排放冷却水需待水温降到60℃以下后进行。

d. 空气压缩机日常维护保养及检修的废弃物（含油料）应集中保管处理。

12.3.4 高压浆泵操作人员安全技术操作规定

（1）高压泥浆泵安装或移动位置时，必须把泵的底座垫平垫实，避免倾斜或抖动。

（2）高压泵齿轮箱必须按推荐油号使用符合国家标准的润滑油，使用不合格的润滑油会降低曲轴的寿命，尤其是过于黏稠的润滑油，将很快对曲轴造成损坏。

（3）为了保证 V 形带的传动效率，应定期检查 V 形带的紧张程度，安装时应使用具有同一长度公差的 V 形带，不得将不同长度的三角带混合使用。

（4）调节器在介质为水时，可用作辅助调节流量，介质为水泥浆时严禁用于调节流量。

（5）运转中柱塞密封若有介质泄漏，可调节密封压母，使柱塞密封压紧。若调节后不能解决，则需要更换密封或柱塞。密封不可一次调得太紧，应分多次调节，以不泄漏为主。

（6）高压泵吸入的水泥浆必须使用 16 目以上的铁网双重过滤；否则会引起液力端工作不正常。

（7）安全阀的膜片是防止因管道堵塞造成过压而泄漏保护的安全措施，应经常检查安全阀膜片与高压通道之间是否畅通，绝不可采用其他膜片代替。

（8）运转过程中，用于柱塞上端的润滑油不能中断；否则会造成柱塞或密封的频繁损坏。

（9）由于各种原因停机，在不超过 12h 的情况下，必须开机用清水冲洗泵头工作腔、调节器及吸入排出管道内的残留介质；若停机时间在 12h 以上应拆卸泵头，人工用清水清洗各个部位，如果是长期停止使用，清洗结束后还应涂抹黄油，达到防止生锈的目的。

（10）高压泵运行中一般处于高压状态，必须配备具有相应知识的专人进行操作、维护和保养，要保持泵房的整洁。

12.3.5 水电焊操作人员安全技术操作规定

1. 一般规程

（1）焊工必须经过专门安全技术和防火知识训练，并经过考试合格后方可独立操作。焊接及气割作业人员应符合以下规定：身体健康，熟练掌握焊、割机具的性能和有关电气、防火安全知识以及触电急救常识，遵守各项安全管理制度，并应按规定穿戴劳动防护用品。

（2）作业前应了解焊接与热切割工艺技术以及周围环境情况，并应对焊、割机具做工前检查，严禁盲目施工。禁止使用不完好的焊接工具和设备。

（3）如遇六级以上大风应停止高空作业，雨、雪天应停止露天作业。

（4）焊接、切割有油、易爆有毒物的容器、管道，操作前必须采取妥善措施后方可进行操作。

（5）在密闭或半密闭的工件内焊接、割作业，宜有两个以上通风口，并设专人监护。在焊接有喷漆防腐层的物品时，必须在通风良好的地方进行焊接，必要时应设通风设备和采取有效的防毒措施。

（6）焊接切割前，应清除现场的易燃、易爆物品，高空作业下方不准有易燃易爆物品。如遇特殊情况，应采取有效的隔离措施。焊、割盛装过可燃液体或气体的容器内，应事先对容器清洗干净，并打开容器孔盖，确认容器内无易燃液体和易燃气体后，方可作业。

（7）作业完成后，应切断电源和气源，盘收电焊钳（把）线盒焊枪软管，清扫工作场地，做到工完场清，检查有无余火后方准离开。

2. 电焊

（1）工作前应检查电焊机外壳、接地线，必须绝缘良好。一、二次接线柱螺钉应紧固。焊机设备的外壳以及金属开关外壳应按说明书要求采取可靠的接地保护措施，露天作业时，应采取防雨、防潮措施，输入、输出接线端子应可靠紧固，保证良好的导电性能。

（2）电焊机应设良好的防晒棚，经常移动的电焊机须有良好的防雨罩，并放有明显的"有电危险"标牌。

（3）使用质量合格的电焊钳（把），且电焊钳（把）及导线的绝缘应良好，不得有破损现象。严禁用圆钢或角钢等设备代替零线，零线必须直接接在焊件上。不得在易燃易爆场所和盛装有可燃液体或可燃气体的容器上进行焊、割作业。

（4）电焊机使用时的温度不许超过60℃。

（5）电焊把线、零线不许搭在氧气瓶上，更不准从钢丝绳上拉过。

（6）把线、零线中间有接头时，应紧密处理好以防电阻过大时发热而产生事故。

3. 水焊

（1）对水焊工具必须熟悉其使用方法，方可正式使用。无证禁止操作。

（2）搬运氧气瓶时，首先应把保险帽拧紧后用车或用人抬，要轻拿轻放，不得振动，严禁在地面上滚动。

（3）露天作业时，氧气瓶严禁在强烈阳光下照射，必须有防晒措施。氧气瓶、乙炔瓶距离应不小于5m，氧气瓶严禁沾污油物。气瓶与火源（火点）的距离应不小于10m。

（4）瓶内应保留0.5MPa的残压，不得用尽。

（5）在安装氧气表前，首先检查瓶嘴丝扣的完好程度，然后将瓶嘴微开，吹洗瓶嘴的油污，开启应用专用扳手，工作人员应站在阀门的侧面，并闪过头部。

（6）乙炔瓶、氧气瓶不许靠近电焊把线，氧气胶管、电焊把线不准混在一起，氧气管与乙炔管应用不同颜色，胶管头连接处用卡子卡紧，不准用铁丝捆扎。

（7）氧气瓶不准放在火炉、烘炉、锅炉、喷灯和电闸等热源附近。

12.3.6 振孔高喷机登高作业安全规定

（1）登高作业人员必须经体格检查合格后，方可从事高空作业。凡患有高血压、心脏病、癫痫病、精神病和其他不适于登高作业的人，禁止登高作业。

（2）距离地面2m以上或工作斜面坡度大于45°，工作地面没有平稳的立脚地方或有震动的地方，应视为登高作业，必须办理登高手续。

（3）防护用品需要穿戴整齐，裤脚要扎牢，戴好安全帽，不准穿光滑的硬底鞋，要有足够强度的安全带，系好安全绳，并应将绳子系牢在天车的滑轮上返回地面，地面应由两人以上负责安全绳的升降。

（4）登高前，项目经理或机长应对登高人员进行现场安全教育，讲解登高的安全注意事项。

（5）检查所用登高用具和安全用具（如安全帽、安全带、安全绳、梯子、跳板等），必须安全可靠，严禁冒险作业。

（6）靠近电源（低压）线路作业时，应先联系停电，确认停电后方可进行工作，作业者至少离开电线 2m 以外，禁止在高压线下工作。

（7）进行振管安装高空作业所用工具、螺钉螺母、材料等必须装入工具袋。用绳吊到安装位置，上下时手中不得拿物件，并必须从指定路线上下，不得在高空投掷材料或工具等物。振管组装完毕应及时将工具扳手、剩余的螺栓等一切易坠落物件清理干净，以防落下伤人。

（8）夜间作业，必须设有足够的照明设施；否则禁止工作。

（9）严禁上下同时垂直作业。

（10）严禁站在高喷机的立柱上休息，可到振动锤的顶部临时休息，防止坠落。

（11）高空焊接、气割作业时，必须办理动火手续，事先清理火星飞溅范围内的易燃易爆物品，并设人监护。

（12）当结冰积水时，必须清除并采取防滑措施后方可工作，遇六级以上大风，禁止露天高空作业。

（13）攀登主立柱的梯子时，必须先检查梯子是否有开焊的地方，是否符合安全要求。确认符合要求后，方可登高作业。

（14）在安装振管时，需要两个人配合，两人要做好分工，并安排一名卷扬操作人员配合，由一名指挥人员统一指挥。

12.3.7　电工操作人员安全技术操作规定

（1）作业人员应经过专业培训，并经考试合格取得特种作业人员操作证书后，方可上岗作业。

（2）作业人员应服装整齐，扎紧袖口，头戴安全帽，脚穿绝缘胶鞋，手戴干燥线手套，不得赤脚赤膊作业，不得戴有金属丝的眼镜，不得用金属制的腰带和金属制的工具套。

（3）作业前，应检查安全防护用具，如试电器、橡皮手套、短路地线、绝缘靴等符合规定。

（4）维护电工作业前，应两人共同完成，其中一人操作，另一人监护。

（5）常用小工具（如验电笔、钳子、电工刀、螺丝刀、扳手等）应放置于电工专用工具袋中并经常检查，使用时应遵守以下规定：

1）随身佩带，注意保护。

2）按功能正确使用工具；钳子、扳手不许当榔头用。

3）使用电工刀时，刀口不可对人；螺丝刀不得用铁柄或穿心柄的。

4）对于工具的绝缘部分应经常检查，如有损伤，不能保证其绝缘性能时，不得用于带电操作，应及时修理或更换。

（6）使用梯子，底脚应有防滑设施；两人不得同时使用一个梯子。

（7）工具袋应合适，背带应牢固，漏孔处应及时缝补好。

（8）使用人字梯时，夹角应保持 45° 左右，梯脚应用软橡皮包好，两平梯间应用链子拉住，必要时派人扶住。

（9）室内修换灯头或开关时，应将电源断开，单极拉线开关应控制火线。如用螺口灯头，火线应接螺口灯头的中心。

（10）设备安装完毕，应对设备及接线仔细检查，确认无问题后方可合闸试运行。

（11）安装电动机时，应检查绝缘电阻合格、转动灵活、零部件齐全，同时应安装接地线。

（12）拖拉电线应在停电情况下进行。

（13）进行停电作业时，应首先拉开刀闸开关，取走熔断器（管），挂上"有人作业，严禁合闸"的标志，并留人监护。

（14）在有灰尘或潮湿低洼的地方敷设电线，应采用电缆，如用橡皮线则需装于胶管中或铁管内。

（15）拆除不用的电气设备，不应放在露天或潮湿的地方，应拆洗干净入库保管，以保证绝缘良好。

（16）带熔断器的开关，其熔丝（片）应按负荷电流配装。更换后熔丝（片）的容量不可过大或过小。若换低压闸刀开关上的熔丝（片），则应先拉开闸刀。

（17）进户线或屋内穿墙时应用瓷管、塑料管。在干燥的地方或竹席墙处，可用胶皮管或缠4层以上胶布，且与易燃物保持可靠的防火距离。

（18）敷设在电线管或木线槽内的电线，不得有接头。

（19）经常移动和潮湿的地方使用的电灯软线应采用双芯橡皮绝缘，并经常检查绝缘情况。

（20）临时油库的电线，应有没有接头的电线，不得把架空明线直接引进库房。库内不得装设开关或熔断丝等易发生火花的电气元件；库内照明应用防爆灯。

（21）熔丝或熔片不得削细削窄使用，也不应随意组合和多股使用，更不应使用（铝）导线代替熔丝或者熔片。

（22）操作隔离开关及油断路器时，应戴绝缘手套，并设专人监护。

（23）40kW以上电动机进行试运转时，应配有测量仪表和保护装置。一个电源开关不得同时试验两台以上的电气设备。

（24）电气设备试验时，应有接地。电气耐压作业，应穿绝缘靴戴绝缘手套，并设专人监护。

（25）试验电气设备或器具时，应设围栏并挂上"高压危险！止步！"的警示标志，并设专人看守。

（26）耐压结束，断开试验电源后，应先对地放电，然后拆除接线。

（27）准备试验的电气设备，在未做耐压试验前，应先用摇表测量绝缘电阻，绝缘电阻不合格者不得进行试验。

（28）不应将易燃物和其他物品堆放在干燥室。

（29）施工机械设备的电气部分，应由专职电工维护管理，非电气作业人员不得任意拆、卸、装、修。

12.3.8 修理工操作人员安全技术操作规定

（1）工作环境应清洁整齐，通风良好，零配件、工件堆放整齐有序，通道通畅，在检修现场不得吸烟。

（2）清洗用的容器应加盖，在指定地点存放，废油、汽油等应及时处理。

（3）机械解体作业时，应在平坦、坚实的地面进行，各部件应架稳垫牢，回转机构应锁定卡死。

（4）重心高或易滚动的工件，应采取稳固措施。

（5）不得使用不合格的工具。凿、冲类工具应刃口完整、锐利，无裂纹，无毛刺，局部不得热处理淬硬；出现卷边应及时处理。抡大锤时甩转方向不得有人，锉刀、刮刀应装有木柄，不得用嘴吹除金属碎屑；使用刮刀应徐徐用力。

（6）使用电气设备应检查插座、电线、开关；应正确接入。应保持电源线及电气设备清洁。开关箱应装有触电保护器。

（7）使用电钻应戴绝缘手套，启动后再接触工件，钻斜孔应防滑钻，操作时可使用加压杆，不得以身体重量助压。

（8）不得在砂轮机上磨笨重、不规则的物体。磨削时人不得站在砂轮的正前方，砂轮与支架间隙应调整适当，不得过大，不使用厚度不大和周边有缺口的砂轮。

（9）不得用手直接拨动变速器等机构内部的齿轮和将手指伸进钢板弹簧座孔。

（10）机械拆卸前应先将外部泥土和油污洗净。

（11）拆卸时应使用合格的工具和专用工具，按总成部件零件顺序从外到内依次拆卸，拆卸后的零、部件应清洗干净，分类分组存放。

（12）拆装螺钉螺帽，应选用合格的扳手。

（13）各部分装用的螺栓、垫片、锁片、开口销等应合乎技术要求，保证质量。保险垫片、制动铁丝不得重复使用。对通用件、标准件、轴承、油封、弹簧等不合标准不得使用，不得安装不合格部件、零件。

（14）处理好装配件程序，一般先内后外，先难后易，先精密后一般，依次进行。

（15）动配合件的摩擦表面应涂上清洁的规格相符的润滑油。

（16）对接合处、密封装置、各管路应保证密封。

（17）凡特殊重要部位如汽缸盖、主轴瓦等处的螺栓、螺帽，应按规定顺序和力矩分次均匀拧紧。

（18）修复后试运转前，应加足燃油、润滑油、冷却水，检查调整各部位间隙、行程及灵活度。

（19）试车时应随时注意仪表、声响等，发现问题应立即停车处理。

（20）不得用嘴吸取汽油和防冻液。

（21）现场存放燃油、易燃物料。废油应集中指定地点回收保管，沾过油料的废棉纱、破布、破手套等应集中放置在有盖的金属容器里并及时处理。

12.3.9　浆液搅拌操作人员安全规定

（1）搅拌机安装平稳牢固，地脚螺栓不得松动，搅拌机的振动应保持在允许范围内。

（2）作业前检查搅拌机的转动情况是否良好，安全装置、防护装置等均应牢固可靠，操作灵活。

（3）开机前电气设备良好，启动后先经空机运转，检查搅拌叶旋转方向是否正确，空转运行待机械运转正常后方可进行搅拌。

（4）操作中应先加水后加水泥，不能加入水泥后再启动，水泥加量不准超过额定容量。

（5）操作中如发生故障不能运转时，应先切断电源，将筒内灰浆放出，并用清水清洗干净，进行检修，排除故障。

（6）加水泥时遇阻倒不进去，不能用木棒或铁锹伸到搅拌机里，更不能在运转中把工具伸进搅拌机内扒料。

（7）料斗内不能进入杂物，清除杂物时必须停机进行。作业中发生故障，应断电停机，查找原因，不得用工具撬动等危险方法，强行机械运转。

（8）进料口处必须设置铁网格，使用时不能随意拆掉，拆除清理需要即时安装好，工作完毕要将搅拌机清洗干净，清理时不得使电机及电器受潮。

（9）作业完毕，做好搅拌机内外的清洗和搅拌机周围清理工作，切断电源，锁好箱门。

12.4 振孔高喷施工重要环境因素识别、危险源辨识及控制措施

12.4.1 环境因素的识别与控制措施

振孔高喷施工会对施工环境造成不同程度的影响，因此要对影响环境的因素进行识别，采取措施进行控制，以减少施工对环境的影响。振孔高喷施工环境因素清单见表12-1。

表 12-1　　　　　　　　　振孔高喷施工环境因素清单

项目类型	序号	工程部位或阶段	环境因素	造成的环境影响	评价等级 重要	评价等级 一般	控制措施	备注
工程施工	1	修路、平整场地	粉尘、扬尘排放	污染大气		√	尽量采用人工修路，减少扬尘，特别严重时可采用洒水进行消尘	
	2	汽车运输	汽车运输尾气排放	污染空气		√	加强汽车维修，减少用车次数。厉行节约	
	3	机械施工	机械施工产生噪声	噪声污染		√	噪声大的设备，加强机械设备的维修和管理，噪声大的设备在居民区夜间施工要协商解决，尽量避免夜间施工。尽量使用噪声小的设备	
	4	高喷灌浆施工	废液排放（施工中产生的废水泥浆、泥浆、废水等）	易造成水体及土体污染，影响生态环境	√		（1）现场产生的废水泥浆、泥浆等，要设沉淀池，经沉淀后集中处理。（2）施工用的泥浆要循环使用，不能流到江河和农田里。（3）搅拌站、洗车处设沉淀池。（4）食堂设沉淀池；现场厕所设化粪池	

续表

项目类型	序号	工程部位或阶段	环境因素	造成的环境影响	评价等级 重要	评价等级 一般	控　制　措　施	备注
工程施工	5	电焊、水焊焊接	焊接形成废渣、造成火灾	产生废气，形成废渣，污染土壤，污染空气		√	加强管理，设专人监护	
	6	机械施工、修理	产生漏油	污染土壤和水体		√	加强管理，设专人监护	
	7	水泥搅拌	产生粉尘	污染大气		√	加强管理，设专人监护	
	8	现场水泥堆放、搬运	粉尘排放	污染大气、影响身体健康		√	加强管理，进行有效遮挡	
	9	夜间施工	形成光源	光污染，影响居民和员工休息		√	在居民区合理安排作业和工序，尽量避免夜间施工；需要夜间施工时，采取隔离光源措施，使用照明灯罩	
	10	野外施工用火、食堂使用液化气、宿舍用电取暖、现场吸烟	用火不当造成火灾	污染大气，破坏生态环境	√		(1) 遵守当地政府的一切防火规定，在春秋两季特别要注意，防火期野外工作人员严禁携带火种，禁止在野外吸烟。冬季施工，野外取暖必须人走火灭。 (2) 在林区居住地点，必须开防火道，设备及其他作业点，必须有防火区。 (3) 食堂用锅灶或煤气灶，必须有专人负责，做到人走火灭。 (4) 职工野外住宿，禁止在床上吸烟，用电褥子、火炉、电暖器、电炉子取暖必须指定专人负责，有火不离人，人离断电和熄火。不准随意乱掷未熄灭的烟头和未熄灭的炉火。 (5) 帐篷之间必须有一定间距，烟筒不得对着帐篷和直接接触苦布、毛毡或木材，避免直接烤热引起火灾。 (6) 水电焊作业时，作业范围内严禁有易燃、易爆品。设有灭火器材。 (7) 制定《安全防火应急预案》	
	11	废水泥袋、泥浆袋	有害废弃物排放	污染土壤和水体		√	加强管理，统一处理，禁止焚烧	
	12	废电池、废电瓶	有害废弃物	污染土壤和水体		√	加强管理，统一处理	

续表

项目类型	序号	工程部位或阶段	环境因素	造成的环境影响	评价等级 重要	评价等级 一般	控 制 措 施	备注
工程施工	13	氧气、乙炔混放	发生爆炸	污染空气	√		（1）氧气、乙炔要设专人负责，氧气、乙炔要做好购买和领用工作，购买和领用均要登记，加强管理，存储时要分开存放，防止意外。 （2）氧气、乙炔工作时存放安全距离不小于5m，距离动火点不少于10m，防止在太阳下暴晒	
	14	易燃、易爆材料运输、储存	运输不当产生泄漏损坏，储存不当产生泄漏	污染空气，污染土壤		√	加强管理，专人负责	
	15	冬季施工取暖	燃煤的消耗	消耗能源、污染空气		√	加强管理，厉行节约	
	16	生活区	食堂、厕所废水排放	污染环境		√	加强管理，不乱排放	
	17	生活区	剩饭、垃圾等废物排放	污染环境		√	加强管理，统一处理	
	18	生活区	电能的消耗	消耗能源		√	加强管理，厉行节约	
	19	生活区	水资源的消耗	消耗能源		√	加强管理，厉行节约	
	20	办公消耗纸张	纸张的消耗	浪费资源		√	加强管理，厉行节约	
	21	住地环境卫生	影响环境	影响人员身体健康		√	加强管理，专人负责	
	22	计算机操作	辐射排放	污染空气，损坏健康		√	加强管理，减少在计算机前的工作时间	
	23	计算机的使用	废色带、硒鼓的处理	有毒废弃物的排放		√	加强管理，统一处理	
	24	吸烟	容易引起火灾	污染空气		√	加强管理，不在不允许吸烟的地方吸烟	
	25	复印机废墨盒	废墨盒的处理	污染土壤和水体		√	加强管理，统一处理	
	26	办公、住地用电	电线短路发生火灾	污染空气	√		（1）办公、住地用电，严禁使用超容量的电器。 （2）定期检查供电线路。对老化的线路和损坏的电器配件要及时更换。 （3）用电部位做到人走断电	

171

12.4.2　危险源的辨识与控制措施

对振孔高喷施工进行危险源辨识的目的，是为了降低和消除事故，保护员工的人身安全及健康安全，保障企业的经济利益，维护企业的外在形象，公司持续发展的战略需要。通过危险源的辨识，评定风险等级，制定相应的控制措施。振孔高喷施工危险源清单及控制措施见表 12-2。

表 12-2　　　　　　　　　　　　　振孔高喷施工危险源清单及控制措施

项目类型	序号	工程部位或阶段	危险源	造成的后果	评价等级		控　制　措　施	备注
					可接受风险	不可接受风险		
工程施工	1	设备材料运输，日常用车	违规驾驶交通造成事故	人员伤亡		√	（1）对司机进行安全行车教育，遵守交通法规，不违章驾驶。 （2）司机要做好车辆的保养，不开带病车。 （3）长途驾车要掌握驾驶时间，不疲劳驾驶。 （4）禁止酒后驾车	
	2	设备材料装卸、搬运	违章装卸、搬运	人员伤亡	√		可能危险，需要注意。要设专人负责指挥，挂钢丝绳吊点要平衡，要挂牢，落稳后再卸钩，吊车起臂下严禁站人，搬运过程要注意捆绑结实	
	3	设备安装、拆卸	未按操作规程进行组装、拆卸	人员伤亡		√	（1）设备组装和拆卸要有专人负责调度和指挥，按操作规程进行组装和拆卸，组装各连接部位的螺钉要拧紧，拧紧后派人进行检查。拆卸时要注意先后顺序，不能同时进行，要与吊车配合好。 （2）起吊设备先要检查卷扬的性能，是否好使，之后要检查钢丝绳是否有断股的现象或是否长期不用生锈，不能满足起吊重量要求，对不符合的钢丝绳一定要进行更换。 （3）起吊和放架需要配重的设备一定做好配重工作，防止设备起吊放架过程出现危险。 （4）在起吊和放架过程中，在起吊的范围内严禁有人。起吊过程需要人员配合时（比如副支撑杆安装）人员要足够，并应有专人指挥	

项目类型	序号	工程部位或阶段	危险源	造成的后果	评价等级		控制措施	备注
					可接受风险	不可接受风险		
工程施工	4	高处作业	上架未系安全绳，高处作业未系安全带、安全带失灵、未穿软底鞋	高空坠落		√	（1）上高人员必须身体健壮，无恐高症，无高血压、心脏病。头脑反应机敏，四肢灵活，听力正常。 （2）爬梯必须焊接牢固，登高时要穿软底鞋及劳动防护用品，上、下梯子不准戴手套，登高人员必须系安全绳，高空作业必须系安全带。 （3）作业人员 12h 内不准喝酒，保证睡眠时间，对喝酒、睡眠不足者不准上架作业。 （4）作业人员在高处作业时，地面要有专人监护、专人指挥，其余人员远离工作范围内，以防落物伤人。禁止在高处作业时往下乱扔东西。 （5）对安全带及升降斗应经常进行载重检查，安全带不宜使用过久，使用安全带要高挂低用。 （6）雷雨天气及风力超过 5 级时禁止作业。 （7）如果发生高处坠落事故按《高处坠落事故应急预案》进行组织抢救	
	5	机械操作、运转	（1）高处跌落东西 （2）机械运转部位无防护罩 （3）运转设备部件飞出	人员伤害		√	（1）高空作业禁止往下乱扔东西，作业范围内严禁站人。 （2）机械运转部位严禁工作人员触摸，机械运转部位均应设防护栏。 （3）加强机械设备的维修保养，注意机械运转件螺钉的松紧度，发现有松动的部件应及时拧紧。 （4）如果发生伤人事故按《机械伤害应急预案》进行抢救	

项目类型	序号	工程部位或阶段	危险源	造成的后果	评价等级		控制措施	备注
					可接受风险	不可接受风险		
工程施工	6	变压器安装不合理，电缆漏电	（1）接地不良，变压器周围无防护栏，变压器未垫起，四周未设排水沟。（2）电缆破损，未绝缘漏电	触电伤人		√	（1）在变压器安装过程中要请专业电工进行安装，变压器要高于地面0.5～1.0m，四周要设防护栏杆，悬挂高压危险警示牌。（2）要设专人负责变压器的日常管理工作，应认真监视各种仪表，发现问题及时采取措施处理。（3）要经常检查电缆的磨损情况，发现有破损的地方立即用高压绝缘胶布处理好。（4）要根据用电量的容量来选择电缆，禁止使用超容量的电缆。（5）在登高用电作业或在狭窄及潮湿场地用电作业时必须设专人监护。（6）如果发生触电事故，按制定的《触电事故应急预案》进行组织抢救	
	7	施工用乙炔、氧气	乙炔、氧气混放	爆炸人身伤害		√	（1）氧气、乙炔要设专人负责，氧气、乙炔要做好购买和领用工作，购买和领用均要登记，加强管理，存储时要分开存放，防止意外。（2）氧气、乙炔工作时存放安全距离不小于5m	
	8	施工现场	违反用火规定易造成火灾	人身伤害、财产损失		√	（1）遵守当地政府的一切防火规定，在春、秋两季特别要注意，防火期野外工作人员严禁携带火种，禁止在野外吸烟。冬季施工，野外取暖必须人走灭火。（2）在林区居住地点，必须开防火道，设备及其他作业点，必须有防火区。（3）食堂用锅灶或煤气灶，必须有专人负责，做到人走火灭。（4）职工野外住宿，禁止在床上吸烟，用电褥子、火炉、电暖器、电炉子取暖必须指定专人负责，有火不离人，人离断电和熄火。不准随意乱掷未熄灭的烟头和未熄灭的炉火。（5）帐篷之间必须有一定间距，烟筒不得对着帐篷和直接接触苫布、毛毡或木材，避免直接烤热引起火灾	

续表

项目类型	序号	工程部位或阶段	危险源	造成的后果	评价等级 可接受风险	评价等级 不可接受风险	控制措施	备注
工程施工	9	高喷、灌浆施工	水泥搅拌，倒灰工未戴口罩	矽肺	√		(1) 为了保证倒灰工作人员的身体健康，必须配备防尘口罩和风镜，劳动防护用品必须按时发放。 (2) 工作人员必须按规定进行佩戴，避免长时间工作造成矽肺职业病	
	10	非常规情况下设备检修、安装	电器检修，开关箱无警示牌，合闸；高空作业有人在物件掉落范围内；在高空安装误操作卷扬等	造成人身伤害	√		(1) 进行电器检修，开关箱要挂"设备检修中，禁止合闸"警示牌，或设专人监护，防止在检修过程中合闸伤人。 (2) 在高空进行作业期间，在可能掉东西的范围内，要设警戒线，严禁有人。 (3) 高空作业卷扬需要上下提动，绝对禁止误操作，操作人员要认真仔细，并由有丰富的操作经验的操作手进行操作	
	11	野外施工	作业过程遇暴风雨和雷电天气	易发生雷击致人身伤害	√		可能危险，需要注意。遇暴风雨和雷雨天气，要立即停工，人员进行回避。到安全地带	
	12	高压线、变压器等外露电源地区作业	在外露高压电源地区作业防护不足	易发生触电造成人身伤亡或死亡	√		可能危险，需要注意。工作前要对工作范围内的施工自然状况进行观察，检查有无高压线路，若有要合理避让	
	13	地方居民区、少数民族区作业	不遵重地方民风、习俗，触犯地方法规和宗教习俗	引发民事纠纷或激起民变	√		可能危险，需要注意。有事直接找当地政府协商解决，不与当地民众发生直接冲突	
	14	野外临时食堂及公共生活区	饮食卫生防疫不足，存在老鼠、蚊、蝇、蟑螂、菜未煮烂、煤气中毒等	易发生食物中毒或感染疾病，影响人员健康或死亡		√	(1) 建立并执行食堂卫生制度。 (2) 生熟分开，餐具一清二洗三消毒，加强饮用水管理和用电管理。 (3) 增添油烟机、排风扇、消防器材设施。 (4) 加强煤气罐管理，使用检测过的气瓶，安全阀好使，输气软管未老化。防止煤气泄漏造成煤气中毒。用火期间有人在现场，人走火灭，用后关闭阀门。 (5) 如果发生食物中毒事故，按《食物中毒应急预案》组织抢救	

12.5　振孔高喷施工应急预案的编制

　　制定事故应急预案是贯彻落实"安全第一、预防为主、综合治理"方针，提高应对风险和防范事故的能力，保证职工安全健康和公众生命安全，最大限度地减少财产损失、环境损害和社会影响的重要措施。

　　事故应急预案在应急系统中起着关键作用，它明确了在突发事故发生之前、发生过程中以及刚刚结束之后，谁负责做什么、何时做以及相应的策略和资源准备等。它是针对可能发生的重大事故及其影响和后果的严重程度，为应急和应急相应的各个方面所预先做出的详细安排，是开展及时、有序和有效事故应急救援工作的行动指南。

　　1. 振孔高喷施工应急预案编制依据

　　振孔高喷综合预案以《中华人民共和国安全生产法》等国家现行有关法律、法规、规程、规范为依据。

　　振孔高喷综合预案适用于振孔高喷施工过程中，有可能发生或已经发生的，需要由项目经理部负责处置的安全生产事故灾难的应对工作，以及配合上级应急处置指挥机构对发生在振孔高喷施工项目范围内的安全生产事故应急处置工作。

　　2. 应急预案体系

　　振孔高喷施工项目除综合预案外，还有以下专项应急预案：

　　(1) 火灾事故应急预案。

　　(2) 触电事故应急预案。

　　(3) 高处坠落事故应急预案。

　　(4) 物体打击及机械伤害事故应急预案。

　　(5) 机动车事故应急预案。

　　(6) 食物中毒事件应急预案。

　　3. 工作原则

　　(1) 人身安全第一的原则。安全生产最根本、最重要的原则就是保障从业人员的人身安全，保证他们的生命权不受侵犯。一旦发生安全生产事故，必须优先抢救受伤者，最大限度地减少人员伤亡。

　　(2) 预防为主的原则。"安全第一，预防为主"是安全生产的基本方针，应加强安全教育培训，完善安全防护设施，落实事故预防和控制措施，事前防止生产活动中人身伤亡事故发生。

　　(3) 统一指挥的原则。统一指挥是应急活动的基本原则，无论是集中指挥还是现场指挥，都必须在应急准备领导小组的统一组织协调下行动。

　　(4) 迅速有效的原则。发生人身伤亡事故，除按规定立即报告和请求上级及社会资源（如卫生部门、消防部门）支援外，应迅速采取有效的自救互救措施，减少人员伤亡，防止事故扩大。

　　4. 振孔高喷施工项目的危险性分析

　　振孔高喷施工目前存在的危险源事故风险有以下几类：

（1）火灾。施工现场、职工食宿场所发生火灾。

（2）机械事故。机动车碰撞、野外施工机械设备倾倒、断裂、脱落及其他引发事故的危害。

（3）人身伤害。触电、高处坠落、机动车事故及其他引发事故的危害。

（4）工程事故。地下管线破裂、燃气或高压水管破裂事故的危害。

（5）食物中毒。不当饮食或人为造成的食物中毒。

（6）不可抗拒力的自然灾害。地震、滑坡、泥石流、暴雨、大风等可引发事故的危害。

5. 组织机构及职责、应急响应、预防预警与处置等

参见相关规范和法规。

12.6 突发事件应急的现场救援措施

本着"安全第一、预防为主"的方针，为确保振孔高喷施工过程中，对各种突发事件的发生在事前能够切实起到防范预防作用，将风险降到最低、损失降到最小。在突发事件发生后能够快速、及时做出应急反应，以最快的速度和最有效的措施处理各种事故和采取救援措施。

振孔高喷施工主要事故有火灾事故、物体打击与机械伤害事故、触电事故、高处坠落事故、机动车事故、食物中毒事件。

12.6.1 火灾事故的现场救援措施

1. 起（着）火点的处置

施工现场、临时生活区域一旦发生或发现可燃物着火，在场人员不要慌张，及时利用现场已有的灭火设备、设施、材料将其扑灭，控制火势蔓延和火灾的发生。灭火时应确保不同的起火材料或物质选择正确的扑救方法。常见的起火危险源一般可参照以下方法灭火：

（1）带电电器设备、设施起火。应首先切断电源，再立即使用二氧化碳、干粉灭火器灭火，或用水浇、浸湿的棉被（衣物）捂盖等能够灭火的方法熄灭火苗。严禁使用泡沫灭火器或干沙灭火，以防止或减少对设备、仪器的损坏。

（2）柴油、机油、汽油桶或油箱、油泵等油类物质着火。按 B 类火灾扑救方法，使用泡沫、二氧化碳或干粉灭火器扑救；若局部漏油点起火，火苗不大时可直接用沙、土或棉织物压盖窒息灭火；若油桶或油箱着火，用沙、土或棉织物压盖不住时，使用上述灭火器灭火，并想办法将燃烧体移到安全地带，防止火势扩大引燃周围可燃物形成火灾。

（3）液化气罐、氧气瓶、乙炔气瓶等气体类物质着火。应依据火焰大小和着火部位情况实施扑救。

1）若气罐、气瓶局部漏气着火且火焰不大时，立即关闭罐（瓶）阀门，同时快速用厚手套或毛巾、衣物等浸湿捂住火苗使火苗熄灭（窒息法）。

2）若气罐、气瓶安全阀或主气阀着火时，应用二氧化碳或干粉灭火器扑救。若火焰

不很大也可用棉被（褥）、棉袄等浸湿捂盖熄灭火苗（窒息法）。

3）若气罐、气瓶体着火时，使用水或泡沫、干粉、二氧化碳 C 类火灾灭火材料和方法扑救。若燃烧体火势蔓延很快暂时控制不住，应用大量水浇瓶或罐体使之降低温度以防爆炸，再想办法将其移至安全地带实施扑救、或将燃烧体周围可燃物搬离、疏散人员让燃烧体燃尽。

2. 火灾现场应急处置

当作业现场、临时生活区域（包括周围边界）发生意外火灾（如森林、房屋、燃气或燃油等火灾），且火势迅猛、在场人员自身无能力扑救或控制时，应急领导小组应迅速组织疏散逃生，控制和减少人员伤亡。发现火灾的作业人员应按以下程序作出应急响应：

（1）利用已有通信设备立即拨打 119、110 报警和向应急领导小组负责人报告；

（2）应急领导小组立即启动火灾应急预案，组织现场人员（包括分包方、临时工、居民等相关方）迅速疏散、逃生，并同时将火灾情况和现场应急响应措施向公司经理和综合部报告。重大火灾应及时或直接报告上级公司主管总经理。

（3）人员逃生时，首先利用身边或附近的消防灭火设施逃离；无此设施时可用毛巾、枕巾或其他棉织衣物（工作服、棉被、被单、床单等）浸湿后捂住口鼻或披在身上，沿疏散或防火通道向逆风方向快速跑出火场，若在楼（集中办公区）内侧要贴墙壁角以匍匐姿势快速逃离着火房屋。

（4）逃生时要确保先自救，再想办法互救；如有人员受伤，在场人员应立即拨打 120 急救电话请求支援。

（5）应急领导小组负责人在保证人员全部撤离到安全地带后，有条件组织人员佩戴好防护用品最大限度地抢救生产设备、材料等财产，并根据火情和现场条件组织或参加火灾扑救行动。

（6）火灾扑灭后，应急领导小组成员或现场目击者应参与或积极配合当地公安消防机构、公司主管经理组织的对火灾事故的调查与处理活动。

3. 受伤人员的现场临时救治

对在火灾中逃生、救出的烧伤或昏迷、窒息等的受伤人员，应急领导小组除电话求救 110、120 外，在医疗卫生机构人员未到达前，应依据伤员伤情和现场实际组织适当的卫生防护和救治。

（1）对皮外灼伤、烧伤的人员，依据现场已备医务设施、烫（烧）伤药品等进行消毒和适当上药、包扎处理。

（2）对吸入浓烟或有毒气体而致头晕、恶心、呕吐、胸闷的人员，先将其移到空气新鲜、流通的安全空地或房间，解开衣服、放松腰带，让其静息慢慢恢复；对已昏迷、窒息或停止呼吸的伤员，除按上述方法移到空气新鲜平地或房间外，让其仰卧平躺并应立即进行人工呼吸、胸外心脏按压，帮助患者复苏心肺功能、恢复心跳；也可采用针刺、掐压人中和十宣等穴位促醒。有条件的还应立即给氧吸入，等待 120 急救中心人员到达或直接送医院进行抢救。

12.6.2　物体打击与机械伤害事故的现场救援措施

工程施工现场发生物体打击或机械伤害事故时，现场应急领导小组或相关专业项目负责人负责统一指挥、医疗救助，并安排现场人员对受伤者进行临时救治和医疗卫生防护，根据伤者伤情和现场交通、医护条件等待120急救中心到达或直接送往就近医院救治。

1. 现场急救方法

作业现场一旦发生物体打击或机械设备伤害事故，在场人员应根据致伤原因和人员受伤部位，初步判断受伤者的伤情、是否有头部颅脑和胸部脏腹内伤、颈部颈椎和肢体断裂骨折等情况，根据伤情对受伤者实施现场急救和防护。

（1）判断伤势和抢救者的基本方法。

1）对机械伤害（创伤）的受伤者的现场急救，原则上是先抢救后固定再搬运，并注意采取适宜的措施，防止伤情加重或感染。需要送医院救治的，应立即做好保护伤员措施后送医院救治。

2）抢救前先使伤员安静躺平，判断全身情况和受伤程度，如有无大出血、渗血、骨折和休克等。

3）外伤出血严重的应立即采取止血措施（用止血带或其他衣物做成的带子扎紧出血主动脉肢体躯干），防止失血过多而休克。外观无伤，但呈休克状态，神志不清或者昏迷，要考虑胸腹部内脏或脑部受伤的可能性。

4）为防止伤口感染，应用纱布（棉）或清洁布覆盖。救护人员不得用手直接接触伤口，更不得在伤口内填塞任何东西或随便用药。

5）搬运时应使伤员躺在担架上，腰部束在担架上防止跌下。平地搬运时伤员头部在后，上楼、下楼下坡时头部在上，搬运中应严密观察伤员，防止伤情突变。

（2）休克、昏迷的急救。让休克者平躺，腿部抬高30°。若属于心源性休克同时有心力衰竭、气急，不能平躺时，可采用半卧，注意保暖和安静，尽量不要搬动，让伤者慢慢苏醒。并注意观察和检查身体受伤部位，等待120急救中心抢救。

（3）严重出血的止血急救。

1）伤口渗血。用较伤口稍大的消毒纱布数层覆盖伤口，然后进行包扎。若包扎后仍有较多渗血，可再加绷带适当加压止血。

2）伤口出血呈喷射状或鲜红血液涌出时，立即用清洁手指压迫出血点上方（近心端），使血流中断，并将出血肢体抬高或举高，以减少出血量。

3）用止血带或弹性较好的布带等止血时，应先用柔软布片或伤员衣袖等数层垫在止血带下面，再扎紧止血带以刚使肢端动脉搏动消失为度。上肢60min，下肢每80min放松一次，每次放松1～2min。开始扎紧与每次放松的时间均应书面标明在止血带旁。扎紧时间不宜超过4h。不要在上臂中1/3处和窝下使用止血带，以免伤神经。若放松时观察已无大出血可暂停使用。严禁用电线、铁丝、细绳等作止血带使用。

4）机械撞击、挤压可能有胸腹内脏破裂出血。受伤者外观无出血但表面色苍白、脉搏细弱、气促、冷汗淋漓、四肢阙冷、烦躁不安甚至神志不清等休克状态，应迅速躺平，抬高下肢，保持温暖，速送医院救治。若送院途中时间较长，可给伤员饮用少量糖盐水。

（4）骨折急救。

1）肢体骨折可用夹板或木板、木棍、竹竿、树枝等将断骨上、下方两个关节固定，也可利用伤员身体进行固定，避免骨折部位移动，以减少疼痛，防止伤势恶化。

开放性骨折，伴有大出血者，先止血再固定，并用干净布片覆盖伤口，然后速送医院救治或等120急救中心到场救治。切勿将外露的断骨推回伤口内。

2）疑有颈椎损伤，在使伤员平卧后，用沙土袋（或其他代替物）放置头部两侧，使颈部固定不动。必须进行口对口人工呼吸时，不能再将头部后仰移动或转动头部，以免引起截瘫或死亡。

3）腰椎骨折应将伤员平卧在平硬木板上，并将腰椎躯干及二侧下肢一同进行固定预防瘫痪。搬动时应数人合作，保持平稳，不能扭曲。

4）骨折伤员抬动时，要多人同时缓缓平均用力平托；运送时，必须用木板或硬材料，在未按上述方法将骨折部位固定前不能用布担架或绳床类软底工具抬运，以免骨头断裂面刺伤内脏、血管或伤口断裂面错位等。

（5）一般性颅脑外伤急救方法。

1）应使伤员采取平卧位，保持气道通畅，若有呕吐，应扶好头部和身体，使头部和身体同时侧转，防止呕吐物造成窒息。

2）耳、鼻有液体流出时，不要用棉花堵塞，只可轻轻拭去，以利降低颅内压力。也不可用力捏鼻，排除鼻内液体，或将液体再吸入鼻内。

3）颅脑外伤时，病情可能复杂多变，禁止给予饮食，速送医院诊治。

（6）一般性外伤处理。

1）轻微皮外伤，应视受伤情况可利用现场已备应急救药品：医用消毒水（酒精棉）、创伤外用药（云南白药、创可贴）、纱布等进行包扎处理，或到医院包扎治疗。

2）轻微内伤，应送往医院检查确诊伤情后按医嘱治疗。

2. 应急结束

当事故现场人员已经查清、受伤人员基本得到救治；事故危害已经消除，事故的次生、衍生事故隐患得到控制；现场参加急救人员（包括120急救中心、周边居民等相关方）已经撤离，现场负责应急指挥人员（领导小组负责人）即可宣布应急救援行动结束。应急准备和应急救援过程的相关信息记录由负责应急指挥的人员或责成专人负责保管。

12.6.3　触电事故的现场救援措施

1. 脱离电源对症抢救

当施工现场发生人身触电事故时，首先使触电者脱离电源，然后根据触电者受伤程度迅速对其进行抢救。

（1）脱离电源的方法。

1）现场发生低压电触电事故时，可采用以下方法使触电者脱离电源：

a. 如果触电地点附近有电源开关或插销，可立即拉开电源开关或拔下电源插头切断电源。

b. 可用有绝缘手柄的电工钳、干燥木柄（把）的斧头或铁锹等切断电源线。也可采用干燥木板等插入触电者身下（与地面隔离），以使触电者隔离电源。

c. 当电线搭在触电者身上或被压在身下时，也可用干燥的衣服、手套、麻绳、木棒等绝缘物为工具，挑开电线，或将触电者推开以脱离电源。

2）施工现场若发生高压电触电事故，可采用以下方法尽快使触电者脱离电源：

a. 立即通知当地或现场有关供电部门停电。

b. 现场安全员或电工、项目负责人等立即佩戴绝缘手套、穿绝缘鞋，用相应电压等级的绝缘工具按顺序拉开开关，关闭触电电源。

c. 用高压绝缘杆拨开触电者身上的电线或其他带电体。

d. 若现场没有上述条件，可向其投掷裸导线如钢筋、铁丝等造成触电线路短路，迫使带电体自动保护装置自动切断电源。

（2）注意事项。

1）在电源未切断前，严禁救护人员赤手直接去拉、推触电者或采用金属及其他非绝缘的物体（如湿木棒、湿绳索、布带等）作为救护工具。

2）触电者如果在高处作业时触电，在断开电源同时要采取地面保护措施，防止触电者摔下来造成二次伤害。

3）夜间发生事故时，应考虑切断电源后的临时照明措施，以利救护。

2. 现场抢救的方法

当施工现场发生人员触电事故时，在场未受伤人员应立即按上述方法将触电者脱离电源或带电体，用担架或木板将触电者抬移到安全区域就地实施抢救。并根据触电者受伤程度立即拨打 120 急救中心或 110 报警，请求当地医院救援和医治，并就地展开现场急救。

（1）如果触电者伤势不重，神志清醒，但有些心慌、四肢麻木或全身无力时，应使触电者安静休息、不要走动，等待急救中心到来或送往医院检查治疗。

（2）若触电者伤势较重，已失去知觉，但还有心跳和呼吸，应将触电者平直仰卧放置，解开上衣，并用软衣服垫在身下，使其头部比肩稍低以免妨碍呼吸，等待急救中心到或送往医院检查治疗。

（3）若触电者伤势严重，出现痉挛或呼吸或心跳停止，应立即进行口对口人工呼吸及胸外心脏按压法进行抢救，使其尽快恢复呼吸、心跳，并即刻送往医院或等待 120 救治。在送往医院途中或等待 120 急救中心到达前不应停止抢救，坚持不懈、永不放弃，最大限度地将触电者从死神手中拉回来。

（4）对于神经麻痹、呼吸中断或心跳停止，呈现昏迷不醒状态的触电者，应注意可能是假死现象，万万不可轻易当做死亡处理，要迅速、持久地用人工呼吸、胸外心脏按压等方法抢救。有不少的触电者深度昏迷是经过 4h 甚至更长的时间抢救过来的。只有等到医生诊断确定真正死亡后才可停止抢救。

（5）对于高处坠落的触电者，要特别注意搬运问题，要保护伤者摔伤的部位不再受挫，防止断裂的肋骨等裂口扎入心脏器官导致死亡。

（6）人工呼吸方法。

1）实施人工呼吸前，应迅速解开触电者衣领、上衣等，取出伤者口腔内可能存在的妨碍呼吸的血块、黏液或脱落的断齿等，将其仰卧、鼻孔朝上以利呼吸道畅通。

2）救护人员用手捏住触电者鼻孔，深吸一口气后紧贴触电者的口向内吹气，用时约2s。具体吹气大小，要根据不同的触电人员有所区别，每次呼气力度要以触电者胸部微微鼓起为宜。

3）吹起后，立即离开触电者的口，并放松其鼻孔，使空气呼出，用时约 3s。然后再重复吹气动作，吹气要均匀，每分钟吹气约 12 次，直至触电者恢复自由平稳的呼吸为止。

4）若深度昏迷的触电者其口无法张开，可改用口对鼻孔人工呼吸，即捏紧嘴巴紧贴鼻孔吹气。

（7）胸外心脏按压抢救方法。

1）先使触电者仰卧在平整且较坚实的地方，姿势与口对口人工呼吸法相同。救护者跪在触电者一侧或腰部两侧，两手相叠，手掌根部放在其心窝上方，胸部下 1/3～1/2 处，掌根用力向下（脊背的方向）挤压，压出心脏里面的血液。成人挤压深度约 3～5cm，以每秒挤压一次每分钟挤压 60 次为宜。挤压后掌根迅速全部放松，让触电者胸廓自动恢复，血液充满心脏。放松时掌根不必完全脱离胸部，以便重复挤压与放松抢救动作。

2）特别提醒注意的是，触电者一旦呼吸和心跳都停止了，应当同时进行口对口人工呼吸和胸外心脏按压。如果现场只有一人抢救，应两种方法交替进行。可用按压 4 次后吹气一次，而且吹气和挤压的速度应加快一些，以提高抢救效率。

12.6.4　高处坠落事故现场救援措施

1. 高处坠落人员的处置

（1）现场发生人员高处坠落事故时，若坠落人员伤势严重（当时呈昏迷或口、鼻、耳出血情形）或有死亡情况，现场应急领导小组或相关专业负责人应立即要求高处暂时停止作业，及时拨打 120 急救中心或 110 报警请求急救，并将伤者用担架或木板平稳抬到卫生、安静的平地或房间，根据伤势情况及时组织现场抢救。

（2）对于坠落伤势较轻的人员，包括神志清醒的皮外伤、肢体肋骨挫伤（包括骨折），现场应急领导小组或相关专业负责人应立即组织人员将伤者搀扶或平稳抬出作业场地到安全地带或房间，询问、判断受伤部位和伤情，根据情况组织人员对伤者进行止血、包扎等抢救，并视现场交通或就医条件拨打 120 到急救中心或送往医院检查诊治。

（3）对出事现场，特别是发生了重伤和死亡事故的现场，现场应急领导小组或相关专业负责人应组织人员做好保护，有条件时进行拍照或录像，以供事故调查分析使用。

2. 急救方法

现场高处作业发生人员坠落事故时，应根据受伤者部位、疼痛、出血及清醒程度等，先初步分析判断内、外伤及伤势情况，再有针对性地采取正确的抢救和求救措施。

（1）高处坠落可能造成的伤害有颅脑损伤、胸部创伤、骨折、胸腔储器损伤等。

（2）当发生高空坠落摔伤时，应急注意保护摔伤及骨折部位，避免因不正确的抬运造成二次损伤，并及时向现场负责人报告，拨打急救电话 120 或直接送医院救治，送医院的途中不要乱转动病人的头部，应该将病人的头部略微抬高，防止呕吐物吸入肺中。

高处坠落现场急救方法参照物体打击及机械伤害的急救方法进行。

12.6.5 机动车事故的现场救援措施

1. 机动车事故的处置

现场一旦发生车祸造成人身伤害事故，包括：项目部车辆伤害到相关方及外方人员，项目部现场管理的人员（含临时工、承包方及访问者等人员）被相关方或外方车辆伤害，现场应急领导小组或相关专业负责人应立即启动机动车伤害或现场相关应急预案，并视车祸事故现场实际区分轻重缓急地组织开展应急救援。

（1）现场我方管理的车辆（包括临时租赁、雇佣的车辆）发生车祸造成车内（或）车外人员受伤时，应立即拨打120（或110）公安交警和车辆保险公司、有严重受伤或死亡人员时还应立即拨打120急救中心请求其尽快到现场救援、处理。同时根据车祸造成的车内、外人员伤亡情况立即组织现场相关人员实施抢救。

1）先将车内、外（被撞或刮伤、压或挤伤）人员抬至安全、平整、相对卫生（尽可能选择空气好、灰尘少）的地带，根据伤者受伤部位、出血及清醒程度，安排人员进行适当的止血、包扎或人工呼吸等抢救。

2）若车辆破损严重，车内有被挤压人员不能直接救出时，应组织人员利用现场和车内已有工器具将挤压处的车体撬开或切割开（注意：在此过程中动作要适度，避免再次伤到伤者），再小心谨慎地将伤者抬出并移到施救地带进行抢救或应急处理，切忌不要从车内硬拉、硬拖受伤者，以防其伤情加重或导致死亡。

3）安排人员对车祸现场拍照或录像保留，做好事故第一手资料采集与保护。

（2）现场我方管理的人员受到相关方车辆伤害时，我方目击者和在场的作业人员要立即报告项目现场相关负责人，同时组织或配合车辆相关方积极参与对伤者的救援和实施抢救工作。

2. 对受伤人员的急救方法

车祸一旦造成人员伤害，最危险、最致命的就是头部、颈部、胸部、腹部受伤特别是内伤。因此，应重点保护和抢救这类危重伤者，特别注意对此类伤者的搬动、运移方法要得当，避免造成第二次伤害。对于其他部位伤者若有大出血的也应先立即进行止血，再进行对症救治。

具体止血方法和针对各部位受伤的现场急救方法可参见物体打击与机械伤害的现场急救方法。

12.6.6 食物中毒事件的现场救援措施

1. 食物中毒的处置

施工现场的食堂发生食物中毒后，应将中毒者送达医院后进行初步检查确定，采取以下措施：

（1）观察病情，初步确定对于出现下列症状的，均应考虑是否为食物或化学中毒。

1）患者出现剧烈腹痛、恶心、呕吐、腹泻、喉头水肿、支气管炎、呼吸困难、心跳、急性心力衰竭、血尿、尿频、少尿、头晕、头痛、全身无力、运动失调、抽搐、瞳孔缩小或散大、昏迷等。

2）在同食堂出现相同症状人数在增加。

（2）如确定为食物中毒，要做好以下工作：

1）初步诊断、治疗、护理患病的员工。

2）立即报告项目应急领导小组，启动应急预案，采取抢救措施。

3）立即拨打急救电话 120，或与附近医院联系救治中毒员工。

4）立即向上级有关部门报告。

5）收集相关病理信息、食物及原材料，协助卫生部门进行事件调查、处理。

2. 项目应急领导小组应做的工作

立即指挥抢救工作，向公司报告情况，协调有关单位和部门落实抢救措施，指挥以下工作：

（1）责令职工食堂立即停止食品加工和供应。

（2）项目经理立即向政府卫生主管部门报告，报告时间距发病时间不得超过 2h，及时组织救护，保障抢救药品和消毒用品及时到位。

（3）对出现食物中毒的食物来源地点实行现场保护，特别是保管好怀疑食物及原食物取集样本，封存全部剩余可疑食物及原料、工具、设备，保护好现场，食品留样，防止人为破坏现场，等候卫生执法部门处理。要把呕吐物及现场食品样本交给相关人员，并组织人力把中毒者送往就近医院。

（4）事故发生后，要注意维护正常的工作秩序。工程项目部要做好职工家属的思想工作和接待工作，积极做好中毒职工的就医陪护工作，如实向家属阐述事故经过，争取家属的配合和谅解。

（5）要做好政治思想工作，稳定职工情绪，要求各类人员不能以个人名义向外扩散消息，以免引起不必要的混乱。如有必要，指定专人接受新闻媒体采访。

（6）应向食物中毒者了解中毒经过、可疑食品、中毒人数，并预测发展趋势。处理应急工作小组要做好食物中毒事件的专项登记工作，包括人数、姓名、发病日期、主要症状、处理情况等，初步判定事故的原因和性质，进一步查明污染物名称，并积极协助有关部门做好调查工作。

12.7　振孔高喷施工现场的相关规定、制度

12.7.1　制定振孔高喷施工安全生产管理目标、方案

项目部管理人员或项目施工文件策划人员，应根据振孔高喷施工现场条件、施工工艺、技术、方法和人员、设备等识别评价项目的重要环境因素和不可接受风险，并针对其制定安全目标、管理方案。方案应针对重要环境因素和安全风险要素（危险源）制定控制措施、方法，并明确措施落实责任人、时间要求。目标、方案应经项目经理（项目负责人）和本单位主管责任人审批后实施。

12.7.2　安全生产责任制度

振孔高喷项目安全生产实行项目经理负责制，项目经理是项目安全生产第一责任人。建立安全生产责任制，明确了各级负责人，在完成生产或经营任务的同时，对保证生产安

全负责；各级职能部门的人员，对自己业务范围内有关的安全负责；所有的从业人员在自己本职工作范围内做到安全生产。

把"安全生产，人人有责"从制度上固定下来，把安全生产的责任落实到每一个环节、每一个岗位、每一个人，从而增强各级管理人员的责任心。只有从上到下建立起严格的安全生产责任制，责任分明，各负其责，将法规赋予生产经营单位和企业的安全生产责任由大家来共同承担，安全生产才能形成一个整体，各类生产中的事故无机可乘，从而避免或减少事故的发生。

12.7.3 安全生产责任追究制度

（1）领导责任分为主要安全领导责任和重要领导责任。主要领导责任者是指在其职责范围内，对直接主管的工作不负责任，不履行或者不正确履行职责，对造成的损失负直接领导责任的人员；重要责任者是指在其职责范围内，对应管的工作或者参与决定的工作，不履行或者不正确履行职责，对造成的损失负次要领导责任的人员。

（2）在安全工作方面，有下列情形要根据损失的大小，给予相关责任人通报批评、记过、记大过、降级、撤职处分，并处以罚款。

1）不认真执行安全生产方面的法律、法规和公司、项目有关安全工作的指示、命令和规定，或者对项目安全主管部门签发的管理缺陷和事故隐患整改指令书置若罔闻，不按要求进行认真整改的。

2）在灾害面前，未采取必要和可能的措施，贻误时机，使本来可以避免的损失未能避免的。

3）滥用职权，批准或者使用不具备安全生产资格的施工队伍；批准或者不使用不符合安全技术标准安全防护设施、设备、装置以及个人防护用品；批准、使用或者指派不符合有关安全生产法律、法规规定的人员从事相关工作的（指非法用工、雇佣童工或者未成年工、无有效证件的人员从事特种作业、女工或者患有禁忌症的人员从事不应从事的工作等）。

4）进行违章指挥，或者对违章作业或违章指挥不加制止的。

5）已发现隐患或有重大事故预兆，不以人为本，不及时采取必要和可能的措施，贻误时机，导致事故发生的。

6）对各级有关部门或者个人所提出的消除不安全因素或加强安全防范的合理意见、建议不采纳，导致事故发生的。

7）发生安全生产事故时，值班领导和值班人员脱离值班岗位，未能及时组织抢救和实施应急措施方案，导致事故进一步扩大的。

8）未建立完善的安全生产规章制度和逐级、分层的安全生产责任制度，安全管理松懈，从业人员没有按规定接受安全培训、教育，安全意识淡薄的。

9）发生重大伤亡事故后，不采取相应的防范措施，导致类似事故再次发生的。

10）安全生产设施和安全生产卫生条件不符合国家有关规定，情节严重或者不按要求和规定予以改进的。

12.7.4 安全生产奖惩制度

安全生产奖惩制度所遵循的原则是"以责论处"和重奖重罚，制定的制度应合理、合法。在奖惩时要分级管理，实行一级管一级，下级对上级负责。对于认真履行安全生产责任和遵守安全操作规程、规章制度、避免生产过程发生事故的有功集体和个人，其奖励方式可分为表扬、记功、发奖金、增加工资。对于忽视安全生产不认真履行安全工作职责、工作失职、渎职或严重违反规章制度、盲目施工、野蛮施工、违章指挥、违章作业、违反劳动纪律造成事故的集体、个人都将给予惩罚。

（1）有下列表现之一的施工队和个人，由项目或公司的主管部门给予奖励：

1）圆满完成本项目下达的各种安全生产任务、指标的作业队和班组。

2）参照公司对项目安全检查表内容要求，考评分数在 95 分以上的部门、作业队或班组。

3）杜绝重伤和死亡事故，轻伤事故不突破 2 人次，年度内未发生过一般机械设备、安全事故或火灾事故，实现了安全生产年的部门、班组或作业队。

4）模范地执行、遵守各项安全生产管理制度和规定，熟悉工种、本岗位的安全技术业务知识，努力完成本职生产任务，连续年内未发生过个人责任事故的个人。

5）积极参加上级和本项目组织的各项安全活动，能对本项目作业队、班组的事故隐患职能提出改进措施和合理化建议并取得效果，坚持原则，制止"三违"现象，在排除事故隐患，使职工人身安全和健康免受伤害，为单位的安全生产工作做出贡献的个人。

（2）对事故责任者的处罚。

1）对轻伤事故的责任者，应给予一定的经济处罚。

2）对记录事故中的严重未遂事故的责任者，应给予较重的经济处罚，情节恶劣者，应给予行政处分。

3）对重伤事故负主要和直接责任者，应给予经济处罚和行政警告处分；负次要和领导责任者，应给予一定的经济处罚或行政处分。

4）对死亡事故负主要和直接责任者，应给予经济处罚和行政记过及以上的处分；负次要和领导责任者，应给予经济处罚和行政警告及以上的处分。

5）对重大伤亡事故负主要和直接责任者，应给予留用查看或撤销行政职务的处分；负次要和领导责任者，应给予经济处罚和行政记过及以上处分。

6）对造成特别重大死亡事故的责任者，按国家有关法律规定处理。

12.7.5　安全教育培训及各级安全技术交底制度

安全培训技术交底制度涉及安全教育培训和安全生产技术交底两方面。

1. 安全教育培训

（1）振孔高喷项目应组织施工技术人员、管理人员、专职安全人员和施工班（组）长参加的安全教育培训。此项工作应由项目经理负责组织安排，环安部配合。

（2）环安部应开展劳动保护教育，运用各种形式，广泛开展安全施工宣传教育活动。

（3）施工前应组织施工人员进行一次安全操作规程、安全施工管理规定及振孔高喷施工安全规章制度的学习，考核合格后方可上岗工作。

（4）对新员工进场前要进行入场教育。

2. 安全教育的主要内容

（1）安全思想意识教育。就是通过说、教、训，清除人们头脑中那些不正确的判断思想，而灌输新的正确思想、愿望和安全行动，树立人们的安全意识。对全体职工进行安全生产方针、政策、法规、规章制度、操作规程的教育，并结合本单位的具体情况，通过各种教育方式使全体职工掌握、了解各项方针、政策和规章制度的内涵，使之得以贯彻落实、执行，安全生产才有保证。

（2）劳动纪律教育。主要是使全体职工懂得严格执行劳动纪律对安全的重要性，加强劳动纪律教育，不仅是提高单位管理水平、合理组织劳动，提高劳动生产效率的重要条件，也是减少或避免伤亡事故和职业危害，保障安全生产的必要前提。

（3）安全知识教育。主要包括一般生产技术知识、一般安全常识、专业安全技术知识的教育，要掌握安全知识，就必须同时掌握相应的生产技术知识，了解施工部位的基本生产概况、生产技术过程、作业方法或工艺流程，与生产技术过程和作业方法相适应的各种机具、设备的构造质量、规格性能、操作技能和使用方法，还要使职工了解掌握本单位危险作业区域及其生产中使用的有毒有害原材料，可能散发有毒有害物质的安全防护常识和消防规章制度、个人防护用品的正确使用方法、伤亡事故报告方法等。

（4）专业安全技术教育。它是指对某一工种的岗位职工，必须具备的专业安全知识专门教育。使岗位职工熟悉了解掌握单位根据有关专业制定各种安全操作技术规程。

（5）安全技能教育。主要对职工进行安全操作技能，安全防护技能、安全避险技能、安全救护技能、安全应急技能技术知识的教育。这种教育以班组为基础，依赖有优秀技能经验的实践者做监督的保证。

（6）事故案例教育。通过对一些典型事故进行原因分析、事故教训及预防事故发生所采取的措施，来教育职工，使他们引以为戒，不蹈覆辙。

3. 三级安全教育

（1）入场教育。新工人入场后，由项目部安全负责人进行讲解党和国家有关安全生产方针、政策、法令、法规及水电施工建设的有关安全规章制度。讲解劳动保护的意义、任务和安全生产有关要求。介绍本企业安全生产情况、企业施工特点、机械设备状况（性能、作用、注意事项）和生产重要危险源。介绍一般安全生产防护知识、用电、起重、架设等其他作业常识。

（2）施工作业组教育。施工组生产特点、作业内容不同，在进行安全教育时，要结合各施工组具体生产特点进行教育。重点讲解本组生产特点、性质、生产方式、人员组成，安全活动情况和作业中对安全生产的要求，施工组关于安全生产的规章制度、劳动防护用品的穿戴和维护保养。生产作业中常见的事故原因和采取的避险措施以及文明施工、安全生产经验，还要讲解施工人员的施工任务、消防、用电安全知识等，使新职工对本施工组安全生产内容及重要性有进一步的了解。

（3）岗位教育。新工人入场及新调转工作的工人，由于作业环境和工作岗位发生了变化，为了使这部分人尽快适应新的环境必须进行岗位教育。岗位教育着重讲解：①本班组安全生产概况、工作性质及职责范围；②新入场工人和新换岗工人要从事的生产作业性质、必要的安全知识以及班组岗位所使用的各种机具设备及其他安全防护措施的性能和作用、岗位的安全操作规程、规章制度等；③本岗位安全技能训练；④作业场地具体地点、环境保护、清洁卫生、防火安全知识；⑤讲清楚容易发生事故或有毒有害危险区域；⑥讲解个人安全防护用品用具的穿戴和保管使用方法。

岗位教育方法：一般采用"以老带新"或"师徒包教包学""订立包教合同"，使新工人按规定掌握生产技术知识，熟悉作业环境，掌握安全操作技能。

（4）特种作业安全技术教育。特种作业是指对操作者本人，尤其对他人及周围设施的安全有重大危害的作业，如电气、起重、压力容器、焊接、卷扬、登高作业等。对于特种作业人员必须经过专门培训和教育，经过地方劳动部门培训教育考核合格后，发给安全操作许可证者方可上岗作业。对特种作业人员的复审，一般 3 年进行一次，复审不合格者必须重新参加培训考试；否则一律不安排其上岗从事特种作业。

4．安全教育形式

为了保证工程建设安全管理工作的需要，采取的安全教育形式如下：

（1）会议形式。如安全知识讲座、座谈会、报告会、先进经验交谈会、事故教训现场会等。

（2）张挂形式。如安全宣传横幅、标语、图片、黑板报等。

（3）固定场所展示形式。劳动保护教育室、安全生产展览室等。

（4）现场观摩演示形式。如安全操作方法、消防演习、触电急救方法演示等。

5．安全生产技术交底

（1）项目技术负责人应对所有施工人员进行安全技术交底。

（2）交底内容包括：本工程项目的施工方案及作业特点；存在危险源及其具体防范、控制措施；相应安全操作规程和标准；应注意的安全事项；发生事故后的避难和紧急救援措施及应急预案。

（3）技术交底应填写《安全生产技术交底记录》，对拟进行的所有安全交底事先有计划，并对其实行动态管理，及时补充、完善。

（4）被交底人要覆盖所有的相关从业人员，对新增人员，交底要及时跟进，特别是对特种作业人员、高危岗位作业人员，交底内容要有针对性、实用性。

12.7.6　安全检查制度

（1）项目经理部必须组织定期安全生产检查。具体规定是：项目经理部至少每月组织一次全面、系统的安全检查。

（2）项目除了要坚持定期的安全检查外，还应根据工作需要进行不定期的安全生产检查，包括巡回检查、专业性检查、雨季施工、防暑降温、冬季施工等季节性安全检查。

（3）必须加强对安全生产检查工作的领导，使其目的和要求明确、计划具体可行。在计划和实施安全生产检查中，各级主要负责人必须亲自组织、全程参加，特别对隐患及其整改方案必须亲自确认，并签署意见。

（4）安全生产检查工作应由各级主要负责人、相关部门的管理人员和技术人员、专职安全员以及施工现场作业人员代表共同承担。主要负责人和管理人员、技术人员、专职安全员要认真听取施工作业人员代表反映的安全生产问题，并加以协调和解决。

（5）安全生产检查的内容是：查各级主要负责人，是否认真贯彻执行了《中华人民共和国安全生产法》等一系列安全生产法律、法规、规范、标准，是否真正履行了自己的安全生产职责，是否保证为安全生产提供了充足的资源，是否能够正确处理安全和进度、安全和效益的关系；查制度，安全生产各项管理制度，是否真正落实；查防护，施工现场各种防护是否达到规定的标准；查隐患和违章，施工现场各方面是否存在事故隐患和违章作业。

（6）每次安全生产检查都要制定明确的检查表，并严格依据安全检查表系统性地检查，避免随意性、主观性和漏项。

（7）安全生产检查要坚持查一处，整改落实一处。对查出的隐患和故障，要有检查负责人签发隐患整改通知单或违章处罚通知单。隐患整改要定人、定措施、定完成日期尽快进行。一时不能整改的要建立检查、整改、消项登记台账，予以记录。在隐患没有消除前，必须采取可靠的防护措施。

（8）由于气候、自然灾害等原因停工以及发生因工重伤事故及以上事故后，应进行一次全面的安全检查，经检查负责人确认合格并呈报项目主要负责人批准，方可再开工。

（9）作业队伍应做好班前、班中、班后的安全检查，特别是作业前必须对作业环境认真检查，发现问题要立即解决或及时上报，解决后方可开始作业。下班后要对作业现场进行清理，不得留有隐患。

（10）专职安全员进行日常安全检查过程中，依据项目安全管理制度和安全技术操作规程等，有权对违章人员进行制止、处罚和根据隐患情况采取责令立即整改直至停工整改等应对措施。对不听从管理的人员、部门，有权向领导和上级主管部门汇报。专职安全管理人员对日常安全检查结果负责。日常检查中，对存在的隐患部位加以指出，不责令整改的或隐患得不到整改，也不向领导和上级主管部门汇报的，一旦因此发生事故，要承担相应的责任。

12.7.7　应急救援预案制度

（1）项目成立应急救援组织，由项目经理担任组织领导，明确各应急组织和人员的职责，由项目经理负责组织对项目实施范围内各项应急救援行动编制相应的应急救援预案。

（2）发生突发事件启动应急预案，应急救援小组应立即赶赴现场，按各自分工对现场进行指挥、协调及善后工作，并及时向上级领导汇报事情进展。

（3）积极协调配合各部门开展工作，密切关注事态发展，力将损失控制在最低程度。

（4）项目应组织应急小组成员进行应急培训，做到发生意外事故或紧急情况时能及时启动应急预案和采取有效控制措施。

（5）项目部应适时组织开展应急演练并及时进行总结，并对应急预案的有效性进行评审，保存相关记录、影像资料。

（6）应按应急物资清单提前进行采购、储备，建立布置图和责任人清单，定期对应急物资保管、状态进行抽查，监督责任人。

（7）项目应每年至少组织一次应急预案演练，当人员、工作场所、施工工艺等发生重大变化时，应及时修订。

12.7.8　环境保护管理制度

（1）认真贯彻执行"预防为主、防治结合、综合治理"的环境保护方针，遵守《中华人民共和国环境保护法》《中华人民共和国大气污染防治法》《中华人民共和国环境噪声污染防治法》等有关环境保护的法律法规、规章及标准。

（2）积极防治废气、废水、废渣、粉尘、垃圾等有害物质和噪声对环境的污染与危害。

（3）定期进行环境保护教育和环保常识培训，教育职工严格执行各工种工艺流程、工艺规范和环境保护制度。

（4）对玩忽职守造成环保事故者和发现污染事故迟报、隐瞒不报者，予以警告、批评、罚款或责令赔偿损失。

（5）项目部生活垃圾设置专人进行清理、收集，最后交由街道清洁人员集中处理。

12.8　振孔高喷施工安全保障措施

（1）进入施工现场人员，必须按规定穿戴好防护用品和必要的安全防护用具，严禁穿拖鞋或赤脚工作。进入施工现场人员一律戴安全帽，高空作业者必须系好安全带，进行电气工程操作及电动使用工具，必须戴好绝缘手套等安全保护设施。

（2）用于施工现场的空压机和高压泵压力表、安全阀必须经具有检测资质的检测单位进行检测，检测合格后方可用于施工；用于供浆的高压管路，耐压必须大于 50MPa。

（3）施工现场的高喷机、空压机、高压泵、高速搅拌机，应做到场地安全可靠、安装稳固、通道完整、布局合理、有安全通道。各种设备转动部位的防护罩必须完好。

（4）施工现场的变压器、电缆走向、高喷机振动范围、高压浆的喷射区、高压泵出浆口、空压机排气口等危险处应有防护设施或明显标志。

（5）交通频繁的交叉路口，应设专人指挥，危险地段，要悬挂"危险"或"禁止通行"标志牌，夜间设红灯示警。

（6）施工现场的排水设施应全面规划，其设置位置不得妨碍交通，并须组织专人进行养护，保持排水通畅。

（7）设备组装和拆卸要有专人负责调度和指挥，按操作规程进行组装和拆卸，连接螺钉要拧紧进行检查。拆卸时要注意先后顺序，不能同时进行，要与吊车配合好；起吊设备先要检查卷扬的性能，之后要检查钢丝绳是否有断股或是否生锈，对不符合要求的钢丝绳一定要进行更换；起吊和放架需要配重的设备一定做好配重工作，防止设备起吊和放架过程出现危险；在起吊和放架过程中在起吊的范围内严禁有人。起吊过程需要人员配合时（如副支撑杆安装）人员要足够，并应有专人指挥。

（8）安装振管时要有两人进行组装，上架人员要穿软底鞋，系好安全带和安全绳，由一人负责指挥，一名卷扬操作手配合振动锤的升降工作，安装振管时禁止振动锤底下同时作业。在振动锤可落物的范围内禁止站人。

（9）严禁在高喷机振孔时可掉物件的范围内停留和休息。高喷机工作一定时间后要对紧固螺栓进行检查，发现松动的螺栓要马上拧紧。

（10）高喷机在工作期间，如果需要长距离迁移，宜将振管卸下，防止发生倾倒事故。

（11）振孔高喷在地面喷射时，严禁人员站在喷射范围内，以防伤人。当喷嘴放生堵塞，泵压升高时，应立即打开泄压阀，待压力降下来后停泵，提出振管处理喷嘴。禁止带压的情况下处理喷嘴。

（12）现场存放的乙炔、氧气禁止露天暴晒，要用遮阳物盖上。工作时乙炔、氧气放置安全距离要大于5m，距离动火点不少于10m，焊接时附近要清除可燃物，并采取消防措施。

（13）全体施工人员必须严格遵守岗位责任制和交接班制度，并熟知本职工种的安全技术操作规程，在生产中应坚守岗位。未经领导许可，不得任意将自己的工作交给别人，更不得随意操作别人的机械设备。

（14）搬运器材和使用工具时，必须时刻注意自身和四周人员的安全传送器材或工具时，不可投掷。

（15）上下班要按规定的道路行走，乘坐交通工具时，必须遵守有关安全规定。严禁跳车、扒车或强行乘坐。严禁搭乘未经有关部门批准的各型现场施工运输车辆。

（16）编制临时用电方案。施工及生活用电应特别注意安全，配电系统分级配电，配电箱、开关箱外观完整、牢固、防雨防尘。箱内电器可靠、完好，造型、定值符合规定，并标明用途。电源线按规定架设，装置固定配电盘；电气设备必须绝缘良好，不允许带病或超负荷作业。施工现场所有用电设备，必须按规定设置漏电保护装置，要定期检查，发现问题及时处理解决。进行电器检修，开关箱要挂"设备检修中，禁止合闸"警示牌，或设专人监护，防止在检修过程中合闸伤人。

（17）做好施工机械设备的维护工作，专机专人操作，严禁带故障作业，严禁违章指挥，严禁违章作业。

（18）不准在工作期间饮酒，严禁酒后上班。

（19）施工现场必须把防火工作列入重要议事日程，建立各项防火制度，健全消防机构；并应开展定期和不定期的防火安全检查，及时消灭火灾隐患，保障人民生命财产的安全。配备一定数量的常规消防器材，存放地点应明显，易于取用。消防器材及设备附近，严禁堆放其他物品，确保消防水源充足和供水系统工作正常。现场临时工棚要做好"四防"（防火、防爆、防盗、防事故）。

（20）按照国家劳动保护法规定，定期发给在现场施工的工作人员必需的劳动保护用品。

（21）加强现场的车辆运输管理，对司机进行安全行车教育，遵守交通法规，不违章驾驶；司机要做好车辆的保养，不开带病车；长途驾车要掌握驾驶时间，不疲劳驾驶；禁止酒后驾车。

（22）协助业主做好防汛工作，汛前30d做好汛期施工组织安排，并储备一定的防汛抢险物资。同时指定项目经理为防汛工作第一责任人，指派专人负责传递业主发布的水情和天气预报工作。对可能造成设备淹没的情况，应立即采取措施进行撤离，将设备搬至安全地带。

（23）冬季施工要做好防冻措施，供水管路和供浆管路采用电热带、地下埋设、棉毡等措施进行保温，防止冻裂供水管路和供浆管路，造成事故隐患。

12.9　安全文明施工措施

振孔高喷文明施工目标是建立标准化文明施工现场。

文明施工在项目管理中具有重要作用。文明施工可以改变施工现场面貌，改善职工劳动条件，提高工作效率；可以促质量、保安全；可以提高经济效益。文明施工注重规范，各项目管理严谨，减少了工、料、机无效投入的浪费；文明施工讲究工艺，施工控制严格，降低了原材料的消耗。文明施工可以提高工程项目管理水平，促进企业施工水平发展，增强企业竞争力，逐步和国际接轨，实现企业管理现代化。文明施工可以推动企业精神文明建设，提高企业整体素质，培养文明的职工队伍。

在振孔高喷施工中采取以下措施来达到文明施工的要求：

（1）制定文明施工的管理实施细则。

（2）在工程施工过程中，既要抓好工程质量，也要注意施工安全，同时要做好文明施工，把质量、安全、文明施工融为一体。

（3）为搞好文明施工，也要像抓工程质量、安全一样，首先对职工进行文明施工宣传教育。职工形象：进入施工现场的每个职工必须身着工作服、戴安全帽。

（4）遵守国家、地方有关法律、法规，维护当地社会治安，与当地群众搞好关系。

（5）在施工工地要悬挂施工总平面图、工程名称概况牌、安全操作规程牌、安全宣传标语和警示牌等。各作业面现场设宣传横幅，大型机械设备上设岗位操作牌。

（6）施工前先规划好场地布置、施工现场材料，机械设备按指定地点有序堆、停。

（7）加强消防、保卫制度，加强职工食堂的卫生管理制度，宿舍要有文明卫生公约。

（8）施工现场建立非施工人员不得随意出入制度。

（9）消防器材按有关规定配备齐全，在易燃物口处要有专门消防措施。

（10）施工现场及生活区不得乱拉线、乱用电热器具。

（11）与当地政府、群众建立密切联系工作。

（12）施工人员严禁酗酒、打架、赌博、偷窃。

（13）施工区及生活区要保持好清洁卫生，生活废水合理排放，生活垃圾、废弃物定点堆放，并及时掩埋或销毁；不使有害物质污染土地、河流，美化周围环境，做好环境保护工作。

（14）施工机械设备定期保养，减少机械设备尾气污染及噪声污染。

（15）施工现场、驻地卫生设施、卫生标准等应符合相关的规定，饮水水质必须符合《生活饮用水卫生标准》（GB 5749—2006）。

（16）主要施工通道必须经常保养维护，天气干燥时，要采用洒水除尘。

（17）工作地点附近，应设饮水站，使工人能及时喝到足够的清洁的饮用水。

（18）生活区和施工区应建立适当的、必不可少的各项卫生设施；设置移动式厕所，供施工人员使用。及时清理脏物，按照监理指定的位置排放。

（19）夏季施工应根据气温条件，适当调整作息时间，注意劳逸结合。

（20）夏季施工应有防暑降温措施，露天作业集中的地方应搭设足够的休息凉棚，对从事高温和露天作业工人应防止中暑。

（21）生活区应避开产生烟雾、粉尘、噪声等有害物质的作业场所。

（22）为防止污染地下水源，有害废水和生活污水不得排入渗坑。

（23）施工现场应备有急救药品等。

（24）搞好前后方环境卫生，做到场区优美、文明施工。

（25）电焊工作应以低毒焊条代替有毒焊条，要采取措施防止电焊、锰、臭氧、氧化氮和弧光的危害。

（26）水泥搅拌人员要戴防尘口罩，防止粉尘对人体的危害。水泥的储存要有简易的工棚，做到防潮、防雨，不造成水泥有硬块。

（27）做好竣工清理工作。

12.10 环境保护措施

12.10.1 施工中可能引起的环境保护方面的问题

振孔高喷施工一般都处在江河地段。因此保护好环境尤为重要，采取有效的防护措施保护各类自然资源。采取措施防止燃油、废水泥浆、垃圾、尘土或其他有害物质对江河的污染；防止降尘和有害气体对大气的污染；防止施工噪声对周围环境的影响等。

振孔高喷施工中可能出现的对周围环境有影响的问题如下：

（1）固体废弃物。固体废弃物包括生产中产生的固体垃圾及生活垃圾。

（2）水污染。水污染包括施工高喷灌浆返出的废水泥浆液和搅拌站产生的废水泥浆，以及施工人员生活污水等。

（3）废气污染。主要是烧油的机械设备，包括发电机组、运输车辆等尾气排放；生活垃圾中的病源微生物，可能飘浮在空气中，造成污染；炉灶等燃具也排放废气。

（4）噪声。高喷机、空压机、高压泵等施工机械作业和车辆运输等产生的噪声。

（5）扬尘。水泥粉尘、水泥搅拌等会形成粉尘、车辆行驶形成扬尘等。

12.10.2 环境保护技术措施

1. 污染物防治措施

（1）固体垃圾的管理和处置。项目部负责垃圾的收集、划定堆放区域、做好标识、分类处置。

（2）在生产过程中产生的废弃物，如焊条头、废机油、废油棉纱、废油手套、边角料、电池、保温材料等，生产后要将废弃物分类放置，统一回收处理。施工中封孔产生的废水泥浆，要用容器装好，凝固后投放到监理指定的位置。

（3）生活垃圾按《生活垃圾分类处理规定》执行。

每个办公区及食堂应设两种垃圾收集箱，即可回收垃圾箱和不可回收垃圾箱。

一般固体废弃物收集后投入城市垃圾箱或监理指定垃圾场投放。有毒有害废弃物，如废电池、废灯管、废计算机等，由项目部按规定组织统一回收，分类处置。

（4）废旧包装材料的管理。

1）各部门负责本部门废旧包装材料的综合管理。划定相对固定的区域堆放不同的废旧包装材料，将无法利用的废旧包装材料采取对外出售，对于有毒有害的，应委托有资质的处理单位处理。

2）废旧包装材料的产生部门应做好本部门废旧包装材料的收集、归类工作。对于本部门还能利用的，应由专人进行清理保管，然后再利用。

3）废旧设备、钢管材管理。对收集到的废旧设备、钢材进行分类、筛选，将可再利用的部分做好记录，供各使用部门再次利用，不能利用的采取对外出售，并做好登记。

2. 污水排放的措施

（1）对仅含泥沙的污水，可在污水的最后出口处设立沉淀池，经过沉淀后的污水可直接向污水管网排出；沉淀池内的泥沙每周都必须清理干净，并做妥善处理。高喷灌浆中产生的废水泥浆如果是围堰工程要排到围堰内，待基坑开挖时一起与基坑内料运走。如果不具备排废水泥浆的条件，要挖储浆池，将高喷灌浆返出的水泥浆用泵送到储浆池中，待水泥初凝后用挖掘机挖出装车，运到监理或业主指定的位置。对排出废水泥浆的部位，要进行统一管理，合理布局。施工用水要有自动阀门进行控制，防止抽到现场的水又流失。

（2）办公及生活废水管理。

1）提倡节约用水，减少生活污水，避免水资源浪费。

2）食堂严禁将食物残渣及剩饭乱倒，尽量使用无磷洗涤剂清洗餐具。

3）生活污水要设立沉淀池，指派专人每半月清理一次。生活居住地要保持好清洁卫生，生活废水合理排放，生活垃圾、废弃物定点投放，并及时掩埋或销毁；不使有害物质污染土地、河流。

3. 废气处理

（1）生产过程中产生废气，主要产生的废气有汽车尾气等。生活中产生的废气主要有食堂油烟。

（2）禁止露天焚烧沥青、橡胶制品、塑料制品及其他易产生有毒有害废气的物质。

（3）食堂油烟排放采用过滤式排油烟机，过滤后通过烟筒排放。

（4）检查汽车、吊车、发电机组（无电网的工程）等用油设备的废气排放量，不合格者不使用。施工期间将采取以下控制措施：

1）加强对燃油机械设备的维护保养，使发动机在正常和良好状态下工作。

2）装尾气排放净化器，使尾气达标排放。

3）选用无铅汽油。

4）杜绝使用不符合国家废气排放标准的机械设备。

4. 噪声防治

（1）噪声产生较大的设备应该有专人进行日常监护和维护管理。关注设备运行状态，一旦发生异常情况，特别是产生异常噪声，应停车检查。做好维护保养工作，定期采取润滑、除尘等措施，同时制定设备检修计划并严格执行。

（2）施工机械要保持良好的技术状态，在选择施工设施和施工方法时，要考虑到由此产生的噪声对操作人员的影响及附近居民的生活影响。

（3）防止空压机通风系统阀门漏气产生的噪声。

（4）加强运输车辆的维护保养，尽可能减少其产生的噪声。

（5）重型水泥车辆通过居民区要限速行驶。

（6）进行强噪声的工作人员，要佩戴防声用具。

（7）进行夜间施工作业，如果距离周边居民较近，夜间要停止施工；如果距离周边居民较远，不会产生影响，可施工。

5. 防治扬尘污染

（1）炊事炉灶等尽量使用清洁燃料。不使用煤和木材作为燃料。

（2）水泥搅拌时可能产生水泥粉尘污染，倒水泥时如果遇大风天气，要采取防风措施，防止水泥形成粉尘污染。

（3）搅拌水泥浆时，工作人员必须佩戴防尘口罩。

（4）现场的车辆做好清洗或清洁工作，防止车辆带出的土方或杂质污染道路和环境。

（5）文明施工，做到工完料尽、场地清。生活区内道路要经常洒水，减少空气污染。

本 章 参 考 文 献

[1] 试用、国家认证认可监督管理委员会，住房和城乡建设部组. 工程建设施工企业质量管理规范（GB/T 50430）. 北京：中国计量出版社，2010.

[2] 中华人民共和国水利部. 水利水电工程施工作业人员安全技术操作规程（DL/T 5373—2007）. 北京：中国水利水电出版社，2007.

第13章 振孔高喷技术发展与展望

13.1 振孔高喷衍生工艺

13.1.1 振动切喷成墙工艺与实践

1. 切喷成墙工艺简介

在高喷灌浆施工中，孔距（相邻高喷孔间距）是制约质量、进度和成本的关键参数。在一定地质条件下只要设备能力允许，人们都希望选择更大的孔距以便获得更大的经济效益。在振孔定喷施工中，为尽可能获得最大的喷射距离，除尽可能采用较高的泵压，往往都希望增大双喷嘴的安装距离，切喷成墙工艺应运而生。首先将圆形喷头体（即钻头）改造成长斧状"一字形"切头，使其两侧喷嘴的安装距离较之前增大 0.5～2 倍（喷嘴间距加大到 20～40cm，有效减小了孔间地层厚度），这种振孔定喷方式被称为切喷成墙（简称切喷，图 13-1）。在适合的地层中切喷工艺造墙速度更快、成墙质量更好。切喷工艺曾在长江干堤梁公堤（切喷成墙 37758m²）、济益公堤、赣江干堤廿四联圩和赣三堤以及重庆草街航电枢纽等多项堤防工程中获得成功应用。

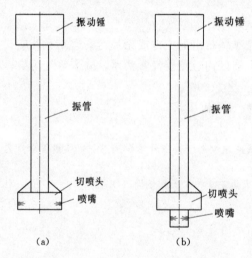

图 13-1 切喷成墙原理示意图

2. 振动切喷成墙主要设备

振动切喷成墙主要施工设备与振孔高喷灌浆设备相同。

3. 工程实例

（1）工程概况。江西省鄱阳湖区二期防洪工程廿四联圩除险加固工程，为国家立项的重点防洪工程。工程位于新建县鄱阳湖滨，距联圩乡象湖村 1km。圩内四面环水，呈南北向长条形状，堤线总长 91.1km，圩堤保护面积 181.24km²，1998 年、1999 年汛期出现严重的渗漏及泡泉等险情，严重影响大堤安全。

本工程切喷处理堤线长度为 420m，自 2000 年 1 月 25 日开工，施工 42d。完成切喷孔 851 个，造孔进尺 22636.6m，灌浆 9051.5m²，水泥消耗 1480t。

（2）地质条件。

难题。

（3）振孔高喷设备和专用器材、零部件的系列化与标准化仍需做大量工作。

13.2.3　振孔高喷工艺与设备深度研发

1. 主机设备性能完善与改进

振孔高喷设备主机是为满足振孔高喷工艺需要自主研发的专用设备，主要由天车、立柱、斜撑、起落架、底盘、行走管、卷扬机、液压系统等组成。两根 ϕ325 钢管平置于工作平台作为主体行走轨道，通过液压油缸使主体在轨道上移动达到主机行走目的。该液压走管方式优点是安全平稳、轴线施工孔位精准，特别适合在堤坝等长轴线的平台上施工；缺点是转向和横向移动功能较弱，这给短轴线施工带来较大困难。新近正在开发的液压平移转向机构弥补了上述缺陷，高喷机转向或平移利用液压操控安全平稳，最大限度地拓宽了高喷机的适用范围。

2. 穿石入岩，复杂地层快速建墙

工程实际常常遇到的穿过孤石或卵砾石、墙底嵌岩，是高喷灌浆工艺难以逾越的障碍，高昂的钻孔费用和无法变小的钻孔间距，使得这些地层往往成为钻孔高喷的禁区。通过加大振管刚度（选择大直径、厚壁或高强度振管）、阶梯状振管或钻头结构、钻头镶嵌球齿合金、回转冲洗钻孔等切实有效的技术措施，在一定深度内很好地解决了振管穿石入岩问题。振孔高喷以极快的造孔速度和相对较低的成孔费用，采用 0.6～0.8m 的孔距（其间双向射流的喷灌厚度为 0.47～0.67m），完全能够建成高质量防渗墙，已在黑龙江、吉林、内蒙古、西藏、湖北、河南等省份有近 30 项此类工程的成功验证。

振孔高喷的设备配置仍在完善，施工技术参数科学性探索应予以加强，工艺机理等理论研究有待深入。

第14章 振孔高喷工程实践

14.1 广东岭澳核电站联合泵站振孔高喷防渗工程

该工程为四平东北岩土工程公司早期应用振孔高喷工艺施工的成功案例。

1. 工程情况

广东岭澳核电站联合泵站振孔高压摆喷灌浆防渗工程于1996年5—7月施工，单机组历时36d。在共长280.50m的防渗轴线上共完成高喷孔476个，累计孔深4033.66m，防渗墙面积2108.22m²，先导勘探孔9个计106.65m，压水试验8段，围堰勘探孔两个计11.10m。

2. 设计要求

防渗墙平均厚度大于0.25m连续完整，渗透系数$K<i×10^{-5}$cm/s。允许比降大于50，在整体上保证基坑渗入量小于70L/s，基坑施工过程中不发生渗流破坏。

3. 地质条件

本施工区内的堤体土大部分为新近水下堆填的角岩风化土或残积土，多含角岩风化碎块，粒粒含量高，未经人工碾压，较疏松。下部基岩绝大部分为中风化或微风化的花岗岩与石英岩。岩石坚硬，部分地段覆盖砂卵石层。

4. 施工设备与工艺指标

高喷施工使用的主要机械设备为DY-60型振孔高喷机、3XB-75/500型高压泵和YV-6/8型空压机。

本工程采用振孔三管摆喷的方法进行施工，喷射方向与防渗轴线方向一致，摆角40°成单排一序一次喷射的方法进行施工。

主要工艺指标如下：

孔距：0.5~0.6m。

孔径：130mm。

孔深：坚硬基岩达岩面下0.2m，中风化岩石达岩面下1~2m。

5. 技术参数

施工中按照施工组织设计所研制的操作参数经过7个孔的试喷，根据串浆、回浆及墙体状况进一步修正正确的技术参数：

(1) 水压不小于35MPa。

(2) 水量75L/min。

(3) 风量2~3m³/min。

(4) 风压0.5~0.8MPa。

（5）浆量 60～75L/min。

（6）浆压 1～2MPa。

（7）浆液相对密度不小于 1.55。

（8）提升速度 30～50cm/min。

（9）摆角 40°。

6. 墙体质量评价

在墙体分别取两组试样做试验检测。结果表明，墙体厚度、抗压强度、渗透系数、比降等指标均满足设计要求。基坑开挖证明：施工参数合理，渗入量仅 11.2L/s，满足工程要求。

14.2　黑龙江省松花江干流依兰 B2 标段振孔高喷工程

1. 工程概况

松花江干流依兰段堤防消险加固工程 B2 标段，位于依兰县城区松花江和牡丹江汇流江堤段的 3＋900～4＋565 处，标段长 665m，堤顶宽 7～8m、高程 101.93～102.43m，设计水位 100.73～100.85m。1998 年洪水期间，该堤段堤基和堤身发生严重渗漏等险情，严重威胁城区人民生命和财产安全。

高喷防渗工程于 2001 年 6 月 2 日开工至 7 月 9 日结束，振孔高喷单机施工，完成高喷孔 792 个，堤基摆喷成墙 5097m^2，堤身定喷成墙 2373m^2，水泥耗量 2083.5t。

2. 设计要求

（1）堤身和堤基以 97.5m 高程为界限，堤身采用定喷防渗墙，堤基采用摆喷防渗墙。

（2）堤身定喷。墙体厚度不小于 5cm；成墙连续可靠、无孔洞；墙体抗压强度 $R_{28}\geqslant$ 2MPa，渗透系数 $K<1\times10^{-7}$cm/s。

（3）堤基摆喷。墙底设计入岩深度 0.2m，成墙厚度不小于 15cm；抗压强度 $R_{28}\geqslant$ 2MPa，渗透系数 $K<1\times10^{-7}$cm/s，允许比降大于 60。

3. 地质条件

本标段堤身和堤基地层由上而下分别为以下几个部分：

（1）筑堤填土。厚度 4.2～7.0m，黄褐色～灰褐色，以粉土为主，混杂少量砂砾或砂砾石，并间杂细砂薄层，为弱透水层。

（2）中粗砂。黄褐色，稍湿～湿，断续分布于堤基内，厚度 3.0～3.7m，该层为中等透水层。

（3）砂卵石。堤基主要地层亦为强透水层，厚度 3～4m，灰黄色～黄褐色，砂卵石含量约占 80%，粒径一般为 20～60mm，钻孔揭露最大可见 100mm，成分以花岗岩为主，蚀圆度较好；砂含量约占 20%，以粗砂为主。局部分布有 0.3～0.6m 密实度较高的砾砂和粗砂。

（4）下伏基岩。白垩系的砂岩、泥岩，呈互层分布，岩面高程 89.5～89.9m，表层呈全风化或强风化状态。

地下水为第四系松散层的孔隙潜水，平水期地下水位高程一般为 92.5～93m，埋深

（堤顶起）9.5~10.0m，与地表水联系密切。

4. 振孔高喷主要施工参数

（1）高喷孔沿防渗轴线单排布置，孔距 0.8m。

（2）高程 97.5m 以上采用定喷，以下采用摆喷。

（3）定喷采用折线连接形式，喷射方向与施工轴线夹角 10°~15°。

（4）摆喷采用对接形式，摆角 35°~40°，摆动速度 30~40 次/min。

（5）提升速度。定喷提升速度 0.6m/min，摆喷提升速度 0.3~0.4m/min。

（6）高压水。压力 30~40MPa，流量 70L/min。

（7）压缩空气。压力 0.3~0.6MPa，风量 1~3L/min。

（8）灌注水泥浆。压力 0.5~1.5MPa，流量 70~80L/min，浆液密度 1.6~1.65g/cm³。

水泥为 32.5MPa 普通硅酸盐水泥。

5. 施工质量

开挖检查墙体质量：墙体连续完整，孔间连接良好，水泥结石强度高，定喷墙体厚度 10~15mm（局部见有 5cm 厚），摆喷墙体厚度 15~30mm，各项试验指标均满足设计要求。

围井试验结果：渗透系数 $K=5.5×10^{-7}$cm/s，满足设计要求。

工程质量评定为优良。

14.3　尼尔基水利枢纽主坝上游围堰振孔摆喷防渗墙工程

1. 工程概述

尼尔基水利枢纽工程位于黑龙江省与内蒙古自治区交界的嫩江干流中游，右岸为内蒙古自治区莫力达瓦族自治旗，左岸属黑龙江省讷河市。尼尔基水利枢纽是嫩江干流上第一座水利枢纽工程，水库总库容为 86.10 亿 m³，电站装机容量 250MW。主要建筑物有沥青混凝土心墙土石坝（主坝）、黏土心墙土石坝（左右岸副坝）、泄洪建筑物（岸坡溢洪道）、河床式电站厂房、灌溉引水建筑物。主坝填筑工程于 2002 年 5 月开工建设，为确保主坝填筑工程在汛期能够顺利进行，堰体设计采用振孔摆喷防渗墙垂直防渗。摆喷防渗墙轴线设在围堰上游堰脚外侧 3~4m。

受嫩江尼尔基水利水电责任有限公司的委托，中水东北勘测设计有限责任公司采用振孔高喷工艺专利技术施工，工程于 2002 年 5 月进行现场摆喷试验并开工，7 月竣工，共完成摆喷防渗墙总长 1507.30m，完成摆喷孔 2284 个，成墙面积 15630.96m²，空造孔 727.14m，水泥总耗量 6282.25t。

2. 设计要求

根据水利部东北勘测设计研究院尼尔基水利枢纽工程施字 200201 号《设计更改通知单》，围堰基础高喷防渗墙设计指标如下：

（1）高喷混凝土防渗墙体进入含砂砾石 1.0m，进入黏土斜墙内至少 1.0m。

（2）高喷混凝土防渗墙体厚 0.2m。

（3）高喷混凝土防渗墙体抗压强度 $R \geqslant 2.5$MPa。

（4）高喷混凝土防渗墙体渗透系数 $K \leqslant 1 \times 10^{-5}$cm/s。

3. 地质条件

摆喷防渗处理深度范围内的地层组成自上而下为：

（1）壤土。黄褐色，稍湿，可塑，该层断续分布于堰基表层，厚度 0.5～1.5m。

（2）砂卵砾石。黄褐色，饱和，中密。卵石含量约占 20%，卵石粒径一般为 20～30mm，砾石含量约占 40%，该层厚度 6.0～8.0m。

（3）含泥砂砾石。灰白色，黄褐色，灰绿色，饱和，密实，砾石含量约占 40%，砾石粒径一般为 2～10mm，最大可达 20mm，砂以中粗砂为主，含量约占 40%，泥含量约占 20%，该层厚度 20m。

下伏基岩为花岗闪长岩，中粒结构，块状构造，表部岩石完整性较差，节理较发育，呈强风化或弱风化状态。

施工期间地下水位埋深 1.5～2.5m。

4. 振孔摆喷现场试验确定施工参数

为更合理地确定摆喷施工技术参数，根据施工组织设计和监理部要求，分别做了现场摆喷试验。

通过试验确定摆喷施工参数，采用单排孔对接成墙，施工参数如下：

（1）孔距 0.7m。

（2）提升速度 30～35cm/min。

（3）摆动速度 40 次/min，摆角 30°。

（4）水压 38MPa，水量 75L/min。

（5）气压 0.5MPa，气量 1.5m³/min。

（6）浆压力 1.5MPa，浆量 75L/min，浆液密度 1.6g/cm³。

（7）孔斜率 0.3%～0.5%。

（8）用 32.5MPa 普通硅酸盐水泥。

5. 质量检查

按照监理部要求，由现场监理工程师指定 3 个开挖检查点，中水东北勘测设计有限责任公司对完成的摆喷墙体进行了开挖检查，检查结果是：墙体连续完整，水泥浆结石良好，墙体坚硬，厚度 22～40cm，表观墙体质量满足设计要求。

结合墙体开挖检查，对墙体进行原位取样，现场凿取 3 组墙体试样，取样规格为 40cm×50cm，送检测结果为：墙体抗压强度 $R=4.64$～6.89MPa，渗透系数 $K=4.37 \times 10^{-6}$～1.16×10^{-6}cm/s，检测结果均达到设计要求。

6. 质量评价

本工程共划分 26 个单元工程，通过现场质量检查和对单元的质量评定，全部为合格单元工程，其中优良单元工程 24 个，优良率达到 92.3%。

通过对本工程的灌浆材料检测和施工技术参数的检查，以及对墙体开挖、取样室内试验等多种手段检测，墙体各项指标达到设计要求，墙体质量优良。

14.4　大顶子山航电枢纽工程围堰振孔高喷防渗墙工程

1. 工程概况

大顶子山航电枢纽是一座以航运、发电和改善哈尔滨市水环境为主，同时具有交通、水产养殖和旅游等综合利用功能的低水头航电枢纽工程。枢纽建筑物有船闸、泄洪闸及混凝土过渡坝段、河床式水电站、土坝、闸（坝）上公路（桥）等。水库正常蓄水位116.00m，最大库容 16.97 亿 m^3，装机容量 66MW，最大下泄流量 22704m^3/s。

本枢纽工程为一等工程，工程规模为大（1）型，相应船闸、泄洪闸及混凝土过渡坝段、河床式水电站、土坝等为 2 级建筑物，相应洪水标准为 100 年一遇洪水设计，300 年一遇洪水校核。

一期右岸汛前期围堰高喷灌浆防渗墙工程，包括上游围堰、纵向围堰、下游围堰。为更合理地确定振孔摆喷施工技术参数，于 2004 年 10 月于纵向围堰做了振孔摆喷现场试验，工作量为 587.23m^2。本工程共投入 4 台套振孔高喷设备，采用振孔摆喷施工工艺进行围堰堰基防渗施工，防渗墙墙体深入基岩不小于 0.5m。本工程正常施工历时 48d，共完成工作量 24464.61m^2，平均效率为 179.9m^2/（台·日），最高效率为 339.60m^2/（台·日）。水泥耗量为 6292t，平均每平方米水泥耗量 257.2kg。

2. 地质条件

该围堰地层情况自上而下分别如下：

（1）素填土，厚 1～10.5m。

（2）级配不良细砂和级配不良粗砂，均呈松散～稍密状态，厚 0～11.9m。

（3）下覆基岩为白垩系泥岩，表部岩体呈中等风化状态。

3. 防渗墙主要技术参数

（1）高喷防渗墙抗渗系数小于 10^{-6}cm/s。

（2）最小成墙厚度不小于 15cm。

（3）墙体抗压强度 $R_{28} \geqslant 2$MPa。

（4）按高喷工艺现场试验确定的施工参数进行施工。

业主、设计和监理各方统一确定一期右岸汛前期围堰防渗墙工程施工的施工参数为：

（1）孔距 1.00m。

（2）孔径 150mm。

（3）孔深按设计图纸（入岩不小于 0.5m）。

（4）提升速度 25cm/min。

（5）水压 30～40MPa。

（6）水量 75L/min。

（7）风压 0.3～0.6MPa。

（8）风量 1.0～2.4m^3/min。

（9）浆量 75L/min。

（10）浆液配合比水∶水泥＝（0.7～0.8）∶1（质量比）。

（11）浆液密度不小于 1.60g/cm³（采用 32.5 普通硅酸盐水泥）。

（12）摆动速度 40 次/min。

（13）摆角 30°。

4. 施工方法

采用摆动振孔高喷工艺、单排孔对接形式连接成墙。

5. 质量检查评定

该工程共划分 22 个单元工程，通过现场质量检查和对单元的质量评定，墙体厚度、抗压强度和渗透系数均满足设计要求，全部为合格单元工程，其中优良单元工程 22 个，优良率达到 100%。

14.5　太平湾电站防护堤水毁修复基础处理工程

1. 工程概述

太平湾水电站位于鸭绿江下游河段，距下游丹东市 45km，为中朝两国合建电站。枢纽由混凝土重力坝和发电厂房所组成。溢流坝段布置在河床及左岸滩地，厂房位于右岸，厂内安装 4 台发电机组，总装机容量为 190MW。电站 1985 年第一台机组发电，1987 年竣工。坝下右岸原防护堤是在电站施工期和其他建筑一并修建的。由于其防洪标准低，于 1995 年汛期，被当年 8 月 8 日的洪水冲毁后重新修复。

该标段基础处理工程为坝下右岸蒲石河段防护堤堤体及基础防渗工程，桩号为 4+574.60~5+110.63，全长 536.03m。该段防护堤堤身填筑料为尾水清挖的砂卵石，顶高程为 23.00m，堤顶宽 3.5m，堤顶路面为砂石路面。

为排出堤内积水，该段防护堤在桩号 4+633.53 和 5+073.13 处各设排水涵管。桩号 4+633.53 处设涵管两根；桩号 5+073.13 处设涵管 3 根。涵管处的处理采用钻孔旋喷处理。

该标段防护堤堤体及基础防渗原设计方案采用钻孔摆喷防渗墙。通过开工前现场试验发现在该地层钻进效率极低，很难成孔，无法保证工期。为了尽快保质完成该项工程，公司提出了采用振孔高喷工艺进行施工的方案，并得到设计、监理及业主的同意。

由于振孔高喷施工要求施工场地宽 6m 以上，而原堤顶宽为 3.5m，不能满足施工要求，公司对原堤进行了加宽培厚处理，完工后按设计要求将防护堤顶宽修整到 5.5m。

该工程于 2006 年 5 月开工，历时 35d。共完成振孔高喷防渗墙 6945.93m²，空造孔量 194.92m；钻孔高喷灌浆 115.95 延米，造孔量 120.95m。共用水泥 1863t，堵漏用砂 300m³，堤顶加宽培厚用土方量为 6500m³。

2. 地质条件

防护堤修筑在电站下游右岸滩地的江边上，该滩地属河床冲积砂卵石层。防护堤位于呈条带状分布的一级阶地上，沿江分布。

蒲石河段防护堤堤身填筑料为尾水清挖的砂卵石，顶高程为 23.00m，堤顶加宽至 6.5m 以上，堤顶路面为砂石路面。桩号为 4+574.60~4+633.53 段防护堤基基础为砂卵石，4+633.53~4+673.70 段防护堤基础上层为细砂下层为砂卵石，桩号 4+673.70~5

＋110.63 段防护堤基础上层为粉砂下层为砂卵石。为满足堤防稳定需要，对粉砂基础的堤基采用砂砾石进行换基处理，其中桩号 4＋673.70～4＋849.50 段堤防基础换土深度 1.5m，桩号 4＋849.50～5＋110.63 段堤防基础换土深度 2.0m。下覆基岩为变粒岩，其单位吸水率多小于 1Lu，属于微透水岩层。基岩以上覆盖层厚 4.3～9.3m，其渗透系数为 40～402m/24h，属强透水层，渗透变形破坏的形式为管涌。

3. 防渗墙设计指标

(1) 高压摆喷防渗墙与基岩相接处入岩深度不小于 0.5m。

(2) 高压摆喷防渗墙顶高程为 22.6m（即距顶面 0.4m）。

(3) 高压摆喷防渗墙的墙体厚度不小于 25cm，墙体的抗压强度 R_{28} 在粉细砂层为 1.5～5.0MPa，在砂卵石层为 3.0～12.0MPa，渗透系数在粉细砂层不大于 $i\times10^{-6}$cm/s，在砂卵石层不大于 $i\times10^{-5}$cm/s（$i=1\sim9$）。

(4) 高压摆喷防渗墙施工参数由现场试验确定。

4. 施工方法与技术参数

振孔摆喷采用单排孔对接形式连接成墙。本工程施工技术参数为通过现场试验确定：

(1) 孔距 80cm。

(2) 孔深按设计图纸（入岩不小于 0.5m）。

(3) 提升速度 20cm/min。

(4) 浆压 30MPa 以上。

(5) 浆量 70～100L/min。

(6) 风压 0.60～1.0MPa。

(7) 风量 4～5m³/min。

(8) 浆液密度 1.40～1.45g/cm³（32.5 级普通硅酸盐水泥）。

(9) 摆动速度 40 次/min。

(10) 摆角 30°。

5. 工程质量检查

开挖检查结果：墙体连续完整，水泥结石体坚实，卵砾石在墙体中胶结良好，墙面不规则，墙体厚度 30～50cm。墙体抗压强度试验，其 28d 抗压强度值均大于 5.5MPa，满足设计要求。

围井注水试验结果为：渗透系数 $K_1=1.57\times10^{-7}$cm/s、$K_2=1.99\times10^{-7}$cm/s，满足设计要求。

6. 工程质量评价

本工程共划分 10 个单元工程，通过现场质量检查和对单元的质量评定，全部为合格单元工程，其中优良单元工程 10 个，优良率达到 97.3%。

14.6　哈达山水利枢纽工程一期导流围堰高压摆喷防渗墙工程

1. 工程概述

哈达山水利枢纽工程位于第二松花江（简称"二松"）干流下游，坝址在吉林省松原市东南20km处，下距二松与嫩江汇合口约60km。本工程是第二松花江流域最末一级控制性枢纽工程，是一座以工农业供水及改善生态和水环境质量为主，结合水力发电，兼顾湿地保护，同时实现松辽流域水资源优化配置的骨干工程，是目前二松最具有开发潜力的枢纽工程。

本工程由坝区枢纽工程、防护区工程和输水工程组成。坝区枢纽工程由挡水土坝、溢流坝、河床式电站、重力坝组成；防护区防护工程由防护堤、强排站和排水沟等组成；输水工程则包括渠首闸、输水干渠及其交叉建筑物等。

哈达山水利枢纽工程取水枢纽工程规模为大（1）型工程，工程等级为1级。主要建筑物挡水坝、溢流坝、河床式电站、重力坝及渠首闸为1级建筑物，其他次要建筑物为3级。重力坝长60m，最大坝高13.80m。装机4台，装机容量为27.6MW。

坝址处河道宽阔，呈不对称U形河谷，谷底宽2.0km左右。左岸岸坡呈陡状，上部为波形台地。右岸滩地平缓。本段河床平水期江面分为二岔，主流在河道中间，宽度为300m左右，支流靠左侧，宽度为100m左右。在主、支流中间为河漫滩，在平水期高出水面1~2m，其中靠近主河槽左侧有一条形滩地地势相对较高，平均地面高程在136m左右。

坝区枢纽工程一期导流围堰包括上游围堰、纵向围堰、下游围堰，围堰总长2274.29m。导流围堰为土石围堰，以高喷灌浆防渗墙结合复合土工膜作为基础及堰体防渗。高喷灌浆平台顶高程以下部分堰体和基础防渗采用高喷灌浆防渗墙，防渗墙墙体深入基岩不小于0.5m，防渗墙轴线与围堰轴线重合。

本工程自2007年10月25日试验开始至12月2日结束，完成振孔摆喷防渗墙33864.85m²，水泥耗量10313t，单机最高效率为292m²/（台·日）。

2. 主要设计要求

按设计文件要求，围堰高喷灌浆防渗墙设计指标为：

高喷防渗墙体必须连续，墙体局部最小厚度为20cm，平均厚度不小于30cm，渗透系数小于10^{-6}cm/s，抗压强度大于3.0MPa，且不允许出现集中渗漏。

通过试验确定本工程施工技术参数为：

（1）孔距1.20m。

（2）提升速度15~20cm/min。

（3）浆压30~35MPa。

（4）孔深按设计图纸（入岩不小于0.5m）。

（5）浆量75L/min。

（6）浆液密度1.35~1.45g/cm³（采用32.5普通硅酸盐水泥）。

（7）风压0.6~1.0MPa。

（8）风量3~5m³/min。

（9）孔位偏差不大于3cm。

（10）孔斜率不大于1%。

（11）摆速40转/min。

（12）摆角不小于30°。

（13）高喷形式双管振孔摆喷对接。

3. 施工条件

该流域属于北温带大陆性季风气候，受大气环流的影响，在冷暖气团交替控制下四季气候变化明显，春季干燥多大风；夏季炎热多雨，秋季天高气爽日温差大，冬季严寒而漫长，一年中寒暑温差悬殊，春秋两季短促，冬季气寒冷。松花江站平均初冰日期为 11 月上旬，终冰日期为 4 月上旬，最大河心冰厚 1.35m，最大岸边冰厚为 1.55m。多年平均降水量在 418.6mm 左右，年内降雨主要集中在 6—9 月，约占全年降水总量的 70% 以上。该流域多年平均气温 4.5℃。流域内全年平均风速在 3.5m/s。流域内冬季普遍冰冻，最大冻土深 1.80m。

哈达山水利枢纽工程，位于第二松花江下游松辽平原，吉林省松原市境内，距松原市 21km，有长春—白城铁路及 302 国道在坝址左岸通过，长白铁路七家子站到坝址距离 6.7km，302 国道到坝址距离 2.2km，整个工程区交通方便。

4. 施工总布置

工程于 2007 年 10 月开工，共投入 6 台套振孔高喷设备进行振孔摆喷施工，1 号机和 2 号机负责上游围堰从桩号 0+480.00 处分别向两边施工；3 号机和 4 号机负责纵向围堰从桩号 1+165.20 处分别向两边施工；5 号机和 6 号机负责下游围堰从桩号 1+890.00 处分别向两边施工。施工布置见施工现场平面布置示意图（图 14-1）。

5. 施工方法

根据本工程的实际情况，公司采用振孔摆喷工艺双管对接形式进行围堰防渗墙施工。

6. 工程质量检查

工程施工过程中按业主、监理在现场指定的位置对墙体进行了开挖检查。每次开挖后，业主、设计、监理及施工单位有关人员都对墙体进行了认真检测。从检查情况来看，墙体连续完整，水泥结石体坚实，墙面不规则，墙体厚度不均匀，局部稍薄，平均厚度较大。整体上满足设计要求。

试验结果：抗压强度平均值为 4.7MPa，渗透系数平均值为 1.16×10^{-6} cm/s，满足设计要求。

7. 质量评定

本工程施工共划分 39 个单元工程。通过现场质量检查和对单元工程的质量评定，全部为合格单元工程。其中优良单元工程 29 个，合格率 100%，优良率为 74.4%。工程总孔数为 1924 个，合格孔 1924 个，其中优良孔 1828 个，合格率 100%，工程优良率 95.0%。

14.7　首钢水厂铁矿尹庄-新水尾矿库联合加高扩容项目防渗工程

1. 工程概述

首钢矿业公司水厂铁矿尹庄尾矿库位于河北迁安市与迁安县交界的尹庄乡磨石庵村和东刘庄村之间的山间谷地，行政管理辖属迁西县尹庄乡。库区东侧与已闭库的一期新水村尾矿库相邻，其间以磨石庵副坝相隔（该坝已被尾矿砂所覆盖）。尾矿库南面为小虎山分

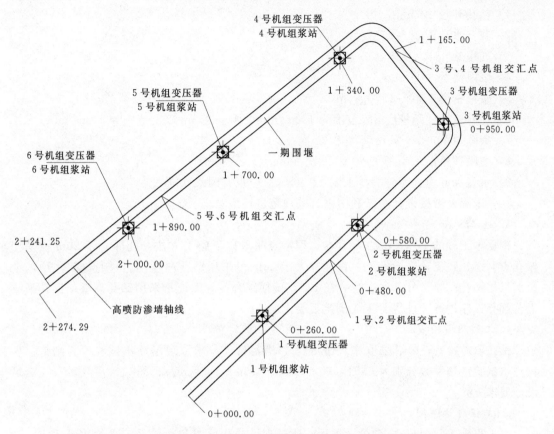

图 14-1 哈达山水利枢纽一期导流围堰振孔摆喷防渗墙工程施工平面布置示意图

水岭,西面为东刘庄村,北面为马兰峪村、磨石庵新村。尾矿库汇水面积约 3.3km²,属典型的山谷型尾矿库。

尹庄尾矿库最终堆积坝顶标高为 310m,最终堆积坝高为 160m,最终总坝高 200m,设计总库容约 2.3 亿 m³。为满足尹庄尾矿库加高工程的需要,拟在原磨石庵副坝附近、靠近新水村尾矿库一侧建设一堆石副坝,坝体近南北走向布置,坝底高程 191.0m,坝轴线长度 910.0m,底宽 50.0m,高度 5.0~8.0m,筑坝材料为采矿废石。

本工程为在此副坝下游侧建造一道永久性高压旋(摆)喷防渗墙工程,以起到防渗作用。主要进行帷幕注浆,帷幕注浆总长度 817.50m,总面积 17217m²,布桩 1052 根,总桩长 24220m。分 A、B 两个标段进行施工。公司承揽此工程的 B 标段。

2. 主要设计要求和设计变更

(1)设计技术指标。按首钢矿业设计研究院文件要求,高喷灌浆防渗墙设计指标为:高喷防渗墙体必须连续,墙体平均厚度不小于 10cm,渗透系数小于 10^{-5} cm/s,抗压强度 $R_{28} \geq 2$MPa,且不允许出现集中渗漏。

(2)施工技术参数的确定。因施工工期较紧,为更好地实施首钢水厂铁矿尹庄-新水尾矿库联合加高扩容工程,2008 年 7 月由技改处、设计研究院、质量监督处、水厂铁矿、工程监理公司共同研究确定帷幕高喷灌浆技术参数。

1）钻孔外径127mm。

2）浆（水）压30～37MPa。

3）气压0.6～0.7MPa。

4）浆液流量80L/min。

5）浆液密度1.40～1.70g/cm³。

6）提升速度。距桩底3m范围为15cm/min，距桩底3m以上范围为20cm/min。

7）旋喷角度：360°，旋转频率20次/min。

8）摆喷摆角：15°，摆动频率20次/min。

9）水泥标号为普通硅酸盐水泥425号（对应现有国家标准）。

10）未提及者按设计图纸和国家有关规范进行施工。

3. 施工方法

根据本工程的实际情况，针对本工程特点采取以下施工方法：孔深小于20m段采用振孔旋（摆）喷工艺进行施工。在孔深大于20m段采用钻孔高喷工艺进行施工。D区全旋桩采用钻孔高喷，分二序进行。在E、F旋摆结合区，无论是采用钻孔高喷或振孔高喷工艺都分二序进行，H区为人工砌筑混凝土墙。

4. 工程质量检查

钻孔取芯检查，岩芯采取率大于80%，满足设计要求；现场注水试验检查结果：现场注水试验渗透系数分别为$3.54×10^{-6}$cm/s、$4.74×10^{-6}$cm/s、$3.82×10^{-6}$cm/s，满足设计要求。

5. 工程质量评价

本工程施工共划分22个单元工程。通过现场质量检查和对单元工程的质量评定，全部为合格单元工程，其中优良单元工程22个，合格率100%，优良率为100%。工程总孔数为439个，合格孔439个，其中优良孔424个，合格率100%，工程优良率96.58%。

14.8 三峡电源电站下游围堰振孔高喷防渗工程

该工程为继2002年长江三峡三期围堰振孔旋喷防渗工程（深度28m）之后，振孔高喷工艺在三峡工程中的第二项成功案例。

1. 工程概况

三峡电源电站施工围堰为4级临时建筑物。设计洪水标准为20年一遇，相应流量为72300m³/s，下游水位为76.95m。下游围堰位于三峡冲沙闸及升船机引航道下游、覃家沱特大桥上游约200m处。围堰轴线长144.5m，堰顶高程78.5m，堰顶宽12m，航道底板高程58m。围堰轴线宽10m范围内用风化砂填筑，两侧用石渣料和石渣混合料填筑。

围堰防渗墙采用振孔高压旋喷工艺施工，单排布孔，孔距0.6m；围堰两侧岸坡连接段为两排高喷孔，排距0.7m呈梅花形布孔。

围堰振孔旋喷于2004年2—3月进行。

2. 设计要求

（1）单排旋喷成墙厚度不小于0.8m，双排旋喷成墙厚度不小于1m。

(2) 抗压强度 $R_{28} \geqslant 3\text{MPa}$；抗折强度 $T_{28} \geqslant 0.8\text{MPa}$；渗透系数 $K \leqslant 1 \times 10^{-5}\text{cm/s}$；整体允许渗透坡降 $J > 50$；初始切线模量 $E_0 = 500 \sim 800\text{MPa}$。

3. 主要技术要求

(1) 水泥。强度等级不低于 32.5MPa 硅酸盐水泥或普通硅酸盐水泥。

(2) 垂直振孔。孔位偏差不大于 5cm，孔底偏斜率小于 1‰，孔底进入风化岩层 $0.3 \sim 0.5\text{m}$。

(3) 振孔孔距 $0.5 \sim 0.6\text{m}$，排距 $0.6 \sim 0.7\text{m}$。

(4) 高喷形式：双管旋喷。

4. 振孔旋喷施工参数

(1) 水泥浆。压力 $35 \sim 38\text{MPa}$，流量不小于 140L/min，浆液密度为 $1.4 \sim 1.45\text{g/cm}^3$。

(2) 压缩空气。压力 $0.7 \sim 1.2\text{MPa}$，风量 $1.5 \sim 3\text{m}^3/\text{min}$。

(3) 旋转速度 $15 \sim 25\text{r/min}$。

(4) 提升速度 $15 \sim 20\text{cm/min}$。

(5) 喷嘴 2 个，直径为 2.9mm。

5. 旋喷墙体质量检查与评价

开挖检查、钻孔取芯和注水试验检查结果：墙体完整、外观质量优良，单排成墙厚度大于 0.8m，渗透系数均小于 $5.35 \times 10^{-6}\text{cm/s}$，其余技术指标满足技术要求。

围堰经当年遭遇最大一次洪水考验，未出现渗漏现象，验证本振孔高喷防渗工程质量优良。

14.9　西藏直孔水电站右岸一期围堰振孔高喷灌浆防渗墙工程

1. 工程概况

直孔水电站位于西藏自治区墨竹工卡县境内拉萨河中下游，上游距墨竹工卡县直孔区 3km，下游距墨竹工卡县 22km，再下行 78km 至拉萨市。直孔水电站属二等工程，正常蓄水位 3888.00m，设计水头 30m，水库库容为 $1.75 \times 10^9\text{m}^3$，总装机容量 $4 \times 25\text{MW}$。

四平东北岩土工程公司承担了 CI 标右岸一期围堰高喷灌浆防渗墙工程，CI 标涉及的右岸一期围堰包括上游围堰、纵向围堰和下游围堰，共投入两个机组，采用振孔摆喷施工工艺进行施工。$0-013.8 \sim 0+454.4$ 段为封闭式防渗墙，墙体深入基岩不小于 0.5m；$0+454.4 \sim 0+635.0$ 段为悬挂式防渗墙，高喷灌浆深度不小于 22m。防渗工程于 2003 年 10 月 20 日开工，施工 73d，共完成工作量 10804.8m^2。最高效率为 $260\text{m}^2/(\text{台} \cdot \text{日})$。水泥耗量为 3578t。

2. 地质条件

上游围堰：堰基为第四系全新统冲积漂卵砾石层（alQ_4），厚 $0 \sim 12\text{m}$，下伏基岩为中厚层弱风化石英砂岩夹粉砂岩，以及砂质板岩、云母片岩。其中漂卵砾石层中不同深度都含有较多块径大于 1m 的大漂（孤）石，属强透水层。

纵向围堰：堰基部分为基岩，其他多为漂卵砾石层，该层厚 $0 \sim 17.5\text{m}$。其中，上部 $0 \sim 5\text{m}$ 为冲积漂卵砾石层（alQ_4），结构松散，属强透水层；中下部为冰水积卵砾石层

（fglQ$_2$），结构相对密实，属中等～强透水层。漂卵砾石层中于不同深度都含有较多块径大于 1m 的大漂（孤）石。

下游围堰：堰基由漂卵砾石组成，厚 17.5～80m。其中，上部 5m 为冲积漂卵砾石层（alQ$_4$），该层结构松散，属强透水层；中下部为结构相对密实，具中等～强透水性的冰水积卵砾石层（fglQ$_2$）组成。漂卵砾石层渗透性强，于不同深度都含有较多块径大于 1m 的大漂（孤）石。

3. 设计要求

（1）单排孔摆喷成墙，厚度不小于 0.2m。

（2）抗压强度 $R_{28} \geqslant 2MPa$。

（3）高喷防渗墙抗渗系数不小于 $10^{-5}cm/s$。

（4）0+000～0+396 段为封闭式防渗墙，墙体深入基岩大于 50cm；0+396 至 W5 段为悬挂式防渗墙，防渗墙底高程 3840.00m。防渗墙顶高程为施工平台地面高程（平台高程大致为 3855m）。

（5）按高喷工艺试验确定的施工参数进行施工。

4. 主要技术要求与施工参数

（1）水泥。强度等级 32.5MPa 硅酸盐水泥，浆液密度 1.60～1.65g/cm^3。

（2）垂直振孔。孔位偏差不大于 5cm，孔底偏斜率小于 1%，孔深按设计要求。

（3）孔距 0.8m，孔径 150mm。

（4）高喷形式：三管摆喷。

（5）高压水。压力 35～40MPa，流量 75L/min。

（6）压缩空气。压力 0.2～0.6MPa，风量 1.0～2.5m^3/min。

（7）浆量 70～80L/min。

（8）摆动速度 40 次/min。

（9）提升速度 25～30cm/min。

（10）摆角 35°。

5. 工程质量评价

通过现场质量检查和对单元的质量评定，全部为合格单元工程，其中优良单元工程 75 个，优良率达到 86.2%。

墙体抗压强度均大于 4.5MPa（固结体坚实以至于在墙体拆除十分困难），取样试验渗透系数均小于 $1 \times 10^{-5}cm/s$。

该工程结束后，上游基坑用一台 150m^3/h 潜水泵就能保证开挖工作的正常进行，远小于设计排水量；下游基坑用一台 480m^3/h 抽水泵抽约 10h，水位下降 0.6m，防渗墙未完成时曾用 5 台 480m^3/h 的抽水泵昼夜不停地抽，水位不曾下降。整个振孔摆喷防渗工程的防渗效果十分明显。